执业资格考试丛书

建筑结构静力计算应试指南（第二版）

Test Guide for Static Calculation of Building Structures

兰定筠　编著

中国建筑工业出版社

图书在版编目（CIP）数据

建筑结构静力计算应试指南 = Test Guide for Static Calculation of Building Structures / 兰定筠编著. — 2版. — 北京：中国建筑工业出版社，2023.5
（执业资格考试丛书）
ISBN 978-7-112-28576-1

Ⅰ.①建… Ⅱ.①兰… Ⅲ.①建筑结构—结构静力学—计算方法—资格考试—自学参考资料 Ⅳ.①TU311.1

中国国家版本馆 CIP 数据核字（2023）第 057160 号

本指南是为参加一、二级注册结构工程师专业考试的考生编写的，方便考场答题时快速正确地找到建筑结构静力计算所需要的力学基本数据、计算方法和公式。本指南对考试必备的建筑结构的静力计算内容进行了系统地梳理与归纳，文字言简意赅，辅以表格、图形表达，便于答题时快速解决静力计算问题。

本指南与《建筑结构设计常用数据速查指南》（第二版）配套使用，可以快速解决注册结构工程师考试答题时所需的规范数据及静力计算问题。

本指南适合于参加一、二级注册结构工程师专业考试的考生使用，也可供本行业结构设计人员、大专院校土建专业师生参考、使用。

责任编辑：吕　娜　王　跃
责任校对：董　楠

执业资格考试丛书
建筑结构静力计算应试指南（第二版）
Test Guide for Static Calculation of Building Structures
兰定筠　编著
*
中国建筑工业出版社出版、发行（北京海淀三里河路 9 号）
各地新华书店、建筑书店经销
北京红光制版公司制版
北京君升印刷有限公司印刷
*
开本：850 毫米×1168 毫米　1/32　印张：8½　字数：233 千字
2023 年 4 月第二版　　2023 年 4 月第一次印刷
定价：**48.00** 元
ISBN 978-7-112-28576-1
（40887）

前言

随着一、二级注册结构工程师专业考试的难度和深度逐年加大，注册考试不断改革，考生应及时适应新的注册考试特点。根据作者十多年来对历年专业考试真题的命题思路、特点和规律的深入研究，结合专业考试辅导书编写和考前培训的切身经验，为了顺利通过考试，考生应保证答题的速度和正确率，这要求考生必须在考试现场能快速正确地得到考题所涉及的建筑结构静力计算所需的力学基本数据、计算方法和公式。本指南对考试大纲要求的建筑结构的静力计算内容进行了系统地梳理与归纳，文字言简意赅，辅以表格、图形表达，便于答题时快速解决静力计算问题。

本指南的主要内容是：力学计算基础；力学计算基本资料；单跨梁；连续梁；影响线；结构力学；建筑结构计算；桥梁结构计算。

本指南编写特色如下：

1. 力学计算基础，重点突出超静定扭转计算。历年专业考试真题会涉及静力扭转的计算与扭矩图，因此，阐述了超静定扭转计算，列出了常见的静力扭转的内力图。

2. 全面系统地介绍建筑结构静力计算需要的力学基本资料，不仅阐述了截面几何特性的计算公式、常用截面的几何特性表，还介绍了塑性截面模量的概念与计算，列出了常用截面的塑性截面模量表。

3. 详细阐述建筑结构静力计算受力分析、计算方法和公式，列出计算图形和计算表格，同时，还列出了简支斜梁的内力与变形的计算表格。

4. 阐述了应用各类建筑结构静力计算方法的典型例题。

5. 阐述了桥梁结构的静力计算方法和公式等。

本指南与《建筑结构设计常用数据速查指南》配套使用，可以快速解决注册结构工程师考试答题时所需的规范数据及静力计算问题。考生和读者在使用过程中如有疑问或建议，可发邮件到邮箱 Landj2020@163.com，作者将及时回复。

本指南主要编制人员：兰定筠、黄音、叶天义、黄小莉、刘福聪、杨松、王源盛、蓝亮。

本指南主要审核人员：杨利容、罗刚、谢应坤。

扫码观看
本书使用指南

第一章　力学计算基础

第二章　力学计算基本资料

第三章　单　跨　梁

第四章　连　续　梁

第五章　影　响　线

第六章　结 构 力 学

第七章　建筑结构计算

第八章　桥梁结构计算

第九章　混凝土换算截面惯性矩的计算

附录　钢结构柱的几何高度 *H*

第一章

力学计算基础

第一节 静 力 学

理论力学中静力学研究内容是:物体的受力分析、力系的等效与简化、力系的平衡条件及其运用。为了便于力学分析和计算，引入“刚体”概念，刚体是指在任何外力作用下都不变形的物体。

一、静力基本概念与公理

1. 基本概念

(1) 力

力是指物体间的相互机械作用。力的作用有两种效应：运动效应（使物体产生运动状态变化）和变形效应（使物体产生形状变化）。在运动效应中，平衡是运动的一种特殊形式，它一般是指物体相对于地面保持静止或作匀速直线运动。

力对物体的作用效应取决于力的三要素：力的大小、方向和作用点。力是矢量，为了区分，一般用黑体 $\boldsymbol{F}$ 表示矢量，用普通字母 F 表示力的大小。

在国际单位制中，力的单位为牛顿（N）或千牛顿（kN）。使 1kg 质量的物体产生 $1m/s^2$ 加速度的力定义为 1N。

(2) 力系

力系是指作用于物体上的一群力。若一个力系作用于物体并使其平衡，则该力系称为平衡力系。平面力系是指当力系中各力的作用线位于同一平面内。平面汇交力系是指在平面力系中各力的作用线汇交于一点的力系。平面平行力系是指在平面力系中各力的作用线相互平行的力系。平面任意力系是指在平面力系中力的作用线任意分布。

2. 静力学公理

(1) 力的平行四边形法则

作用于物体上同一点的两个力可以合成为作用于该点的一个合力 $\boldsymbol{F}_R$，该合力 $\boldsymbol{F}_R$ 的大小和方向由这两个力矢量为邻边所构成的平行四边形的对角线表示。这一矢量和法则称为力的平行四边形法则（图 1.1.1-1a），记为：

$$\boldsymbol{F}_{\mathbf{R}} = \boldsymbol{F}_{\mathbf{1}} + \boldsymbol{F}_{\mathbf{2}}$$

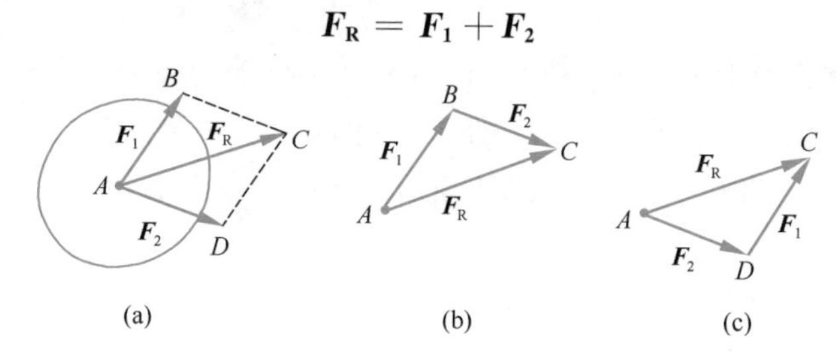

图 1.1.1-1　力的合成

（a）平行四边形法则；（b）、（c）三角形法则

也可采用三角形法则求合力的大小和方向（图 1.1.1-1b），作矢量 AB 代表力 $\boldsymbol{F}_1$，再从 $\boldsymbol{F}_1$ 的终点 B 作矢量 BC 代表力 $\boldsymbol{F}_2$，最后从 A 点指向终点 C 的矢量 AC 就代表合力 $\boldsymbol{F}_{\mathbf{R}}$。此外，还可先作 $\boldsymbol{F}_2$，再从 $\boldsymbol{F}_2$ 的终点作 $\boldsymbol{F}_1$，所得合力相同（图 1.1.1-1c）。因此，三角形法则与分力的次序无关。

注意： 分力可以合成为一个合力，其逆过程是将一个合力用两个分力来代替，称为力的分解。由力的平行四边形法则可知，力的合成结果是唯一的，而力的分解结果有无数个（图 1.1.1-2a）。通常将力 $\boldsymbol{F}$ 分解为两个正交方向的分力 $\boldsymbol{F}_{\mathbf{x}}$ 和 $\boldsymbol{F}_{\mathbf{y}}$，见图 1.1.1-2（b）。

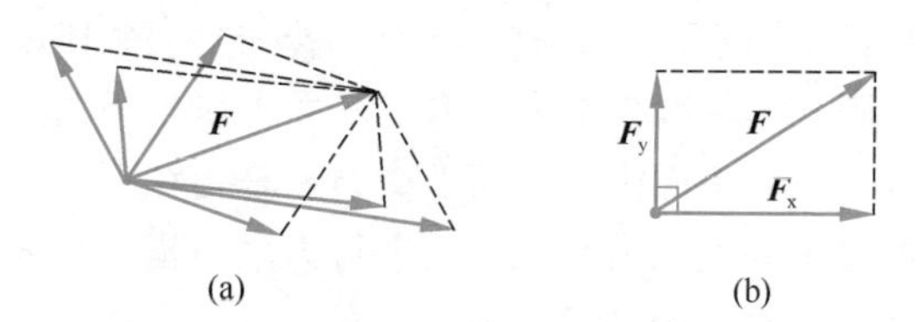

图 1.1.1-2　力的分解

（a）力的任意方向分解；（b）正交分解

（2）二力平衡原理

作用于同一刚体上的两个力，使刚体平衡的必要和充分条件是：这两个力等值、反向、共线。在图 1.1.1-3（a）中，$\boldsymbol{F}_2$ =

$-F_1$。通常将受两个力作用处于平衡的构件称为二力杆，例如图 1.1.1-3（b）中杆件均属于二力杆。

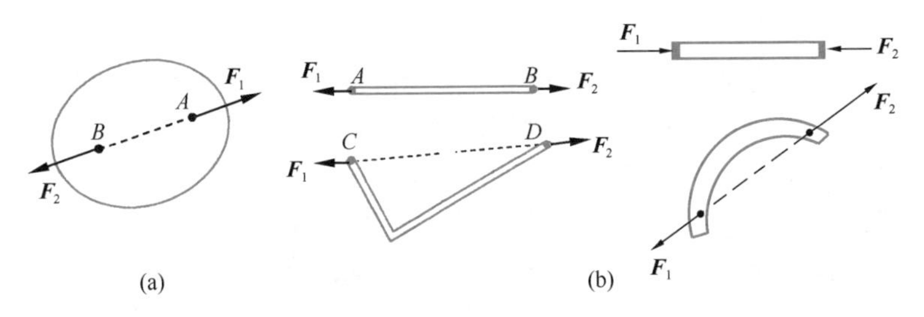

图 1.1.1-3　二力平衡

（a）二力平衡条件；（b）二力杆

（3）加减平衡力系原理

在作用于刚体上的任一力系中，加上或者减去一个平衡力系，所得新力系与原力系对刚体的运动效应相同，称为加减平衡力系原理。根据加减平衡力系原理可推导出下面两个推论：

推论 1：力的可传性。作用于刚体上的力可沿其作用线移至刚体内的任一点，而不改变此力对刚体的运动效应。

推论 2：三力汇交平衡定律。作用于刚体上的三个相互平衡的力，若其中两个力的作用线汇交于一点，则这三个力的作用线必在同一平面内，并且第三个力的作用线一定通过汇交点。如图 1.1.1-4 中，三个力一定汇交于 O 点。

（4）作用与反作用定律

两物体间的相互作用力总是大小相等、方向相反、沿同一作

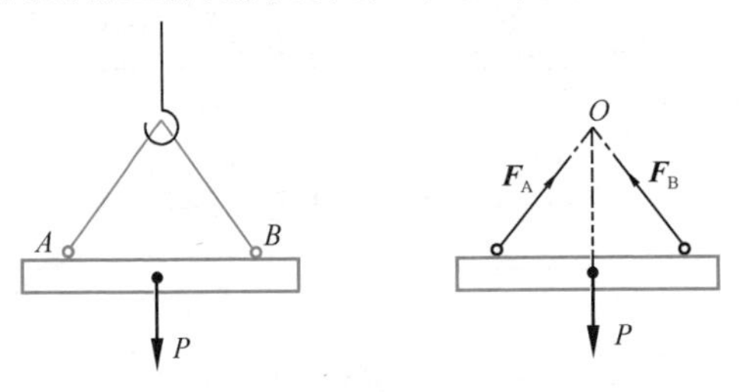

图 1.1.1-4　三力汇交平衡

用线，分别作用于这两个物体上。

3. 力矩及其性质

(1) 力矩

作用在刚体上位于质量中心（简称质心）以外点的力会使刚体发生移动和转动，力对刚体的转动效应采用力矩度量。如图 1.1.1-5 所示，在平面内，力 **F** 对刚体的转动效应用力的大小与力臂的乘积来度量，称为力对点之矩，用 $M_O(\boldsymbol{F})$ 表示，即：

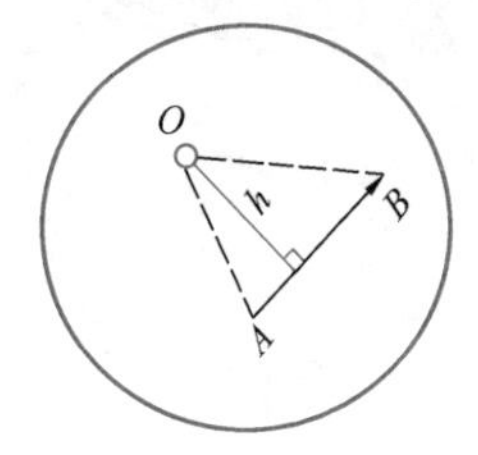

图 1.1.1-5 力矩

$$M_O(\boldsymbol{F}) = \pm Fh$$

在平面力系问题中，$M_O(\boldsymbol{F})$ 是一个代数量，单位是牛顿·米（N·m）或千牛·米（kN·m）。正负号表示力使刚体绕 O 点的转动方向，通常规定逆时针方向为正，顺时针方向为负。注意，在空间力系问题中，$M_O(\boldsymbol{F})$ 是一个矢量。

(2) 合力矩定律

平面汇交力系的合力对该平面内任一点的力矩等于各分力对同一点的力矩的代数和，称为合力矩定律，可表示为：

$$\begin{aligned} M_O(\boldsymbol{F_R}) &= M_O(\boldsymbol{F_1}) + M_O(\boldsymbol{F_2}) + \cdots + M_O(\boldsymbol{F_n}) \\ &= \sum M_O(\boldsymbol{F_i}) \end{aligned}$$

根据合力矩定律，可得分布力的合力的作用线的位置，见图 1.1.1-6。

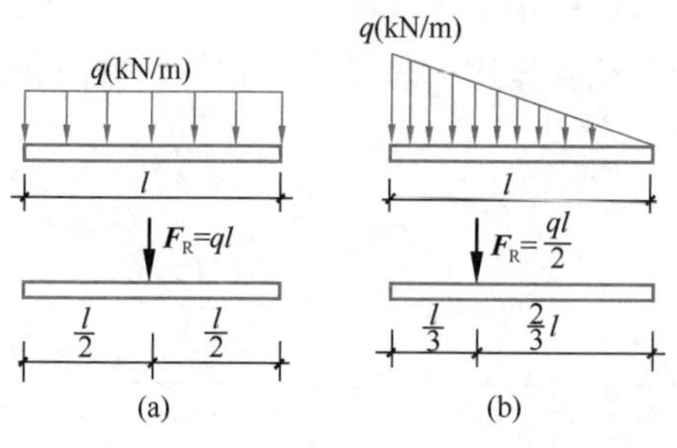

图 1.1.1-6 合力的作用线

(a) 均布线荷载；(b) 三角形线性分布荷载

4. 力偶及其性质

(1) 力偶与力偶矩

刚体在一对大小相等、方向相反、作用线相互平行的力作用下，将只产生转动。由这一对力组成的力系称为力偶，如图1.1.1-7所示，记为：($\boldsymbol{F},\boldsymbol{F}'$)。力偶所在平面称为力偶作用面，力偶的两力间的垂直距离 d 称为力偶臂。力偶对刚体的转动效应用力偶矩来度量。对于平面力偶系力偶矩的值等于力的大小与力偶臂的乘积，即：

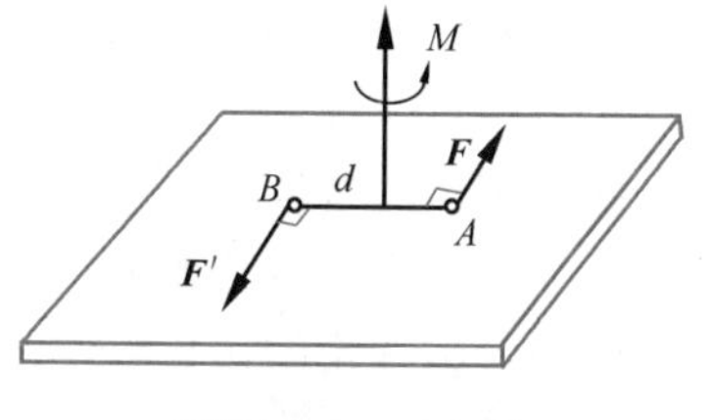

图 1.1.1-7 力偶

$$M = \pm Fd$$

在平面力偶中，$\boldsymbol{M}$ 是一个代数量。力偶矩的单位是牛顿·米（N·m）或千牛·米（kN·m）。在平面力偶系中，正负号表示力偶的转动方向，通常规定逆时针方向为正，顺时针方向为负。注意，在空间力偶系中，$\boldsymbol{M}$ 是一个矢量，称为力偶矩矢量，其三要素是：力偶矩的大小、力偶作用平面的方位、力偶矩矢量的指向（按右手螺旋法则确定）。

力偶的性质是：力偶不能与一个力等效（即力偶没有合力），力偶只能由力偶来平衡（即不能与一个力相平衡）。

(2) 力偶的等效条件及其推论

两力偶等效的充分必要条件是两个力偶的力偶矩矢量相等。由此，可得力偶性质的推论如下：

① 力偶可在其作用平面内任意移动，而不会改变对刚体的作用效应。

② 保持力偶矩的大小和转向不变，可同时改变力偶中力的大小与力偶臂的长短，而不会改变对刚体的作用效应。

可知，力偶矩是力偶作用的唯一度量，故常采用图 1.1.1-8 所示的符号来表示力偶，其中 M 为力偶矩。

在平面力偶系中，力偶对平面内任意点的力偶矩都相同，与

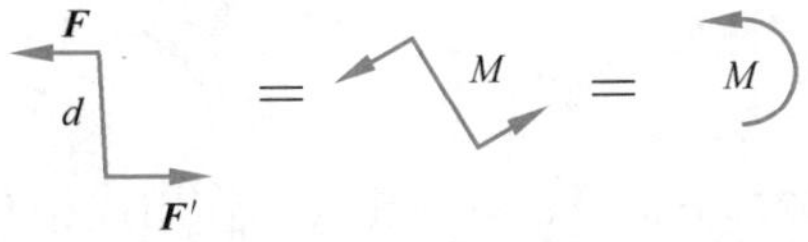

图 1.1.1-8　力偶的表示

该任意点位置无关。

（3）力偶的合成

平面力偶系可以合成为一个合力偶，此合力偶的力偶矩等于力偶中各分力偶矩的代数和，即：

$$M = M_1 + M_2 + \cdots + M_n = \Sigma M_i$$

二、约束与约束力及物体的受力分析

1. 约束与约束力

约束是指阻碍物体运动的限制物。约束力（亦称约束反力）是指约束施加于被约束物的力。除约束力以外的其他力称为主动力，例如重力、土压力、水压力等。一般地，主动力是已知的，而约束力是未知的。约束力的方向总是与约束所能阻止物体的运动或运动趋势方向相反。

（1）柔索约束

由绳索、皮带、链条等构成的约束称为柔索约束。该类约束的特点是柔索本身只能承受拉力，故其对物体的约束力也只能是拉力。因此，柔索约束的约束力必定沿着柔索的中心线且背离被约束物体，见图 1.1.2-1。

（2）光滑接触面约束

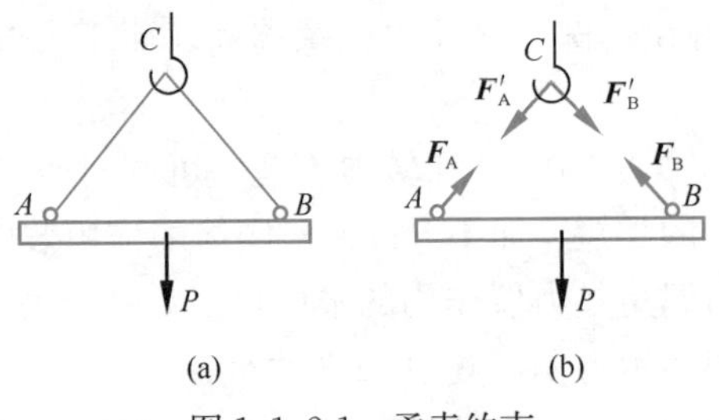

图 1.1.2-1　柔索约束

光滑接触面约束只能阻碍物体沿接触面的公法线方向往约束内部的运动，而不能阻碍物体在切线方向的运动，因此该类约束的约束力作用在接触点，方向沿接触面的公法线并指向被约束物体，见图 1.1.2-2。

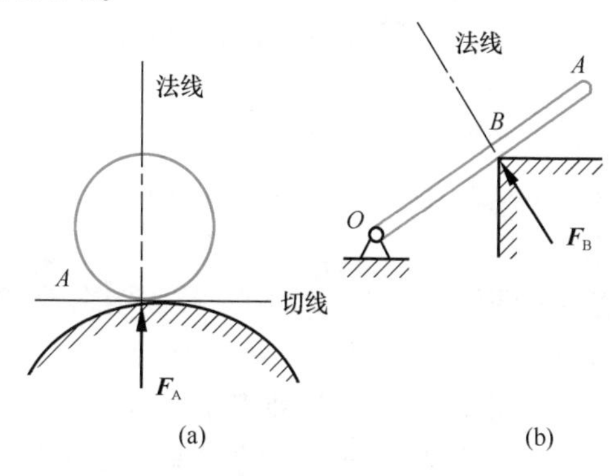

图 1.1.2-2　光滑接触面约束

（3）铰链连接和固定铰支座

1）铰链连接

两个构件用圆柱形光滑销钉连接起来，这种约束称为铰链连接，简称铰接（图 1.1.2-3a）。铰链的表示方式用小圆圈，见

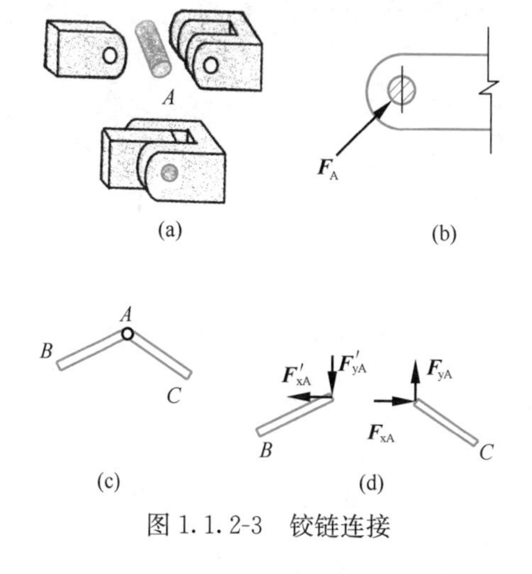

图 1.1.2-3　铰链连接

图 1.1.2-3（c）。铰链约束的特点是被连接的两个构件可以绕销钉轴线相对转动和沿销钉轴线相对滑动，但不能在垂直于销钉轴线平面内任意方向相对移动。因此，铰链的约束力作用在垂直于销钉轴线的平面内，通过销钉中心，但方向无法预先确定（图 1.1.2-3b 中 $\boldsymbol{F}_{A}$）。工程中通常表示为两个相互垂直的约束力 $\boldsymbol{F}_{xA}$ 和 $\boldsymbol{F}_{yA}$，指向待定（$\boldsymbol{F}_{xA}$ 可表示为向右或向左；$\boldsymbol{F}_{yA}$ 可表示为向上或向下），见图1.1.2-3（d）。注意，用一个力 $\boldsymbol{F}_{A}$ 或用两个分力 $\boldsymbol{F}_{xA}$、$\boldsymbol{F}_{yA}$ 表示，应结合具体受力分析问题而定。

2）固定铰支座

当铰链连接的两构件中有一个构件被固定在地基（或结构）上作为支座，则这种约束称为固定铰支座，其示意图见图 1.1.2-4（a）。固定铰支座的各种表示方式见图 1.1.2-4（c）。与铰链相同，固定铰支座的约束力的方向也无法预先确定（图 1.1.2-4b 中 $\boldsymbol{F}_{A}$），工程中常用两个相互垂直的约束力 $\boldsymbol{F}_{xA}$ 和 $\boldsymbol{F}_{yA}$，指向待定，见图 1.1.2-4（d）。

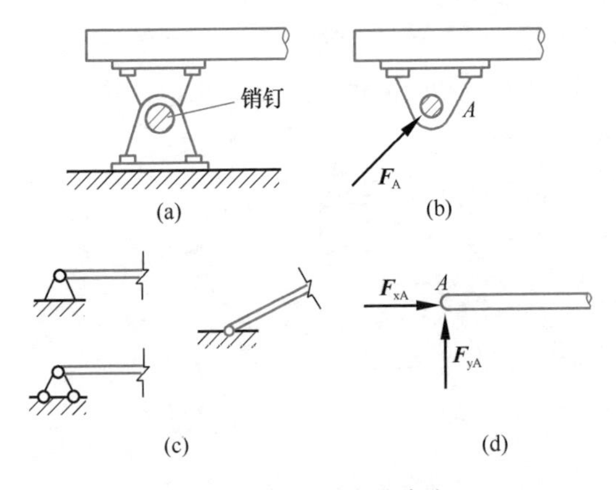

图 1.1.2-4　固定铰支座

（4）辊轴支座（可动铰支座）

如图 1.1.2-5（a）所示，在铰链支座的底部装上一排滑轮，此时支座可沿支承面产生滚动，这种约束称为辊轴支座（亦称可

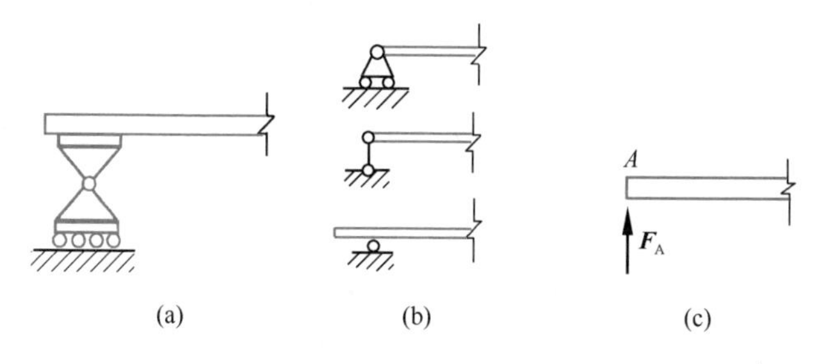

图 1.1.2-5 辊轴支座

动铰支座)。可动铰支座的各种表示方式见图 1.1.2-5（b)。可动铰支座仅限制垂直于支承面方向的运动，故其约束力通过铰链中心并垂直于支承面，指向待定，见图 1.1.2-5（c)。

（5）链杆约束

两端用铰链与不同的物体连接而中间不受力（忽略自重）的直杆称为链杆（亦称二力杆)，如图 1.1.2-6（a）中杆 AB。链杆约束只能限制物体与链杆连接的一点沿着链杆中心线方向的运动，而不能限制其他方向的运动。因此，链杆约束的约束力沿着链杆中心线，指向待定，见图 1.1.2-6（b)。

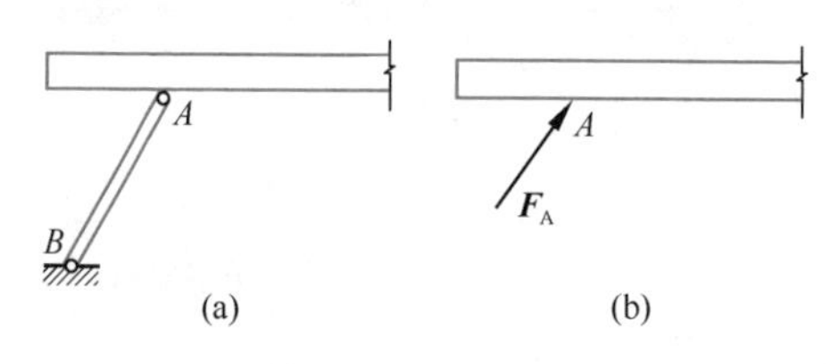

图 1.1.2-6 链杆约束

（6）固定端约束

固定端约束的特点是：被约束物体既不能移动，也不能在约束处转动。固定端约束被用于支座时，称为固定支座。固定端约束可分为平面固定端约束和空间固定端约束。其中，平面固定端约束的约束力常用两个分约束力 $\boldsymbol{F}_{xA}$、$\boldsymbol{F}_{yA}$ 和一个约束力偶 $\boldsymbol{M}_A$ 表示，指向均待定，见图 1.1.2-7（b)。

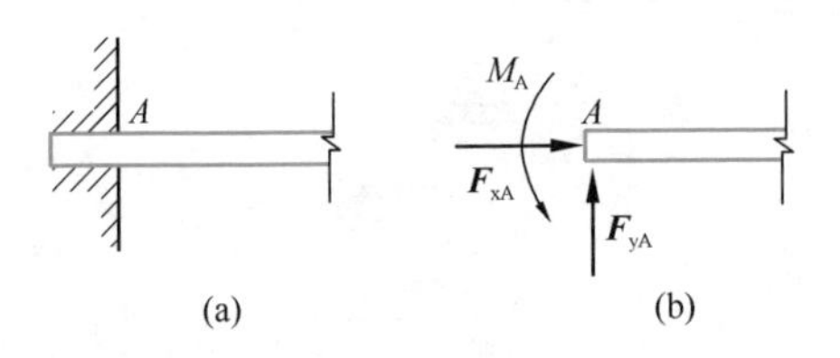

图 1.1.2-7　平面固定端约束

（7）定向支座（滑动支座）

如图 1.1.2-8（a）所示为定向支座（亦称滑动支座）的示意图。定向支座能限制物体在支座处的转动和沿一个方向上的运动，仅允许物体在另一方向上自由的滑动，其表示方式见图 1.1.2-8（b）、（c）。定向支座的约束力可以用一个沿链杆轴线方向的力 $\boldsymbol{F}_{yA}$ 和一个约束力偶 $\boldsymbol{M}_A$ 表示，指向均待定，见图 1.1.2-8（b）、（c）。

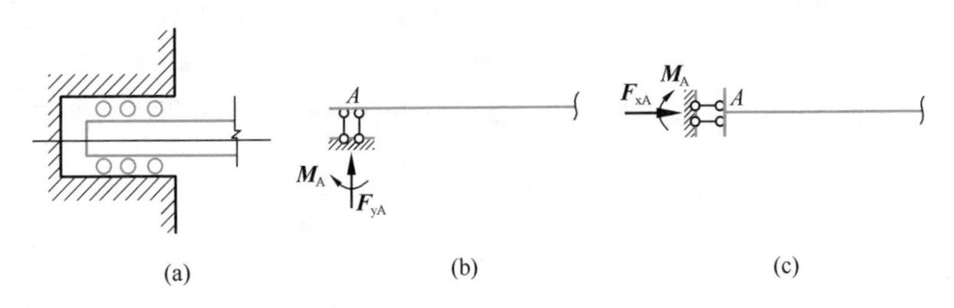

图 1.1.2-8　定向支座

（a）、（b）可左右滑动；（c）可上下滑动

注意：由多个物体组成的物体系统，整体物体系统与地基（或结构）之间常采用的约束是固定支座、固定铰支座、可动铰支座等，称为**外部约束；**而物体与物体之间常采用的约束是铰链、链杆、固定端约束等，称为**内部约束。**其中，外部约束的约束力也称为支座反力。

2. 物体的受力分析与受力图

物体的受力分析的基本方法是将物体从约束中脱离出来，以相应的约束力代替约束，然后再画上所有的主动力。该过程称为画受力图。画受力图的具体步骤如下：

（1）取隔离体：根据求解需要，选择受力分析对象，并画出隔离体图。

（2）画主动力：画上该隔离体上所有的主动力。

（3）画约束力：根据约束性质，正确画出所有的约束力。

注意：当考虑多个物体组成的物体系统受力时，要分清**内部约束**和**外部约束**。

【例 1.1.2-1】　图 1.1.2-9（a）所示的三铰刚架，各杆自重不计。试画出 AC 杆、BC 杆的受力图和整个刚架的受力图。

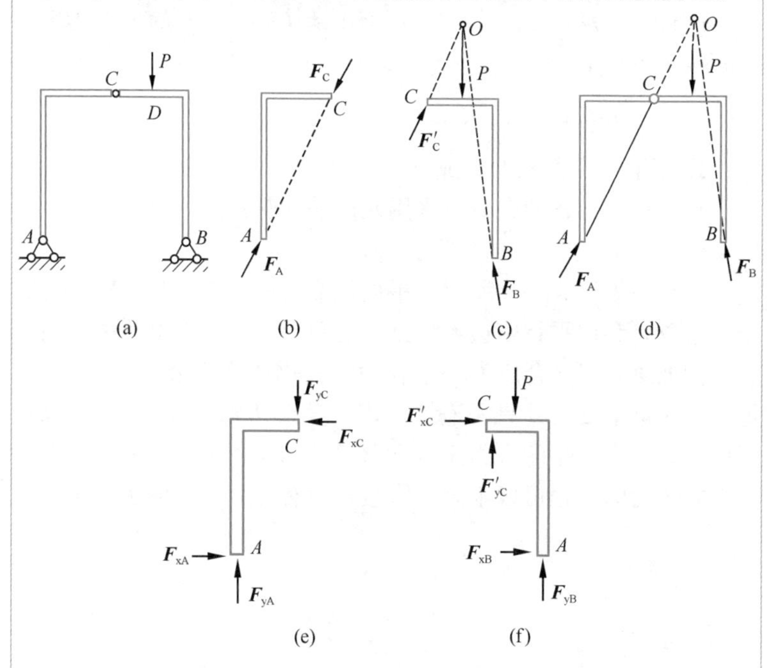

图 1.1.2-9　受力分析图

【解答】对于 AC 杆，其在 A、C 处分别作用有一个约束力 $\boldsymbol{F}_A$、$\boldsymbol{F}_C$，而 AC 杆在这两个力作用下处于平衡，即 AC 杆为二力杆，故是一对平衡力，其受力图见图 1.1.2-9（b）。

对于 BC 杆，其主动力有 $\boldsymbol{P}$，在铰链 C 处受到 AC 杆的约束力 $\boldsymbol{F}'_C$，且 $\boldsymbol{F}_C$ 与 $\boldsymbol{F}'_C$ 是作用力与反作用力。在 B 处受到一个约束力 $\boldsymbol{F}_B$，其方向可根据三力汇交平衡定律来确定。BC 杆的受力图见图 1.1.2-9（c）。

对于整体刚架的受力分析，主动力有 $\boldsymbol{P}$，在 A、B 处分别受到约束力 $\boldsymbol{F}_A$、$\boldsymbol{F}_B$。而铰链 C 处所受到的力有 $\boldsymbol{F}_C$ 和 $\boldsymbol{F}'_C$（$\boldsymbol{F}'_C=-\boldsymbol{F}_C$），为**内部约束**的成对的约束力，在整体刚架的受力图上不需要画出。因此，整体刚架的受力图见图 1.1.2-9（d）。

此外，根据具体求解需要，A 处的约束力 $\boldsymbol{F}_A$ 可用两个正交分力 $\boldsymbol{F}_{xA}$、$\boldsymbol{F}_{yA}$ 来表示；B 处的约束力 $\boldsymbol{F}_B$、C 处的约束力 $\boldsymbol{F}_C$ 和 $\boldsymbol{F}'_C$ 均可用两个正交分力来表示，见图 1.1.2-9（e）、（f）。

三、平面力系

1. 平面汇交力系的合成

平面汇交力系的合成可采用几何法和解析法。

（1）平面汇交力系合成的几何法

如图 1.1.3-1（a）所示，平面汇交力系由 $\boldsymbol{F}_1$、$\boldsymbol{F}_2$、$\boldsymbol{F}_3$、$\boldsymbol{F}_4$ 四个力组成，利用平行四边形法则或三角形法则，现将其中某两个力（例如 $\boldsymbol{F}_1$、$\boldsymbol{F}_2$）合成为一个合力，其仍作用于公共作用点 A。这样，对该汇交力系只需连续采用三角形法则将各力依次合成，即可得该汇交力系的合力 $\boldsymbol{F}_R$，见图 1.1.3-1（b）。实际上，作图时中间合力的过程可以不画，直接将所有分力首尾依次相连，组

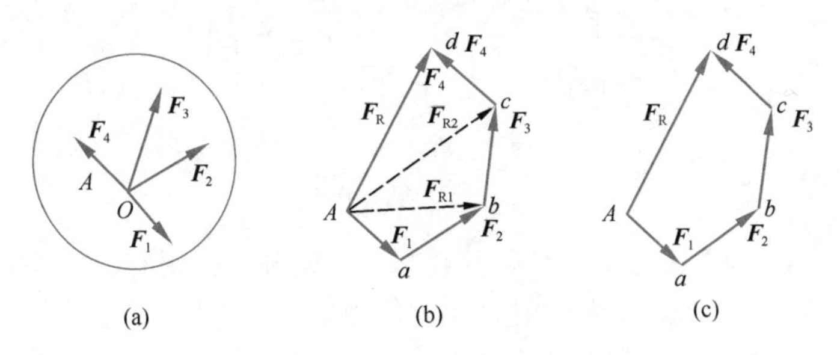

图 1.1.3-1 力多边形法则

成一个"开口"的力多边形 $Aabcd$，其从起始点 A 指向终点 d 的力 $\boldsymbol{F}_{\mathrm{R}}$ 即为该汇交力系的合力，见图 1.1.3-1（c）。用力多边形求合力的方法称为**力多边形法则。**

（2）平面汇交力系合成的解析法

如图 1.1.3-2 所示，力 F 在 x 轴上的投影的指向与 x 轴的正方向一致时，投影为正，反之为负；力 F 在 y 轴上的投影按相同处理，则：

$$F_{\mathrm{x}}=F\cos\alpha,\ F_{\mathrm{y}}=F\sin\alpha$$

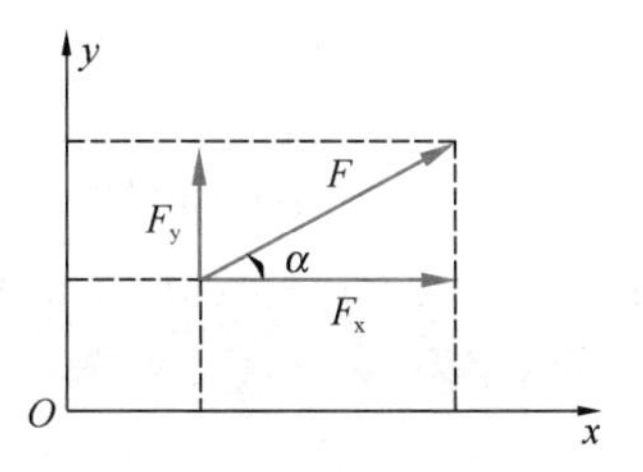

图 1.1.3-2 力的正交分解

合力投影定律：平面汇交力系的合力在任一坐标轴上的投影等于力系中各分力在同一坐标轴上投影的代数和，即：

$$F_{\mathrm{Rx}}=F_{1\mathrm{x}}+F_{2\mathrm{x}}+\cdots=\sum F_{i\mathrm{x}}$$

$$F_{\mathrm{Ry}}=F_{1\mathrm{y}}+F_{2\mathrm{y}}+\cdots=\sum F_{i\mathrm{y}}$$

此外，合力投影定律也适用于平面任意力系。

2. 平面任意力系的简化

（1）力的平移定律

如图 1.1.3-3 所示，力 $\boldsymbol{F}$ 作用在刚体上的 A 点，根据加减平衡力系原理，在刚体上的任意一点 B 点处加上一对与 $\boldsymbol{F}$ 大小相等、方向平行的平衡力 $\boldsymbol{F}'$ 和 $\boldsymbol{F}''$（$\boldsymbol{F}=\boldsymbol{F}'=-\boldsymbol{F}''$），将与原力系等效。然后，将其重新组合成一个力偶（$\boldsymbol{F}$，$\boldsymbol{F}''$）和一个力 $\boldsymbol{F}'$，

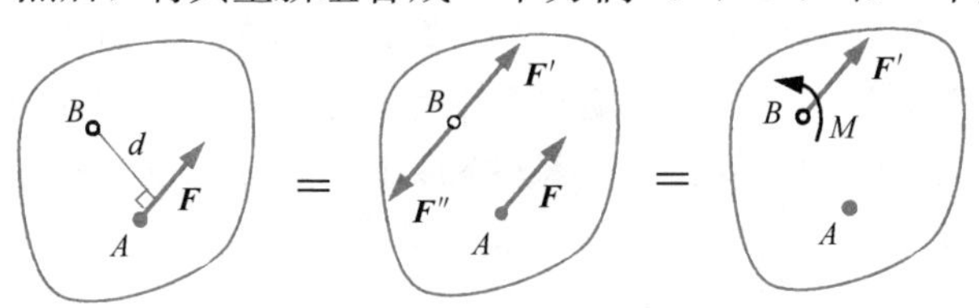

图 1.1.3-3 力的平移

将（$\boldsymbol{F}$，$\boldsymbol{F}'$）称为附加力偶，其力偶矩 $M=Fd=M_B$（$\boldsymbol{F}$）。由此得到力的平移定律：作用在刚体上点 A 的力 $\boldsymbol{F}$ 要平行移动到任意一点 B 点而不改变其对刚体的作用效应，则必须同时附加一个力偶，该附加力偶的力偶矩等于原来的力 $\boldsymbol{F}$ 对 B 点的矩。

（2）平面任意力系向作用面内一点的简化

对图 1.1.3-4（a）所示的平面任意力系，在平面内任一点 O 点作为简化中心，根据力的平移定律，将所有力平移到 O 点，见图 1.1.3-4（b），可知作用在 O 点的力是一个汇交于 O 点的平面汇交力系和一个由附加力偶组成的平面力偶系。对于汇交于 O 点的平面汇交力系，根据力的平行四边形法则，其最后合成为一个力 $\boldsymbol{F}_R$，见图 1.1.3-4（c），即：

$$\boldsymbol{F}_R=\boldsymbol{F}'_1+\boldsymbol{F}'_2+\cdots=\sum\boldsymbol{F}'_i$$

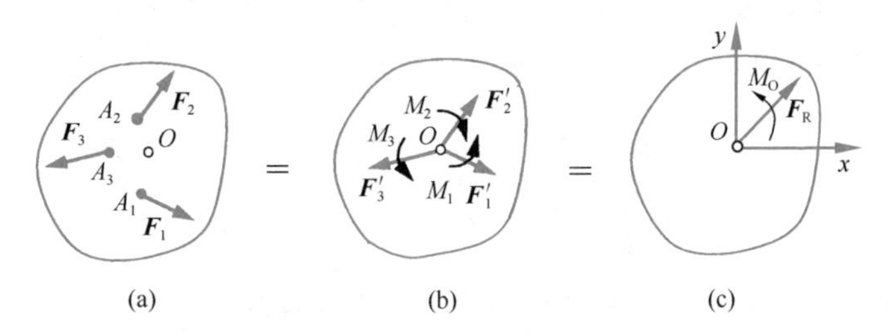

图 1.1.3-4　平面任意力系的简化

对于平面力偶系可合成为一个力偶 M_O，即：

$$M_O=M_1+M_2+\cdots=\sum M_i$$

由上可知，一般情况下，平面任意力系向平面内任一点简化，可得一个力 $\boldsymbol{F}_R$ 和一个力偶 M_O。力 $\boldsymbol{F}_R$ 等于原力系各力的矢量和，作用在简化中心，称为**主矢量**，简称**主矢**。力偶 M_O 等于原力系对简化中心的力偶矩的代数和，称为**主矩**。

3. 平面任意力系的平衡条件和平衡方程

平面任意力系平衡的必要和充分条件是主矢和主矩均等于零，即：$\boldsymbol{F}_R=0$，$M_O=0$。

平面任意力系的平衡方程，见表 1.1.3-1。

平面任意力系的平衡方程　　表 1.1.3-1

平衡方程		限制条件
基本形式	$\sum F_{ix}=0$，$\sum F_{iy}=0$，$\sum M_O(\boldsymbol{F}_i)=0$	均有三个独立方程，可解三个未知量
二力矩形式	$\sum F_{ix}=0$，$\sum M_A(\boldsymbol{F}_i)=0$，$\sum M_B(\boldsymbol{F}_i)=0$	AB 两点连线不能与 x 轴垂直
三力矩形式	$\sum M_A(\boldsymbol{F}_i)=0$，$\sum M_B(\boldsymbol{F}_i)=0$，$\sum M_C(\boldsymbol{F}_i)=0$	矩心 A、B、C 三点不共线

平面任意力系的平衡方程基本形式的实质是：水平方向的合力为零、铅垂方向的合力为零、对任一点 O 点的合力矩为零。

平面汇交力系、平面平行力系为平面任意力系的特殊情况，其平衡方程，见表 1.1.3-2。

平面汇交力系和平面平行力系的平衡方程　　表 1.1.3-2

分类	平衡方程		限制条件
平面汇交力系	基本形式	$\sum F_{ix}=0$，$\sum F_{iy}=0$	—
平面平行力系（选取 y 轴与各力作用线平行）	基本形式	$\sum F_{iy}=0$，$\sum M_A(\boldsymbol{F}_i)=0$	—
	二力矩形式	$\sum M_A(\boldsymbol{F}_i)=0$，$\sum M_B(\boldsymbol{F}_i)=0$	AB 两点连线不与各力平行

小结 1：计算时选取何种形式的平衡方程，完全取决于计算是否简便。一般地，尽可能一个方程能解得一个未知量，避免解联立方程。

小结 2：灵活运用二力平衡原理和三力汇交平衡定律，以简化计算。

小结 3：物体系统的平衡及其计算。可以选整体物体系统为研究对象，也可以将物体系统在连接处断开，取物体系统中某一部分作为研究对象。对于研究对象的选择没有统一的方法，其一般原则是：

（1）若能由整体受力图求出的未知约束力，应尽量选取整体物体系统为研究对象。

（2）通常先考虑受力最简单、未知约束力最少的某一物体的受力情况，也即尽可能满足一个平衡方程求得一个未知约束力。

（3）运用二力平衡原理和三力汇交平衡定律。

（4）注意加减平衡力系原理的运用。

【例 1.1.3-1】如图 1.1.3-5（a）所示刚架在 C 点承受水平力 P，试确定刚架在 A 点处的约束力 R_A 为下列何值？

（A）$R_A = P$

（B）$R_A = -P$

（C）$R_A = 2P$　　（D）$R_A = -\sqrt{2}P$

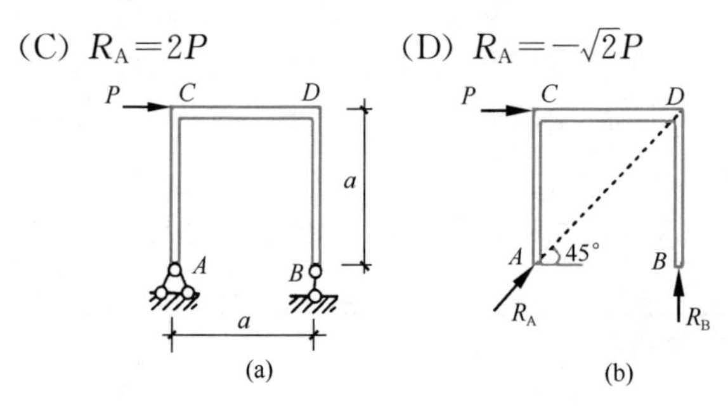

图 1.1.3-5

【解答】B 点为可动铰支座，其约束力的方向沿铅垂线，并且与水平力 P 的作用线相交于 D 点；根据三力汇交平衡定律，固定支座 A 的约束力的作用线必通过 D 点，见图 1.1.3-5（b）。由 $\sum F_{ix} = 0$，则：

$R_A \cos 45° + P = 0$，可得：$R_A = -\sqrt{2}P$，选（D）项。

第二节　材　料　力　学

材料力学主要研究杆件，杆件是指其长度远大于宽度和高度的构件。与杆件长度垂直的截面称为横截面，横截面形心的连线称为轴线。在外力作用下，杆件的基本变形形式有：轴向拉伸或压缩、剪切、扭转、平面弯曲（简称“拉压、弯、剪、扭”）。杆件在外力作用下应具备足够的强度、刚度和稳定性。在材料力学中，杆件的内力计算采用截面法，其基本步骤如下：

（1）截开：在欲求内力的横截面位置上截开。

（2）画脱离体受力图：先画外力和外部约束的反力，再画内力。

（3）列平衡方程：求解方程，得到内力。

一、轴向拉伸与压缩

1. 横截面上的内力（轴力 F_N）和轴力图

轴力 F_N 的符号规定：轴力为拉力时为正，其箭头指向截面外法线；轴力为压力时为负，其箭头沿截面内法线。计算时，假定轴力均为拉力，其计算结果为正值表明轴力为拉力，为负值表明其为压力。

轴力图是表示沿构件轴线方向各横截面上轴力变化规律的图形。轴力图绘制时，一般地，轴力为正值时画在横坐标的上方，为负值时画在横坐标的下方。

2. 轴向拉伸（或压缩）杆件的强度与刚度

轴向拉伸（或压缩）杆件的强度与刚度，见表 1.2.1-1。

轴向拉伸（或压缩）杆件的强度与刚度　　表 1.2.1-1

项目	内容
横截面上的正应力	正应力 σ（N/mm²）为： $\sigma=\dfrac{F_N}{A}$ A——横截面的面积（mm²）
强度条件	$\sigma_{max}=\left\|\dfrac{F_N}{A}\right\|_{max}\leqslant[\sigma]$ $[\sigma]$——杆件材料的许用应力（N/mm²）

续表

项目	内容
轴向变形	$$\Delta l = l_{变形后} - l = \frac{F_N l}{EA}$$ $$\Delta l = \varepsilon l, \varepsilon = \sigma / E$$ ε——轴向线应变，无量纲；E——材料的弹性模量（N/mm^2）
刚度条件	轴向拉伸（或压缩）杆件的变形应控制在许可范围内

注：EA 为杆件的截面抗拉（抗压）刚度。

二、剪切

工程中的螺栓连接、铆钉连接、榫接等，其螺栓、铆钉、榫头称为连接件。连接件的破坏形式主要是剪切破坏和挤压破坏。以螺栓连接为例（图 1.2.2-1），剪力用符合 F_s表示，剪切面积用 A_s表示，挤压力用 F_{bs}表示，挤压面的计算面积用 A_{bs}表示。挤压面 A_{bs}的计算，为实际挤压面在 F_{bs}方向上的投影面积，见

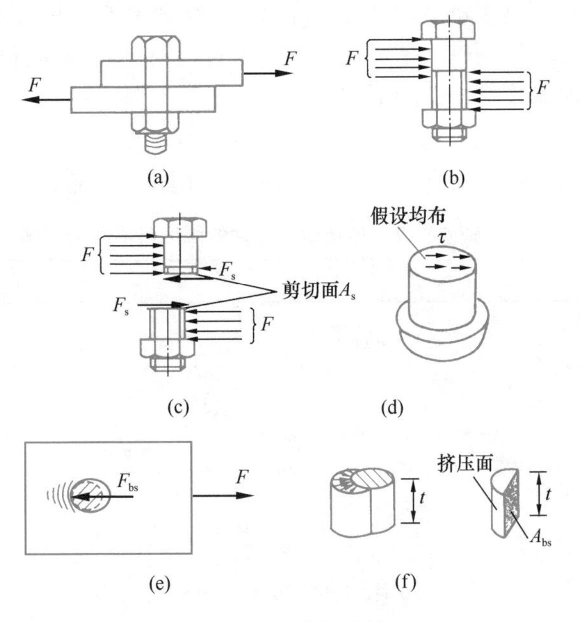

图 1.2.2-1　剪切和挤压

图 1.2.2-1 (f)；当实际挤压面为平面时（如木榫接头），A_{bs}就是实际挤压面的面积。剪切与挤压的实用计算，见表 1.2.2-1。注意，剪力为内力；挤压力为外力、不是内力。

剪切与挤压的实用计算　　**表 1.2.2-1**

项目	内容
剪切面上的名义切应力 τ	假定切应力在剪切面上均匀分布，则 τ（N/mm²）为： $\tau=\frac{F_s}{A_s}$
剪切强度条件	$\tau=\frac{F_s}{A_s}\leqslant[\tau]$ $[\tau]$——名义许用剪切切应力（N/mm²）
名义挤压应力 σ_{bs}	$\sigma_{bs}=\frac{F_{bs}}{A_{bs}}$
挤压强度条件	$\sigma_{bs}=\frac{F_{bs}}{A_{bs}}\leqslant[\sigma_{bs}]$ $[\sigma_{bs}]$——名义许用挤压应力（N/mm²）

三、平面弯曲

1. 基本概念

当作用在直杆上的外力与杆件轴线垂直时，杆件的轴线将由直线变成曲线，这种变形称为弯曲。以弯曲变形为主要变形的杆件称为梁。如图 1.2.3-1 所示，常用的梁的横截面具有对称轴，对整个梁而言则具有纵向对称面。当梁上的所有外力都作用在该纵向对称面内，则梁的变形后的轴线将是一条在该纵向对称面内

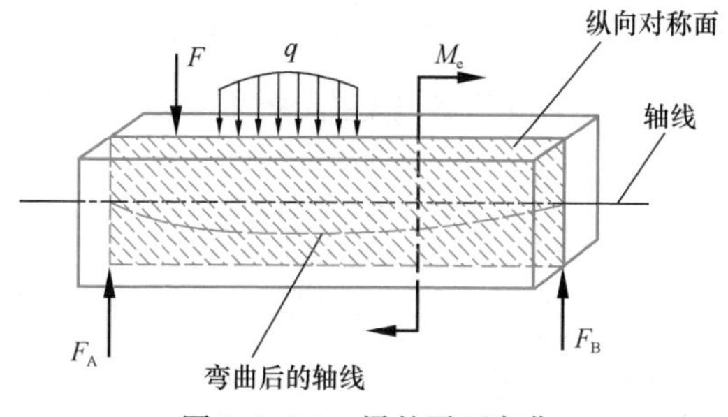

图 1.2.3-1　梁的平面弯曲

的平面曲线，这种弯曲称为平面弯曲。为了便于计算，通常用梁的轴线来代替梁，将外力（荷载）和支座直接加在轴线上，构成梁的计算简图。

梁的内力包括弯矩 M、剪力 F_Q（或 V 或 Q 表示）和轴力 F_N（或 N 表示），其确定仍采用截面法。

2. 梁的弯曲正应力

梁产生平面弯曲变形时（图 1.2.3-2），在梁内一定存在一层既不伸长也不缩短的纤维层，称为中性层，中性层与横截面的交线称为中性轴。梁的横截面上弯曲正应力（亦称梁的正应力）沿截面高度呈线性分布，中性轴上各点的正应力为零，中性轴两侧的正应力一拉一压，同时存在，见图 1.2.3-3（⊕表示拉应力；⊖表示压应力）。

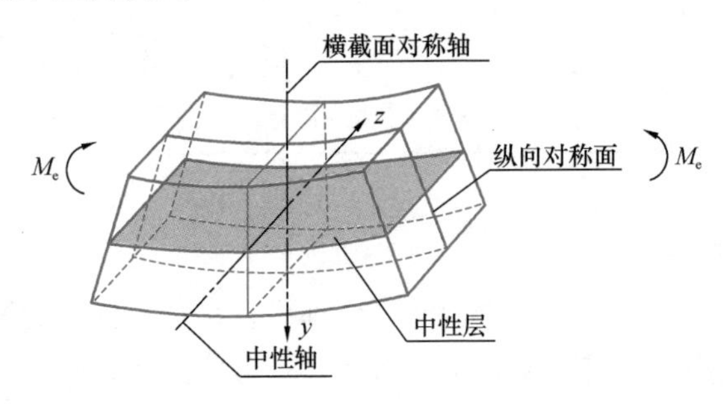

图 1.2.3-2　梁平面弯曲示意图

梁的弯曲正应力 σ 为：

$$\sigma = \frac{My}{I_z}$$

最大正应力 σ_{max} 发生在距中性轴最远的点处：

$$\sigma_{max} = \frac{My_{max}}{I_z} = \frac{M}{W_z}$$

式中，y 为距中性轴的距离；I_z 为截面对中性轴的惯性矩；$W_z = I_z/y_{max}$ 为弹性截面模量（亦称抗弯截面系数）。

梁的弯曲正应力的强度条件为：

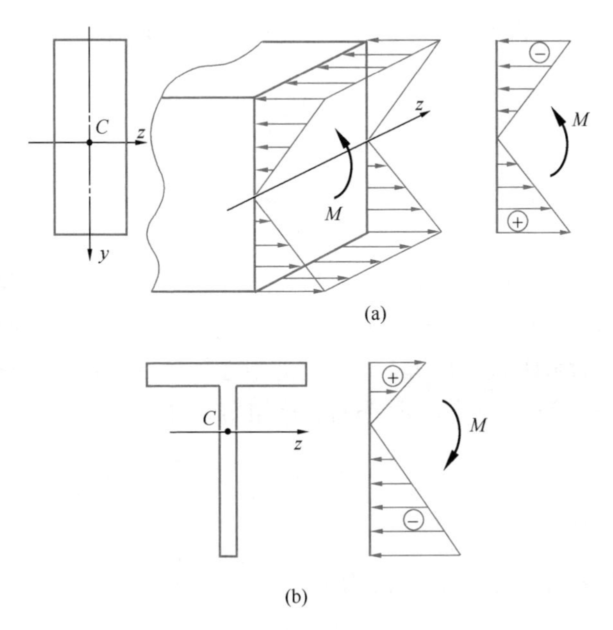

图 1.2.3-3　梁横截面上的正应力

(a) 矩形截面；(b) T 形截面

$$\sigma_{max}=\frac{M_{max}}{W_z}\leqslant[\sigma]$$

式中，$[\sigma]$ 为材料许用正应力。

3. 梁的弯曲切应力

在剪力作用下，梁横截面上的弯曲切应力（亦称剪应力）τ 的分布规律，见图 1.2.3-4。

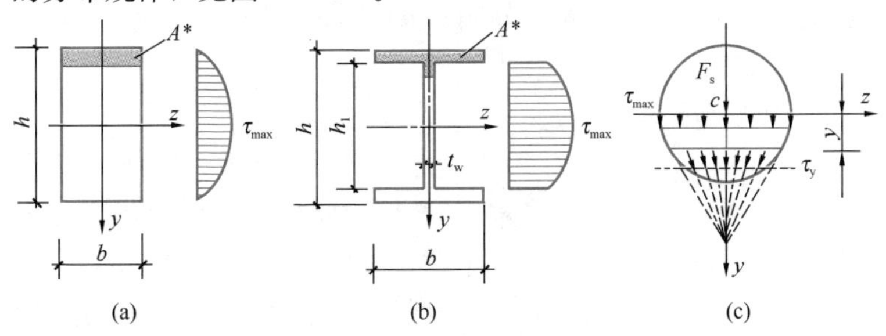

图 1.2.3-4　梁横截面上的切应力

在剪力 F_Q（或 V 或 Q 表示）作用下，梁的 τ、τ_{max} 为：

$$\tau = \frac{VS_z^*}{I_z b}$$

$$\tau_{max} = \frac{V_{max} S_{z,max}^*}{bI_z} \leqslant [\tau]$$

式中，S_z^* 为横截面 y 处横线外侧的面积（A^*）及其形心到中性轴的距离的乘积（亦称面积矩）；b 为剪应力处横截面的宽度（工字形时取腹板厚度 t_w）；$S_{z,max}^*$ 为中性轴一侧面积及其形心到中性轴的距离的乘积；$[\tau]$ 为材料许用切应力。

矩形截面的 $\tau_{max} = \frac{3V}{2A}$；圆形截面的 $\tau_{max} = \frac{4V}{3A}$，式中 A 为横截面的面积。

梁横截面上的平均剪应力 $\tau_{平}$ 为：$\tau_{平} = \frac{V}{A}$

4．梁的变形和刚度条件

梁的变形用挠度 f 和转角 θ 来度量。如：受均布荷载 q 的简支梁（跨度为 l）的最大挠度 $f_{max} = 5ql^4/(384EI)$，其中 EI 称为梁的截面抗弯刚度。

梁的刚度条件为：

$$f_{max}/l \leqslant [f/l]; \quad \theta_{max} \leqslant [\theta]$$

式中，f_{max} 为梁的最大挠度；l 为梁的跨度；$[f/l]$ 为许用挠度与跨度之比；θ_{max} 为梁的最大转角；$[\theta]$ 为许用转角。

四、扭转

1．扭矩与扭矩图

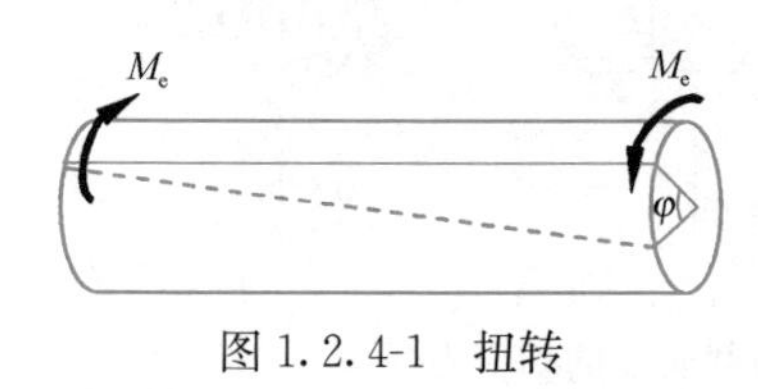

图 1.2.4-1　扭转

如图 1.2.4-1 所示，杆件在作用面垂直于杆轴线的外力偶 M_e 作用下，杆件的相邻横截面绕轴线发生相对转动，这种变形称为扭转。两端截面相对

旋转了一个角度 φ，φ 称为扭转角。扭矩 T 是扭转变形杆件的内力，确定扭矩 T 的方法仍采用截面法，在图 1.2.4-2（a）中，沿 m-m 截面将杆件截开，任意取其中一个脱离体，如图 1.2.4-2（b）所示为左边脱离体，根据平衡方程，$\sum M=0$，即 $T-M_e=0$，可得 $T=M_e$（注意，取右边脱离体，仍可得 $T=M_e$），扭矩的正负可按右手螺旋法则，即：扭矩矢量指向横截面外法线时扭矩为正，反之，扭矩为负。

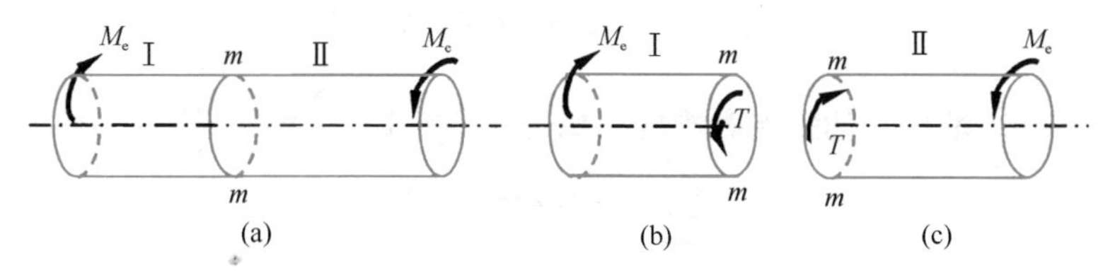

图 1.2.4-2　截面法计算扭矩

扭矩图是表示扭矩随横截面位置变化的图形，扭矩为正，画在横坐标上方；扭矩为负，画在横坐标下方。

2. 圆轴扭转的强度和刚度

圆轴扭转的横截面上的扭转切应力 τ_ρ（图 1.2.4-3），各点切应力的方向与其半径线垂直，大小与该点到截面圆心的距离成正比，最大值 τ_{max} 在圆截面边缘各点处。圆轴截面的几何性质有：截面的极惯性矩 I_p，抗扭截面系数 W_p，见图 1.2.4-4。

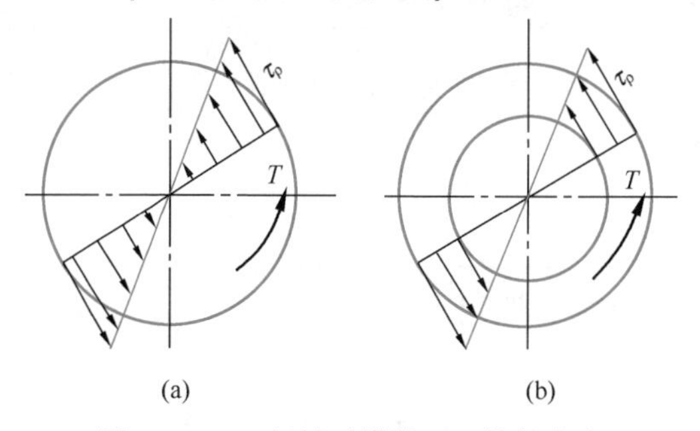

图 1.2.4-3　扭转时横截面上的切应力

（a）实心圆轴；（b）空心圆轴

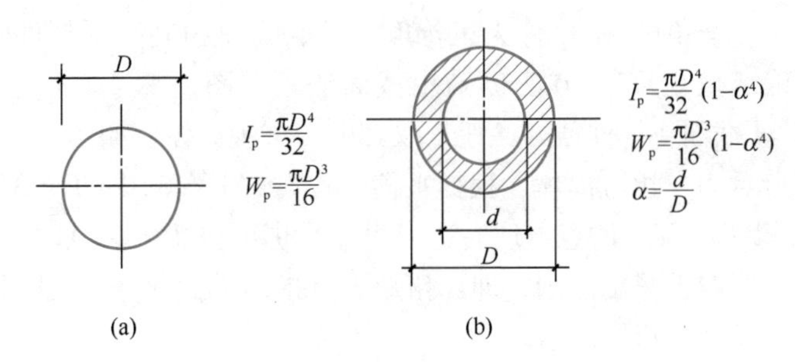

图 1.2.4-4　圆轴截面的几何性质

圆轴扭转的强度和刚度，见表 1.2.4-1。

圆轴扭转的强度和刚度　　　**表 1.2.4-1**

项目	内容
扭转切应力 τ_ρ	横截面上距圆心为 ρ 的任一点的切应力 τ_ρ（N/mm²）为： $\tau_\rho=\frac{T}{I_p}\rho$
强度条件	$\tau_{max}=\frac{T_{max}}{I_p}\cdot\frac{D}{2}=\frac{T_{max}}{W_p}\leqslant[\tau]$ $[\tau]$——材料扭转许用切应力（N/mm²）
变形	$\varphi=\frac{TL}{GI_p}$
刚度条件	最大单位扭转角 θ_{max}（单位是弧度/米）： $\theta_{max}=\frac{T_{max}}{GI_p}\leqslant[\theta]$ $[\theta]$——材料许用单位扭转角，其单位是弧度/米

注：GI_p 为杆件的截面抗扭刚度。

3. 超静定扭转计算

房屋建筑结构中边框架梁、雨篷梁等为超静定扭转构件。确定超静定扭转杆件的扭矩 T 需要静力平衡方程、变形协调条件。

【例 1. 2. 4-1】 如图 1. 2. 4-5（a）所示等截面圆轴，试绘制其扭矩图。

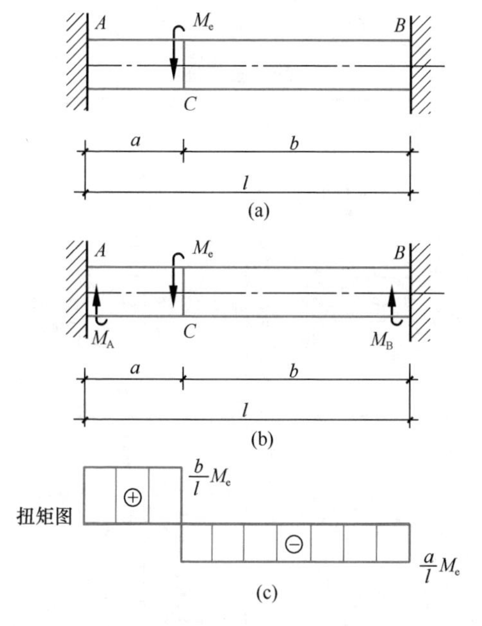

图 1. 2. 4-5

【解答】 如图 1. 2. 4-5（b）所示，则：

$$M_A + M_B = M_e$$

由变形协调条件，则：

$$\varphi_{AB} = \varphi_{AC} + \varphi_{BC} = 0$$

即：

$$\frac{M_A a}{GI_p} + \frac{-M_B b}{GI_p} = 0$$

联解可得：

$$M_A = \frac{b}{l}M_e$$

$$M_B = \frac{a}{l}M_e$$

其扭矩图见图 1. 2. 4-5（c）。

五、常见静力扭矩图

1. 静定扭矩图

静定扭矩图，见表 1.2.5-1。

静定扭矩图　　　　表 1.2.5-1

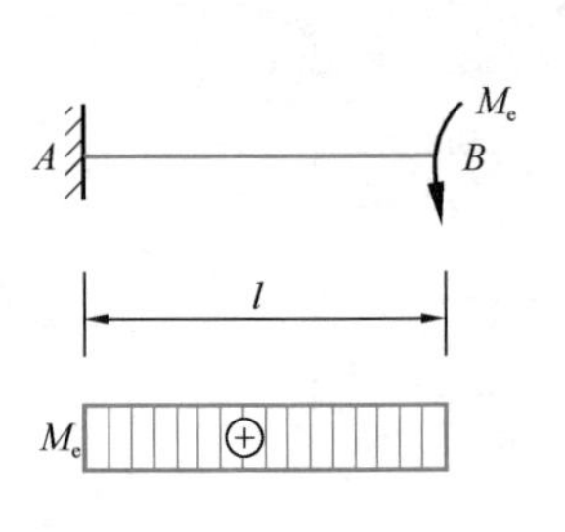	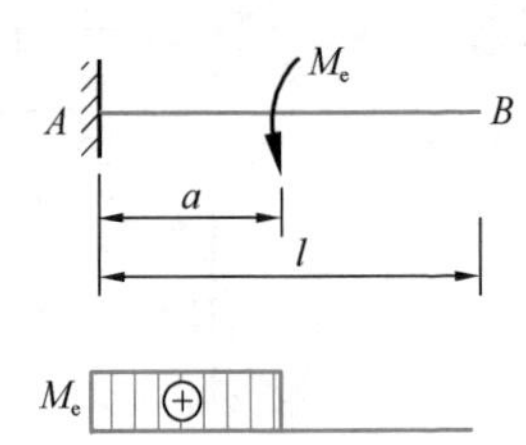
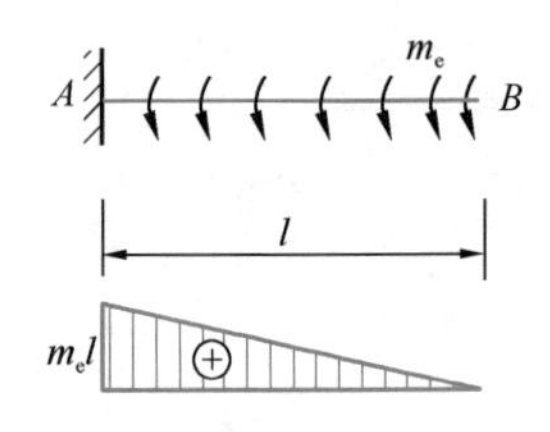	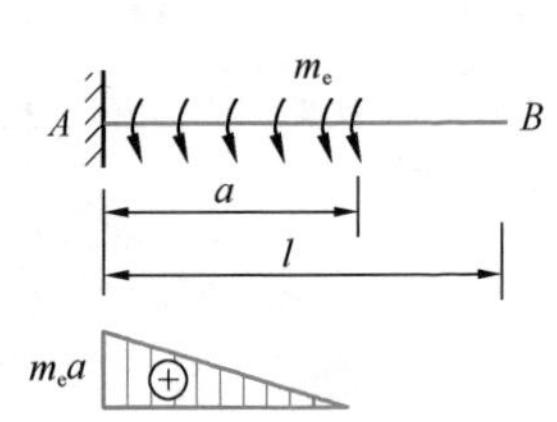
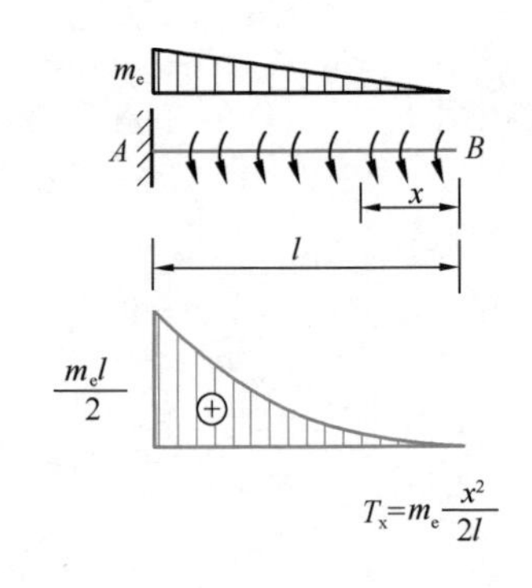	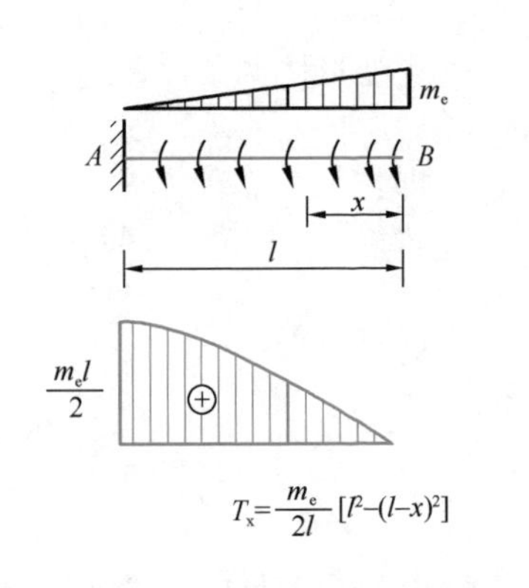

2. 超静定扭矩图

超静定扭矩图，见表 1.2.5-2。

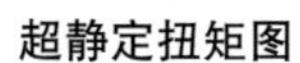

超静定扭矩图　　**表 1.2.5-2**

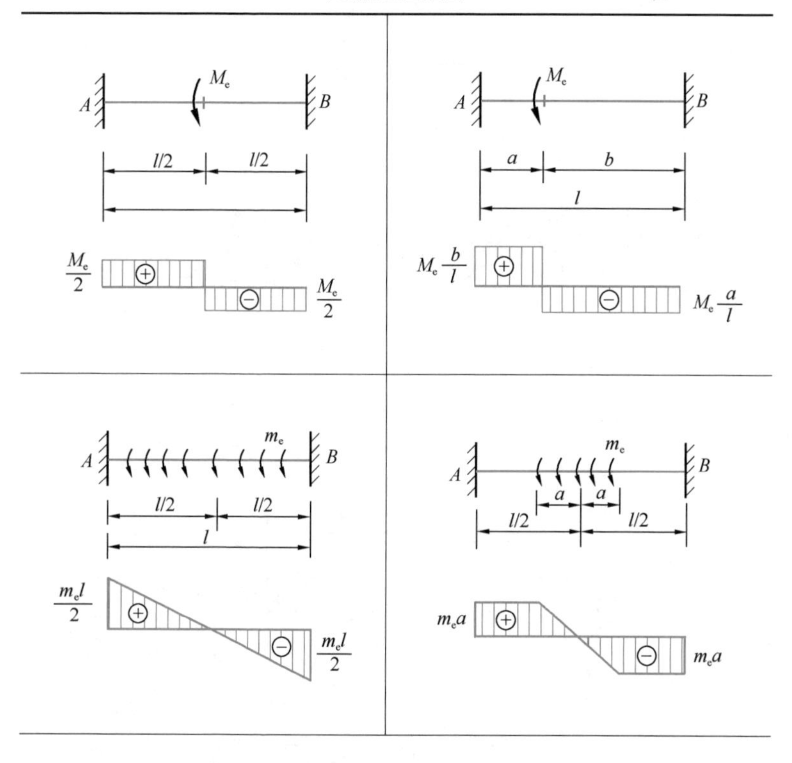

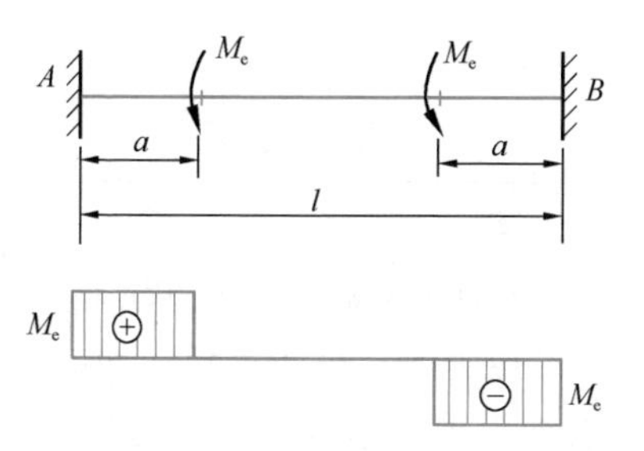

续表

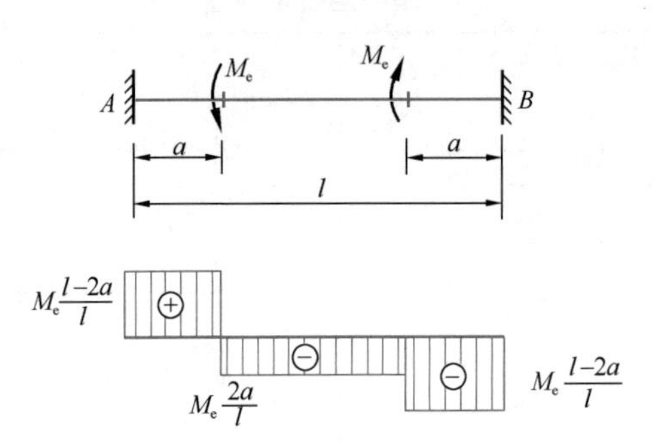

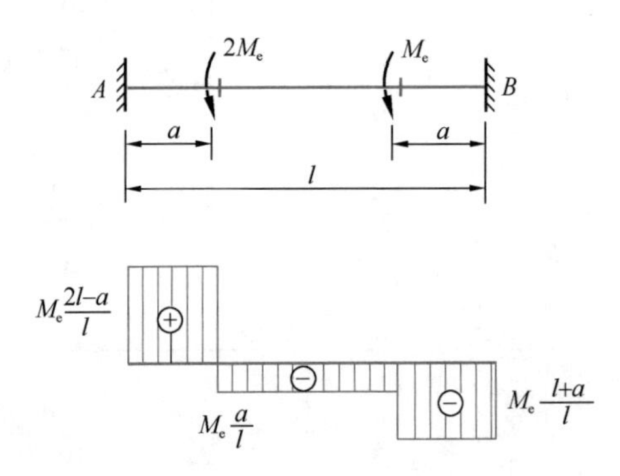

六、平面应力计算

如图 1.2.6-1（a）所示，$\tau_x=-\tau_y$ 单元体上应力分量的正负号规定为：正应力以拉为正，以压为负；切应力（亦称剪应力）以所在截面的外法线顺时针转动 90°所得到的方向为正，反之为负。

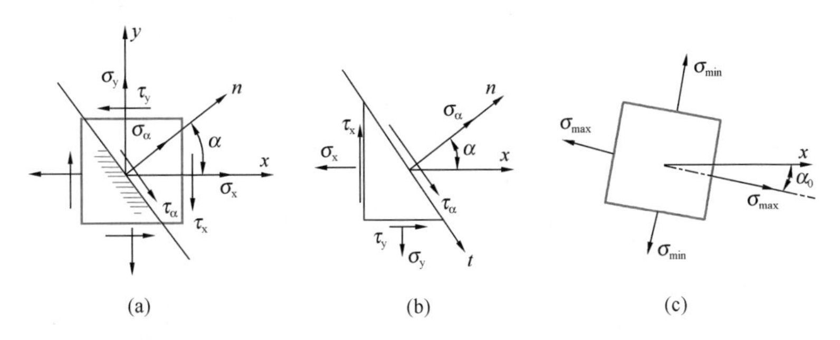

图 1.2.6-1　平面应力计算

（1）平面应力状态下斜截面上的应力计算公式[图 1.2.6-1(b)]：

$$\sigma_\alpha=\frac{\sigma_x+\sigma_y}{2}+\frac{\sigma_x-\sigma_y}{2}\cos2\alpha-\tau_x\sin2\alpha$$

$$\tau_\alpha=\frac{\sigma_x-\sigma_y}{2}\sin2\alpha+\tau_x\cos2\alpha$$

α 角以 x 轴的正向逆时针转过的角度为正。由上式可知：

$$\sigma_\alpha+\sigma_{\alpha+\frac{\pi}{2}}=\sigma_x+\sigma_y$$

上式表明互相垂直截面上的正应力之和是常数。

（2）主应力与主平面

主应力的大小为：

$$\left.\begin{matrix}\sigma_{max}\\ \sigma_{min}\end{matrix}\right\}=\frac{\sigma_x+\sigma_y}{2}\pm\sqrt{\left(\frac{\sigma_x-\sigma_y}{2}\right)^2+\tau_x^2}$$

主应力的方向：

$$\tan2\alpha_0=-\frac{2\tau_x}{\sigma_x-\sigma_y}$$

可解出两个相差 90° 的主方向 α_0 和 $\alpha_0+\frac{\pi}{2}$，确定两个相互垂直的主平面。

当 $\sigma_y=0$ 时，主应力的大小为：

$$\left.\begin{matrix}\sigma_{max}\\ \sigma_{min}\end{matrix}\right\}=\frac{\sigma_x}{2}\pm\sqrt{\left(\frac{\sigma_x}{2}\right)^2+\tau_x^2}$$

第二章

力学计算基本资料

第一节 截面的几何特性

一、静矩和形心

1. 单个截面

静矩也称为面积矩。如图 2.1.1-1 所示为一任意形状的构件截面，其面积为 A。图中一微面积 $\mathrm{d}A$ 的坐标分别为 y、z，将 $y\mathrm{d}A$ 和 $z\mathrm{d}A$ 分别定义为微面积 $\mathrm{d}A$ 对 z 轴、y 轴的静矩（面积矩），则整个截面的面积矩可采用积分求出，即：

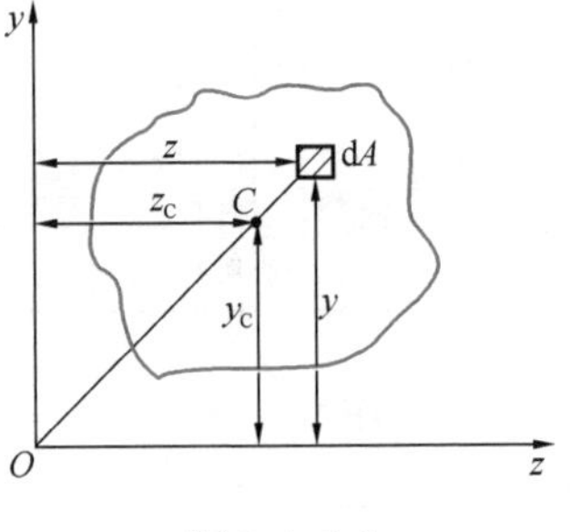

图 2.1.1-1

$$S_z = \int_A y\mathrm{d}A \quad (2.1.1\text{-}1)$$

$$S_y = \int_A z\mathrm{d}A \quad (2.1.1\text{-}2)$$

令截面形心 C 的坐标为（z_c、y_c），由合力矩定理，则：

$$y_c = \frac{\int_A y\mathrm{d}A}{A} = \frac{S_z}{A} \quad (2.1.1\text{-}3)$$

$$z_c = \frac{\int_A z\mathrm{d}A}{A} = \frac{S_y}{A} \quad (2.1.1\text{-}4)$$

当截面图形为均质板，则截面形心即为截面的质心（或重心）。由公式（2.1.1-3）、公式（2.1.1-4），可得到如下公式：

$$S_z = Ay_c \quad (2.1.1\text{-}5)$$

$$S_y = Az_c \quad (2.1.1\text{-}6)$$

因此，截面对某轴的静矩等于截面面积与截面形心到该轴距离的乘积。

静矩（面积矩）和形心的特性如下：

（1）静矩可正、可负，也可为零，量纲为[长度]^3（即：m^3）。

（2）同一截面对不同的坐标轴有不同的静矩。

（3）截面对通过其形心的轴的静矩为零；反之，若截面对某轴的静矩为零，则该轴必通过截面形心。

2. 组合截面

组合截面对某一轴的静矩，其等于其组成部分对同一轴的静矩之和。如图 2.1.1-2 所示组合截面，由合力矩定理，则组合截面的静矩为：

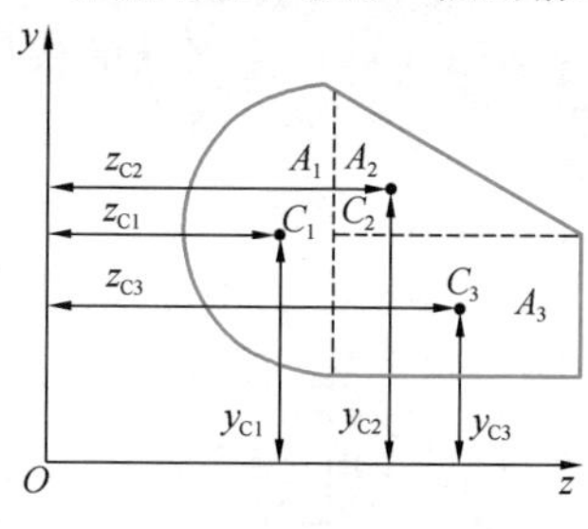

图 2.1.1-2

$$S_z = \sum_{i=1}^{n} A_i y_{ci} \quad (2.1.1\text{-}7)$$

$$S_y = \sum_{i=1}^{n} A_i z_{ci} \quad (2.1.1\text{-}8)$$

式中　A_i——组合截面中各组成部分的面积；

C_i——各组成部分的形心；

y_{ci}，z_{ci}——各组成截面形心的坐标；

n——组成部分的个数。

组合截面的形心的坐标的计算公式为：

$$y_C = \frac{S_z}{A} = \frac{\sum_{i=1}^{n} A_i y_{Ci}}{\sum_{i=1}^{n} A_i} \quad (2.1.1\text{-}9)$$

$$z_C = \frac{S_y}{A} = \frac{\sum_{i=1}^{n} A_i z_{Ci}}{\sum_{i=1}^{n} A_i} \quad (2.1.1\text{-}10)$$

二、截面惯性矩、惯性积和极惯性矩

1. 惯性矩和惯性积

（1）截面对任一轴的惯性矩

截面对任一轴的惯性矩等于各微面积 dA 与其至该轴距离平方的乘积之总和（图 2.1.2-1），即：

$$I_x = \int_A y^2 \mathrm{d}A \qquad (2.1.2\text{-}1)$$

$$I_y = \int_A x^2 \mathrm{d}A \qquad (2.1.2\text{-}2)$$

惯性矩恒为正，量钢为［长度］^{4}（即：m^4）。

（2）截面对 x 轴和 y 轴的惯性积

截面对 x 轴和 y 轴的惯性积等于各微面积 $\mathrm{d}A$ 与其分别到 x 轴和 y 轴距离的乘积之总和（图 2.1.2-1），即：

$$I_{xy} = \int_A xy \mathrm{d}A \qquad (2.1.2\text{-}3)$$

惯性积的特性如下：

① 惯性积可正、可负，也可为零，量纲为［长度］^{4}（即：m^4）。

② 当坐标轴 x 或 y 位于对称轴上时，截面对 x、y 轴的惯性积为零。

（3）惯性矩和惯性积的平行移轴公式

设一面积为 A 的任意形状截面如图 2.1.2-2 所示，C 点为截面的形心，x_C 轴和 y_C 轴为截面的形心轴。截面对平行于形心轴 x_C 轴和 y_C 轴而相距 a 和 b 的 x 轴和 y 轴的惯性矩、惯性积分别为：

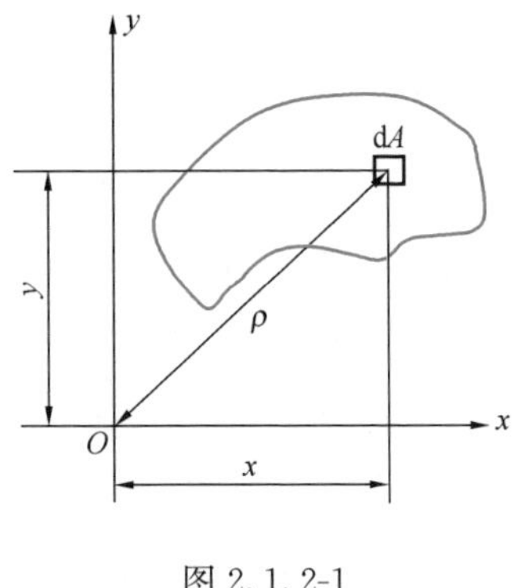

图 2.1.2-1

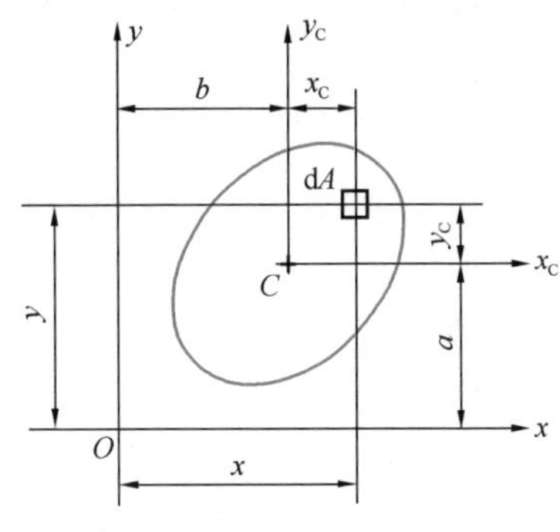

图 2.1.2-2

$$I_x=I_{x_C}+a^2A \tag{2.1.2-4}$$

$$I_y=I_{y_C}+b^2A \tag{2.1.2-5}$$

$$I_{xy}=I_{x_Cy_C}+abA \tag{2.1.2-6}$$

式中，I_{x_C}、I_{y_C} 和 $I_{x_Cy_C}$ 分别是截面对于形心轴的惯性矩和惯性积。

（4）组合截面的惯性矩

组合截面对于某坐标轴的惯性矩等于其各组成部分对于同一坐标轴的惯性矩之和。设截面是由 n 个部分组成，则组合截面对于 x、y 两轴的惯性矩分别为：

$$I_x=\sum_{i=1}^{n}I_{xi} \tag{2.1.2-7}$$

$$I_y=\sum_{i=1}^{n}I_{yi} \tag{2.1.2-8}$$

式中，I_{xi} 和 I_{yi} 分别为组合截面中组成部分 i 对于 x 轴和 y 轴的惯性矩。

2. 极惯性矩

截面对任一点 O 的极惯性矩 I_0，等于各微面积 dA 与其至该点距离平方的乘积之总和（图 2.1.2-1），且等于截面对以 O 点为原点的任意两正交坐标轴 x、y 的惯性矩之和，即：

$$I_0=\int_A\rho^2\mathrm{d}A=I_x+I_y \tag{2.1.2-9}$$

式中，ρ 是微面积 dA 至 O 点距离。

因截面对于通过同一点的任意一对相互垂直的直角坐标轴的两惯性矩之和为一常数，故当坐标轴绕该点旋转时，I_0 保持为一个常数。

三、形心主惯性轴和形心主惯性矩

1. 惯性矩和惯性积的转轴公式

设一面积为 A 的任意形状截面如图 2.1.3-1 所示。截面对于

通过其上任意一点 O 的两坐标轴 x、y 的惯性矩和惯性积分别为 I_x、I_y 和 I_{xy}。若坐标轴 x、y 绕 O 点旋转 α 角（α 角以逆时针方向旋转为正）至 x_1、y_1 位置，则该截面对于新坐标轴 x_1、y_1 惯性矩和惯性积分别为：

$$I_{x_1}=\frac{I_x+I_y}{2}+\frac{I_x-I_y}{2}\cos2\alpha-I_{xy}\sin2\alpha \quad (2.1.3\text{-}1)$$

$$I_{y_1}=\frac{I_x+I_y}{2}-\frac{I_x-I_y}{2}\cos2\alpha+I_{xy}\sin2\alpha \quad (2.1.3\text{-}2)$$

$$I_{x_1y_1}=\frac{I_x-I_y}{2}\sin2\alpha+I_{xy}\cos2\alpha \quad (2.1.3\text{-}3)$$

由公式（2.1.3-1）、公式（2.1.3-2）相加，可得到如下结论：截面对于通过同一点的任意一对相互垂直的坐标轴的两惯性矩之和为一常数。

2. 形心主轴和形心主矩

如图 2.1.3-1 所示，当坐标轴 x、y 旋转到一特定的角度 $\alpha=\alpha_0$ 时，使截面对于新坐标轴 x_0、y_0 的惯性积等于零，则这对坐标轴称为主惯性轴（简称主轴）。截面对主惯性轴的惯性矩称为主惯性矩（简称主矩）。若这对主惯性轴的交点与截面的形心重合，这对坐标轴就称为形心主惯性轴（简称形心主轴）。截面

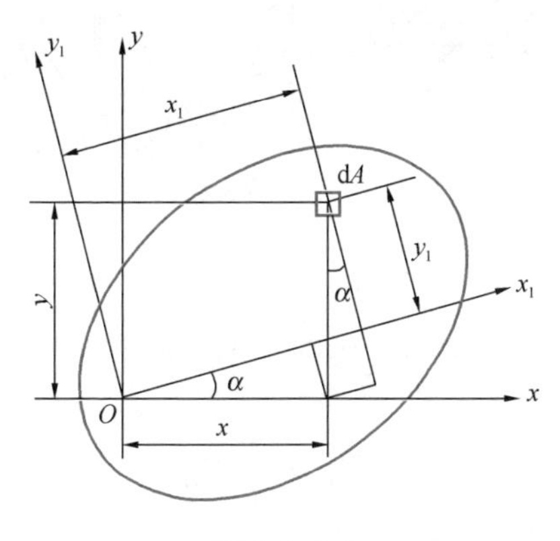

图 2.1.3-1

对形心主惯性轴的惯性矩就称为形心主惯性矩（简称形心主矩）。

注意：通过截面的形心可以有许多轴线，该类轴线都称为形心轴，而形心主轴是其中的特殊情况（$I_{x_0y_0}=0$），如图 2.1.3-2 所示。

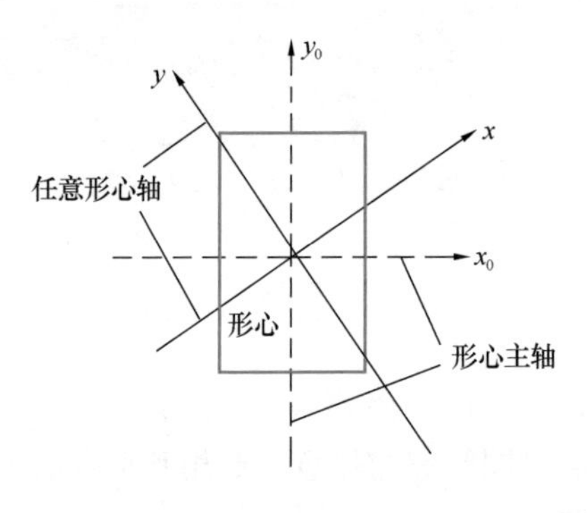

图 2.1.3-2

如图 2.1.3-3 所示，当截面没有对称轴时，形心主轴的方位角 α_0、形心主矩分别按下列公式计算：

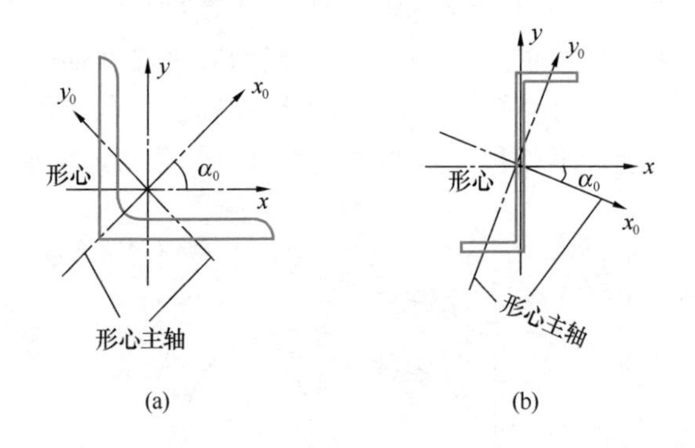

图 2.1.3-3

（a）不等肢角钢；（b）Z 形截面

$$\tan 2\alpha_0=\frac{2I_{xy}}{I_y-I_x} \tag{2.1.3-4}$$

$$I_{x_0}=\frac{I_x+I_y}{2}+\frac{1}{2}\sqrt{(I_x-I_y)^2+4I_{xy}^2} \tag{2.1.3-5}$$

$$I_{y_0}=\frac{I_x+I_y}{2}-\frac{1}{2}\sqrt{(I_x-I_y)^2+4I_{xy}^2} \tag{2.1.3-6}$$

式中，I_x、I_y 和 I_{xy} 为截面对于通过其形心的某一对轴的惯性矩和惯性积。

截面对于通过任意一点（含形心）的主惯性轴的主惯性矩之值，就是通过该点所有轴的惯性矩中的极大值 I_{max} 和极小值 I_{min}。例如：公式（2.1.3-5）、公式（2.1.3-6）中，I_{x0} 就是 I_{max}，而 I_{y0} 则为 I_{min}。

此外，判定形心主轴的规则如下：

① 对称轴及其过形心的垂直轴是一对形心主轴。

② 若截面图形有两条对称轴，此两轴即为形心主轴。

③ 若截面图形有三条或三条以上对称轴，则过形心的任一轴都是形心主轴。

四、截面回转半径

截面回转半径的计算公式为：

$$i_x=\sqrt{\frac{I_x}{A}} \tag{2.1.4-1}$$

$$i_y=\sqrt{\frac{I_y}{A}} \tag{2.1.4-2}$$

式中，i_x 和 I_x 分别是截面对于 x 轴的回转半径和惯性矩；i_y 和 I_y 分别是截面对于 y 轴的回转半径和惯性矩；A 是截面面积。

对于图 2.1.3-3（a）中，I_{y_0} 为最小惯性矩，则 $i_{y_0}=\sqrt{I_{y_0}/A}$ 为最小回转半径。

对于图 2.1.3-3（b）中，I_{x_0} 为最大惯性矩，则 $i_{x_0}=\sqrt{I_{x_0}/A}$ 为最大回转半径。

五、常用截面的几何特性

常用截面的几何特性，见表 2.1.5-1。

常用截面的几何特性　　**表 2.1.5-1**

截面简图	截面面积 A	图示形心轴至边缘距离（x，y）	惯性矩 I、回转半径 i、弹性截面模量 W
矩形截面	bh	$y=\frac{h}{2}$	$I_x=\frac{bh^3}{12}$，$i_x=\frac{1}{\sqrt{12}}h$，$W_x=\frac{bh^2}{6}$ $I_{x_1}=\frac{bh^3}{3}$，$i_{x_1}=\frac{1}{\sqrt{3}}h$
工字形截面	$h_w t_w+2bt$ 或 $bh-(b-t_w)h_w$	$y=\frac{h}{2}$	$I_x=\frac{1}{12}[bh^3-(b-t_w)h_w^3]$，$W_x=\frac{I_x}{h/2}$ $I_y=\frac{1}{12}(2tb^3+h_w t_w^3)$，$W_y=\frac{I_y}{b/2}$
等腰梯形截面[①]	$\frac{(b_1+b)h}{2}$	$y_1=\frac{h}{3}\left(\frac{b_1+2b}{b_1+b}\right)$ $y_2=\frac{h}{3}\left(\frac{2b_1+b}{b_1+b}\right)$	$I_x=\frac{(b_1^2+4b_1b+b^2)h^3}{36(b_1+b)}$，$I_{x_1}=\frac{(b+3b_1)h^3}{12}$ $I_y=\frac{\tan\alpha}{96}\cdot(b^4-b_1^4)$； 式中 $\tan\alpha=\frac{2h}{b-b_1}$

续表

截面简图	截面面积 A	图示形心轴至边缘距离 (x, y)	惯性矩 I、回转半径 i、弹性截面模量 W
T 形截面 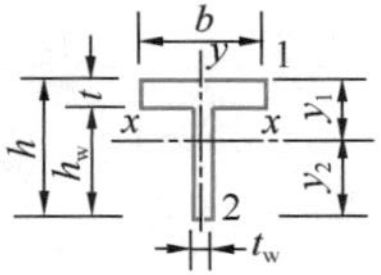	$bt + h_w t_w$	$y_1 = \frac{h^2 t_w + (b - t_w)t^2}{2(bt + h_w t_w)}$ $y_2 = h - y_1$	$I_x = \frac{1}{3}[by_1^3 + t_w y_2^3 - (b - t_w) \times (y_1 - t)^3]$ $I_y = \frac{1}{12}(tb^3 + h_w t_w^3)$ $W_{x_1} = \frac{I_x}{y_1}, W_{x_2} = \frac{I_x}{y_2}$
圆形截面 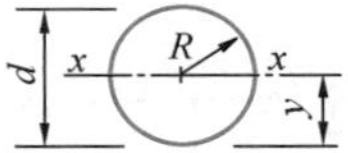	$\frac{\pi d^2}{4} = \pi R^2$	$y = \frac{d}{2} = R$	$I_x = \frac{\pi d^4}{64} = \frac{\pi R^4}{4}, i_x = \frac{d}{4}$ $W_x = \frac{\pi d^3}{32}$
圆环 / 管截面 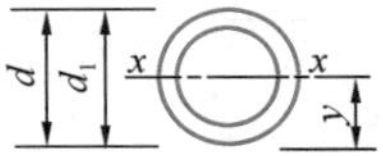	$\frac{\pi(d^2 - d_1^2)}{4}$	$y = \frac{d}{2}$	$I_x = \frac{\pi(d^4 - d_1^4)}{64}; i_x = \frac{1}{4}\sqrt{d^2 + d_1^2}$

续表

截面简图	截面面积 A	图示形心轴至边缘距离 (x，y)	惯性矩 I、回转半径 i、弹性截面模量 W
半圆形截面 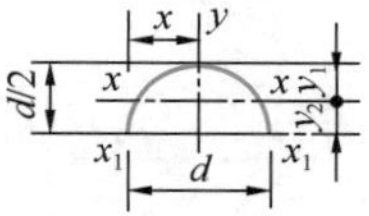	$\frac{\pi d^2}{8}$	$y_1=\frac{(3\pi-4)d}{6\pi}, y_2=\frac{2d}{3\pi}$ $x=\frac{d}{2}$	$I_x=\frac{(9\pi^2-64)d^4}{1152\pi}, I_y=\frac{\pi d^4}{128}$; $I_{x_1}=\frac{\pi d^4}{128}$
半圆环截面 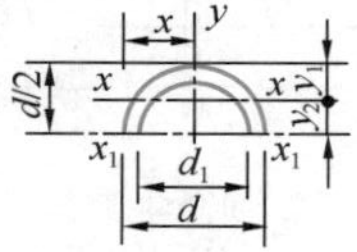	$\frac{\pi(d^2-d_1^2)}{8}$	$y_1=\frac{d}{2}-y_2$ $y_2=\frac{2}{3\pi}\left(\frac{d^3-d_1^3}{d^2-d_1^2}\right)$ $x=\frac{d}{2}$	$I_x=\frac{\pi(d^4-d_1^4)}{128}-\frac{(d^3-d_1^3)^2}{18\pi(d^2-d_1^2)}$ $I_y=\frac{\pi(d^4-d_1^4)}{128}; I_{x_1}=\frac{\pi(d^4-d_1^4)}{128}$

注：表中①，当取 $b_1=0$ 或 $b=0$ 即得等腰三角形或倒等腰三角形截面的几何特性计算公式；取 $b_1=b$ 则可得矩形截面的几何特性计算公式。

第二节 塑性截面模量

一、塑性截面模量的计算

钢梁在纯弯曲情况下，随着荷载不断增加，钢梁的工作阶段划分为：弹性、弹塑性、塑性，以及应变硬化阶段，其正应力分布如图 2.2.1-1 所示。在塑性阶段，产生塑性铰时的最大弯矩为：

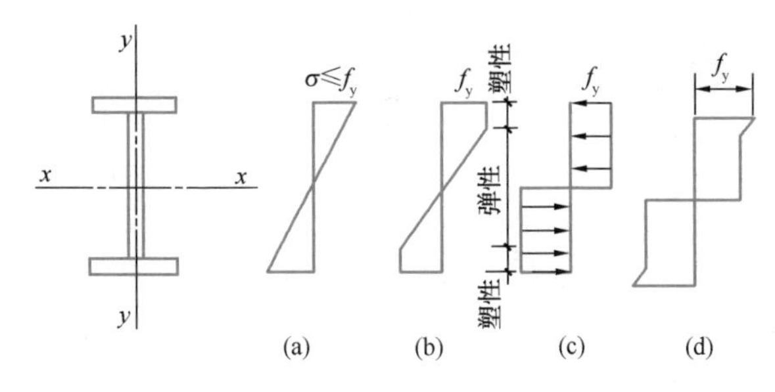

图 2.2.1-1 梁的正应力分布

$$M_p = W_p f_y$$

式中，f_y 为钢材屈服强度；W_p 为梁的塑性截面模量。

$$W_p = S_1 + S_2$$

式中，S_1 为塑性中和轴以上截面面积对塑性中和轴的面积矩；S_2 为塑性中和轴以下截面面积对塑性中和轴的面积矩。

塑性中和轴是与弯曲主轴平行的截面面积平分线，塑性中和轴两边的面积相等（即：$A_{n1} = A_{n2}$）。因此，整个截面的正应力之和为零。对于双轴对称截面，其塑性中和轴与弹性形心中性轴（即截面形心轴）重合。对于非双轴对称截面，其塑性中和轴与弹性形心中性轴是不重合的。

二、常用截面的塑性截面模量

常用截面的塑性截面模量，见表 2.2.2-1。

常用截面的塑性、截面模量　　　　表 2.2.2-1

截面简图	塑性截面模量
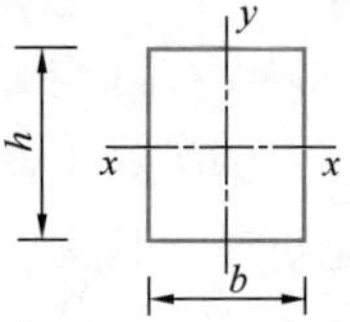 y, h, x, x, b	$W_{px}=\frac{bh^2}{4}$ $W_{py}=\frac{hb^2}{4}$
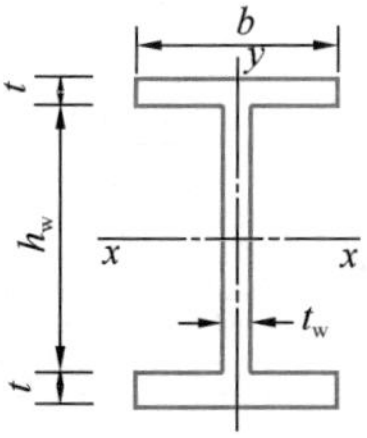 b, y, t, h_w, x, x, t_w, t	$W_{px}=2\times\left[\frac{h_w^2t_w}{8}+\frac{bt(h_w+t)}{2}\right]$ $W_{py}=2\times\frac{tb^2}{4}+\frac{h_wt_w^2}{4}$
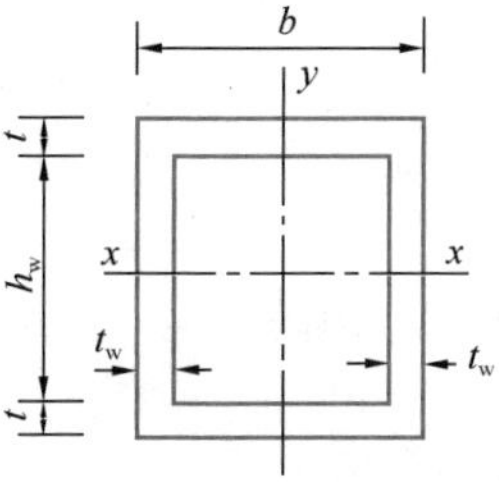 b, y, t, h_w, x, x, t_w, t_w, t	$W_{px}=2\times\left[\frac{h_w^2t_w}{4}+\frac{bt(h_w+t)}{2}\right]$ $W_{py}=2\times\left[\frac{(b-2t_w)^2t}{4}+\frac{(h_w+2t)t_w(b-t_w)}{2}\right]$
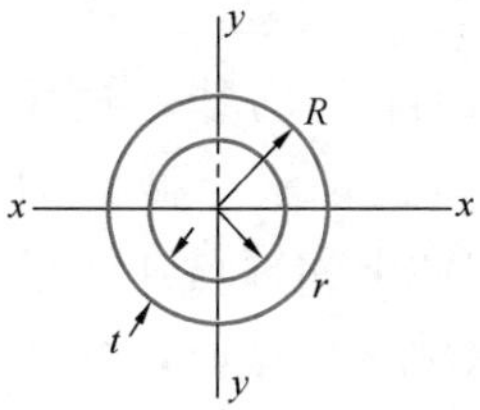 y, R, x, x, r, t, y	$W_{px}=W_{py}=\frac{4(R^3-r^3)}{3}$

第三章

单跨梁

第一节　概　　述

一、梁和板的计算跨度

1. 梁的计算跨度

梁的计算跨度 l_0，可按表 3.1.1-1 采用。

梁的计算跨度 l_0　　　　**表 3.1.1-1**

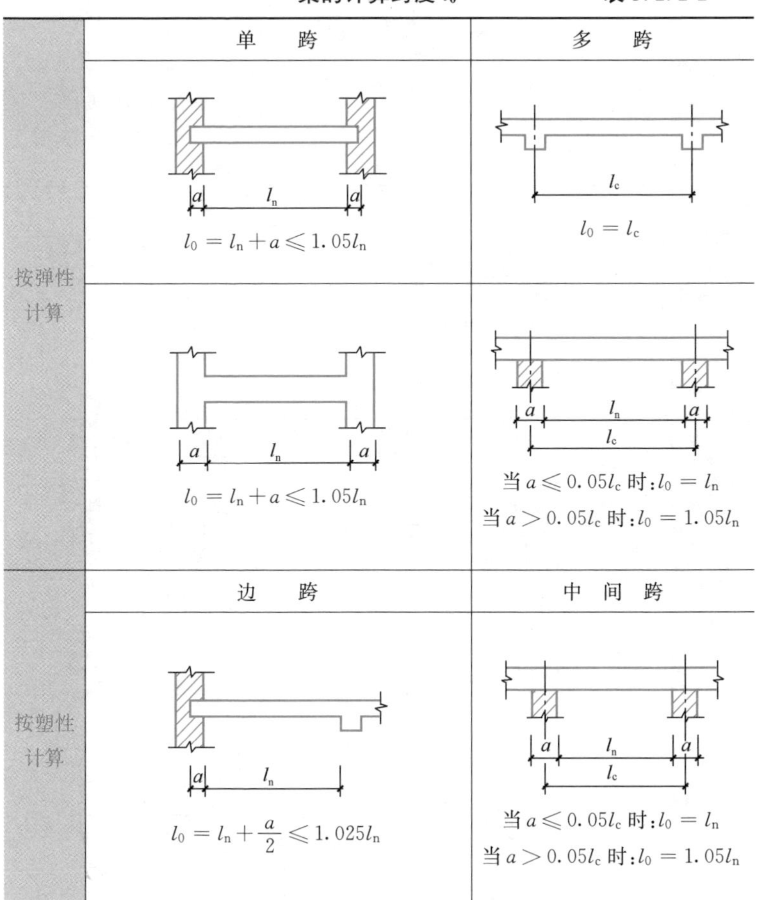

	单　跨	多　跨
按弹性计算	$l_0=l_n+a\leqslant 1.05l_n$	$l_0=l_c$
	$l_0=l_n+a\leqslant 1.05l_n$	当 $a\leqslant 0.05l_c$ 时：$l_0=l_n$ 当 $a>0.05l_c$ 时：$l_0=1.05l_n$
	边　跨	中　间　跨
按塑性计算	$l_0=l_n+\frac{a}{2}\leqslant 1.025l_n$	当 $a\leqslant 0.05l_c$ 时：$l_0=l_n$ 当 $a>0.05l_c$ 时：$l_0=1.05l_n$

2. 板的计算跨度

梁板结构板的计算跨度 l_0，可按表 3.1.1-2 确定。无梁楼盖板的计算跨度，可取相邻柱子中心线之间的距离。

板的计算跨度 l_0　　　　**表 3.1.1-2**

	单　　跨	多　　跨
按弹性计算	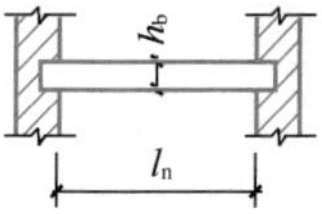 $l_0 = l_n + h_b$	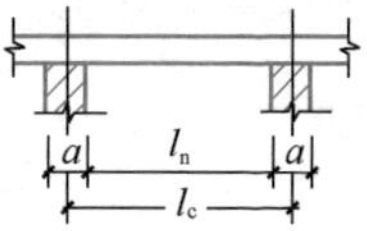 当 $a \leqslant 0.1l_c$ 时：$l_0 = l_n$ 当 $a > 0.1l_c$ 时：$l_0 = 1.1l_n$
	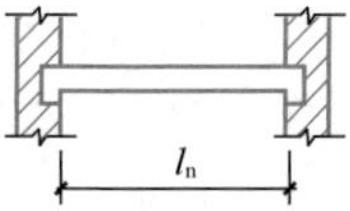 $l_0 = l_n$	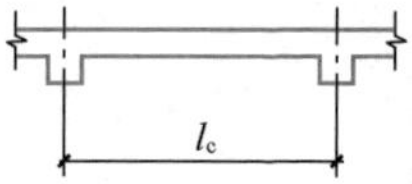 $l_0 = l_c$
	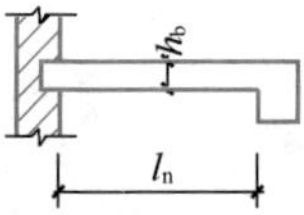 $l_0 = l_n + h_b/2$	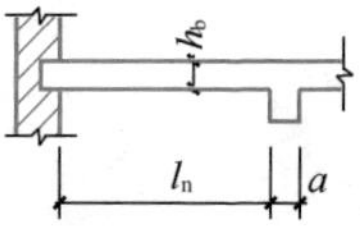 $l_0 = l_n + \frac{a + h_b}{2}$
	边　　跨	中　间　跨
按塑性计算	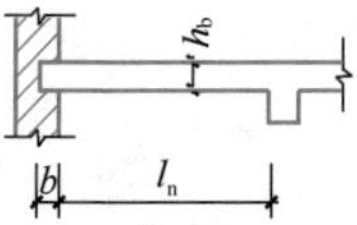 $l_0 = l_n + \frac{h_b}{2}$	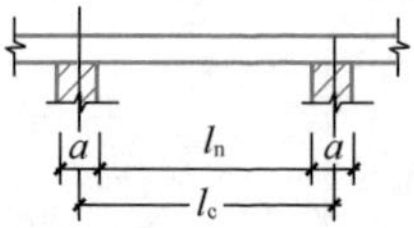 当 $a \leqslant 0.1l_c$ 时：$l_0 = l_c$ 当 $a > 0.1l_c$ 时：$l_0 = 1.1l_n$

续表

	边 跨	中 间 跨
按塑性计算	l_n $l_0 = l_n$	l_n $l_0 = l_n$

二、力和变形的正负号规定

本章力和变形的正负号规定如下（图 3.1.2-1）：

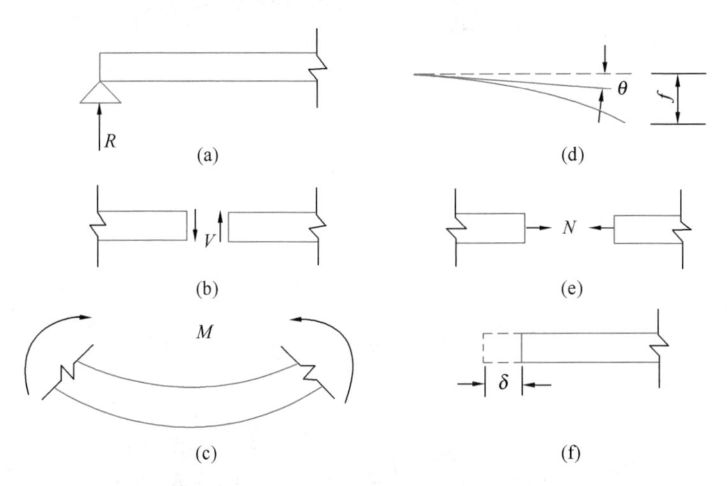

图 3.1.2-1　力和变形的正负号规定示意图

图中　R——支座反力，作用方向向上者为正；

V——剪力，对邻近截面所产生的力矩沿顺时针方向者为正；

M——弯矩，使截面上部受压、下部受拉者为正；

N——轴力，受拉为正；

θ——转角，顺时针方向旋转者为正；

f——挠度，向下变位者为正；

δ——轴向变位，拉伸变位为正。

第二节 单跨梁的内力与变形计算公式

一、悬臂梁

悬臂梁，见表 3.2.1-1。

表 3.2.1-1

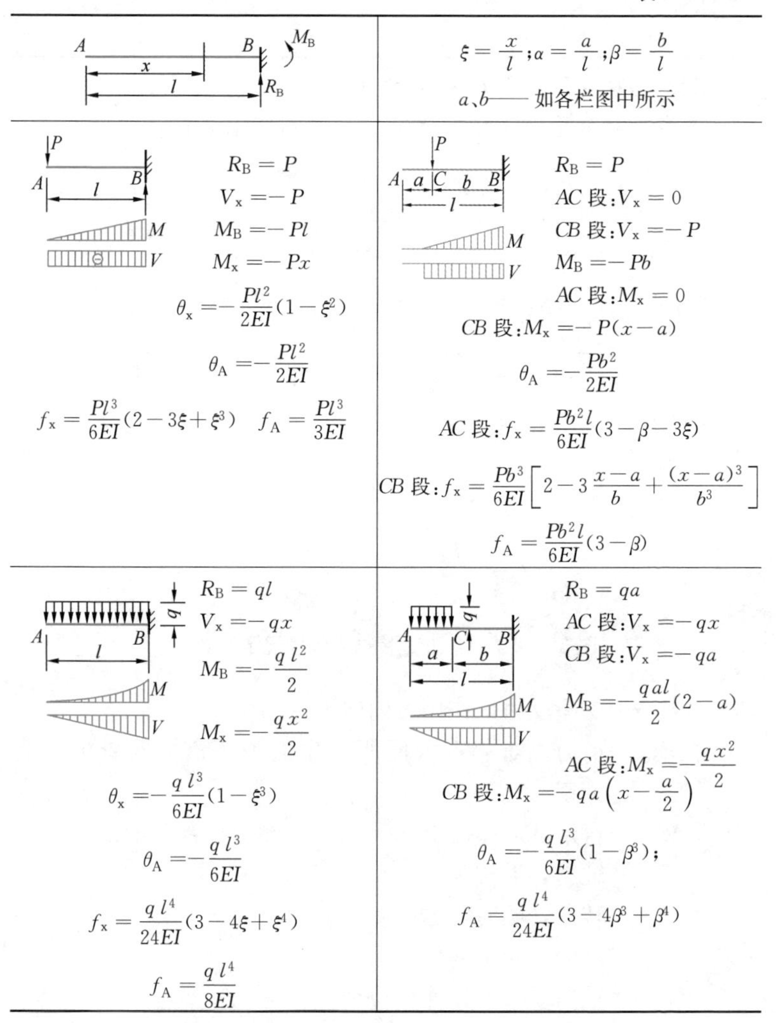

（简图）	$\xi=\frac{x}{l};\alpha=\frac{a}{l};\beta=\frac{b}{l}$ a、b—— 如各栏图中所示
$R_B=P$ $V_x=-P$ $M_B=-Pl$ $M_x=-Px$ $\theta_x=-\frac{Pl^2}{2EI}(1-\xi^2)$ $\theta_A=-\frac{Pl^2}{2EI}$ $f_x=\frac{Pl^3}{6EI}(2-3\xi+\xi^3)$ $f_A=\frac{Pl^3}{3EI}$	$R_B=P$ AC 段：$V_x=0$ CB 段：$V_x=-P$ $M_B=-Pb$ AC 段：$M_x=0$ CB 段：$M_x=-P(x-a)$ $\theta_A=-\frac{Pb^2}{2EI}$ AC 段：$f_x=\frac{Pb^2l}{6EI}(3-\beta-3\xi)$ CB 段：$f_x=\frac{Pb^3}{6EI}\left[2-3\frac{x-a}{b}+\frac{(x-a)^3}{b^3}\right]$ $f_A=\frac{Pb^2l}{6EI}(3-\beta)$
$R_B=ql$ $V_x=-qx$ $M_B=-\frac{ql^2}{2}$ $M_x=-\frac{qx^2}{2}$ $\theta_x=-\frac{ql^3}{6EI}(1-\xi^3)$ $\theta_A=-\frac{ql^3}{6EI}$ $f_x=\frac{ql^4}{24EI}(3-4\xi+\xi^4)$ $f_A=\frac{ql^4}{8EI}$	$R_B=qa$ AC 段：$V_x=-qx$ CB 段：$V_x=-qa$ $M_B=-\frac{qal}{2}(2-a)$ AC 段：$M_x=-\frac{qx^2}{2}$ CB 段：$M_x=-qa\left(x-\frac{a}{2}\right)$ $\theta_A=-\frac{ql^3}{6EI}(1-\beta^3)$； $f_A=\frac{ql^4}{24EI}(3-4\beta^3+\beta^4)$

续表

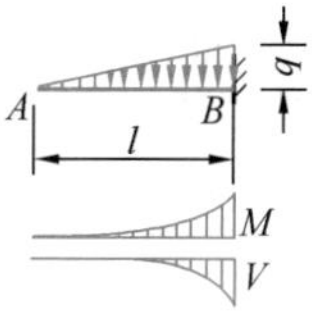 $q_x = \frac{qx}{l}$ $R_B = \frac{ql}{2}$ $V_x = -\frac{qx^2}{2l}$ $M_B = -\frac{ql^2}{6}$ $M_x = -\frac{qx^3}{6l}$ $\theta_x = -\frac{ql^3}{24EI}(1-\xi^4)$ $\theta_A = -\frac{ql^3}{24EI}$ $f_x = \frac{ql^4}{120EI}(4-5\xi+\xi^5)$ $f_A = \frac{ql^4}{30EI}$	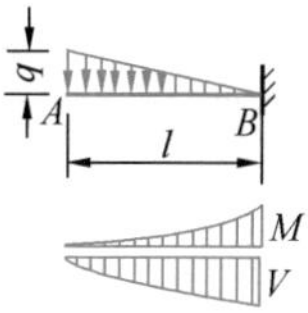 $q_x = q(1-\xi)$ $R_B = \frac{ql}{2}$ $V_x = -\frac{qx}{2}(2-\xi)$ $M_B = -\frac{ql^2}{3}$ $M_x = -\frac{qx^2}{6}(3-\xi)$ $\theta_x = -\frac{ql^3}{24EI}(3-4\xi^3+\xi^4)$ $\theta_A = -\frac{ql^3}{8EI}$ $f_x = \frac{ql^4}{120EI}(11-15\xi+5\xi^4-\xi^5)$ $f_A = \frac{11ql^4}{120EI}$
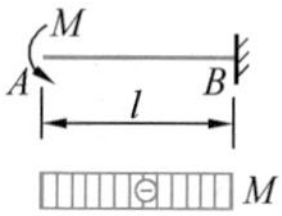 $R_B = 0$ $V_x = 0$ $M_B = M_x = -M$ $\theta_x = -\frac{Ml}{EI}(1-\xi)$ $\theta_A = -\frac{Ml}{EI}$ $f_x = \frac{Ml^2}{2EI}(1-\xi)^2$ $f_A = \frac{Ml^2}{2EI}$	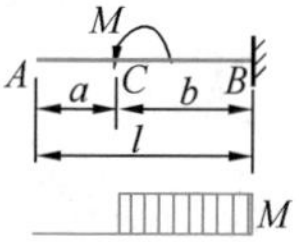 $R_B = 0; V_x = 0$ AC 段：$M_x = 0$ CD 段：$M_x = M_B = -M$ AC 段：$\theta_x = \theta_A = -\frac{Mb}{EI}$ CB 段：$\theta_x = -\frac{Ml}{EI}(1-\xi)$ AC 段：$f_x = \frac{Mbl}{2EI}(2-\beta-2\xi)$ CB 段：$f_x = \frac{Ml^2}{2EI}(1-\xi)^2$ $f_A = \frac{Mbl}{2EI}(2-\beta)$

二、简支梁

简支梁，见表 3.2.2-1。

表 3.2.2-1

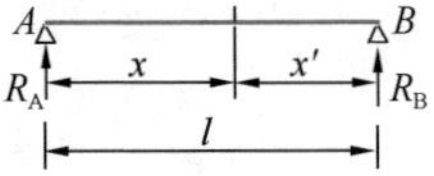

$$\xi=\frac{x}{l};\xi=\frac{x'}{l};\alpha=\frac{a}{l};\beta=\frac{b}{l};\gamma=\frac{c}{l}$$

a、b、c—— 如各栏图中所示

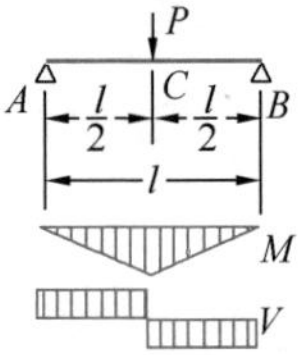

$$R_A=R_B=\frac{P}{2}$$

$$AC\text{ 段}:V_x=\frac{P}{2}$$

$$CB\text{ 段}:V_x=-\frac{P}{2}$$

$$AC\text{ 段}:M_x=\frac{Px}{2}$$

$$CB\text{ 段}:M_x=\frac{Pl}{2}(1-\xi)$$

$$M_C=M_{max}=\frac{Pl}{4}$$

$$AC\text{ 段}:\theta_x=\frac{Pl^2}{16EI}(1-4\xi^2)$$

$$\theta_A=-\theta_B=\frac{Pl^2}{16EI}$$

$$AC\text{ 段}:f_x=\frac{Pl^4x}{48EI}(3-4\xi^2)$$

$$f_C=f_{max}=\frac{Pl^3}{48EI}$$

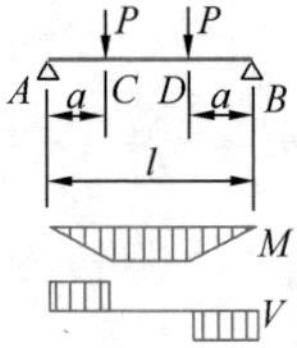

$$R_A=R_B=P$$

$$AC\text{ 段}:V_x=P$$

$$CD\text{ 段}:V_x=0$$

$$AC\text{ 段}:M_x=Px$$

$$CD\text{ 段}:M_x=M_{max}=Pa$$

$$\theta_A=-\theta_B=\frac{Pal}{2EI}(1-\alpha)$$

$$f_{max}=\frac{Pal^2}{24EI}(3-4\alpha^2)$$

续表

$$R_A = \frac{Pb}{l};R_B = \frac{Pa}{l}$$

$$AC\text{ 段}:V_x = \frac{Pb}{l}$$

$$CB\text{ 段}:V_x = -\frac{Pa}{l}$$

$$AC\text{ 段}:M_x = \frac{Pbx}{l}$$

$$CD\text{ 段}:M_x = Pa(1-\xi)$$

$$M_C = M_{max} = \frac{Pab}{l}$$

$$AC\text{ 段}:\theta_x = -\frac{Pbl}{6EI}(3\xi^2 + \beta^2 - 1)$$

$$CB\text{ 段}:\theta_x = \frac{Pal}{6EI}(3\zeta^2 + \alpha^2 - 1)$$

$$\theta_A = \frac{Pbl}{6EI}(1-\beta^2)$$

$$\theta_B = -\frac{Pal}{6EI}(1-\alpha^2)$$

$$AC\text{ 段}:f_x = \frac{Pbl^2}{6EI}\xi(1-\xi^2-\beta^2)$$

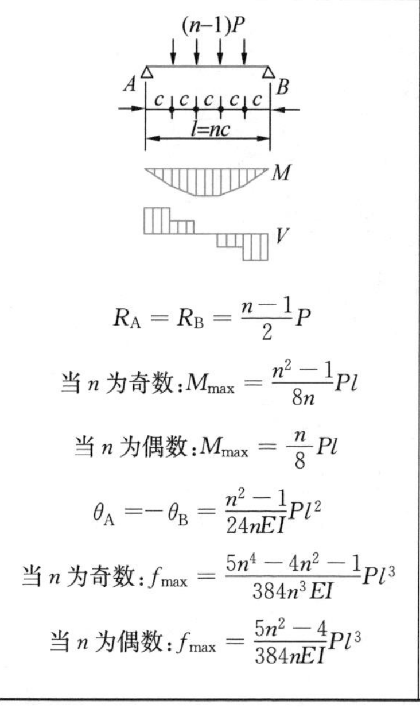

$$R_A = R_B = \frac{n-1}{2}P$$

$$\text{当 } n \text{ 为奇数}:M_{max} = \frac{n^2-1}{8n}Pl$$

$$\text{当 } n \text{ 为偶数}:M_{max} = \frac{n}{8}Pl$$

$$\theta_A = -\theta_B = \frac{n^2-1}{24nEI}Pl^2$$

$$\text{当 } n \text{ 为奇数}:f_{max} = \frac{5n^4-4n^2-1}{384n^3EI}Pl^3$$

$$\text{当 } n \text{ 为偶数}:f_{max} = \frac{5n^2-4}{384nEI}Pl^3$$

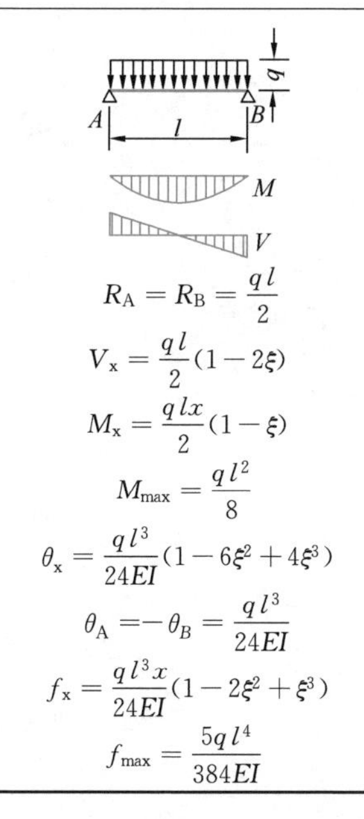

$$R_A = R_B = \frac{ql}{2}$$

$$V_x = \frac{ql}{2}(1-2\xi)$$

$$M_x = \frac{qlx}{2}(1-\xi)$$

$$M_{max} = \frac{ql^2}{8}$$

$$\theta_x = \frac{ql^3}{24EI}(1-6\xi^2+4\xi^3)$$

$$\theta_A = -\theta_B = \frac{ql^3}{24EI}$$

$$f_x = \frac{ql^3x}{24EI}(1-2\xi^2+\xi^3)$$

$$f_{max} = \frac{5ql^4}{384EI}$$

续表

$$R_A = R_B = \frac{qc}{2}$$

$$AC\text{ 段}: V_x = \frac{qc}{2}$$

$$CD\text{ 段}: V_x = \frac{q}{2}[c - 2(x-a)]$$

$$AC\text{ 段}: M_x = \frac{qcx}{2}$$

$$CD\text{ 段}: M_x = \frac{q}{2}[cx - (x-a)^2]$$

$$M_{max} = \frac{qcl}{8}(2-\gamma)$$

$$AC\text{ 段}: \theta_x = \frac{qcl^2}{48EI}(3 - \gamma^2 - 12\xi^2)$$

$$CD\text{ 段}: \theta_x = \frac{qcl^2}{48EI}\left[3 - \gamma^2 - 12\xi^2 + \frac{8(x-a)^3}{cl^2}\right]$$

$$\theta_A = -\theta_B = \frac{qcl^2}{48EI}(3-\gamma^2)$$

$$AC\text{ 段}: f_x = \frac{qcl^2x}{48EI}(3 - \gamma^2 - 4\xi^2)$$

$$CB\text{ 段}: f_x = \frac{qcl^3}{48EI}\left[(3 - \gamma^2 - 4\xi^2)\xi + \frac{2(x-a)^4}{cl^3}\right]$$

$$f_{max} = \frac{qcl^3}{384EI}(8 - 4\gamma^2 + \gamma^3)$$

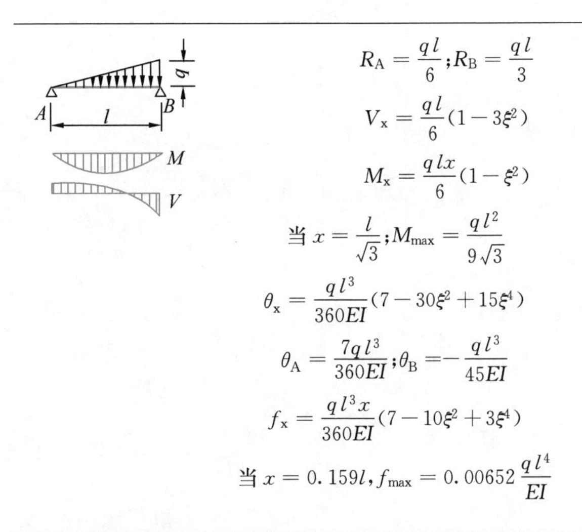

$$R_A = \frac{ql}{6}; R_B = \frac{ql}{3}$$

$$V_x = \frac{ql}{6}(1 - 3\xi^2)$$

$$M_x = \frac{qlx}{6}(1 - \xi^2)$$

$$\text{当 } x = \frac{l}{\sqrt{3}}; M_{max} = \frac{ql^2}{9\sqrt{3}}$$

$$\theta_x = \frac{ql^3}{360EI}(7 - 30\xi^2 + 15\xi^4)$$

$$\theta_A = \frac{7ql^3}{360EI}; \theta_B = -\frac{ql^3}{45EI}$$

$$f_x = \frac{ql^3x}{360EI}(7 - 10\xi^2 + 3\xi^4)$$

$$\text{当 } x = 0.159l, f_{max} = 0.00652\frac{ql^4}{EI}$$

续表

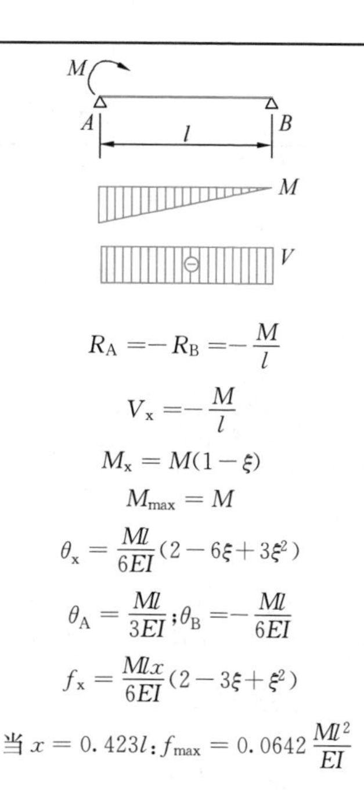

$$R_A = -R_B = -\frac{M}{l}$$

$$V_x = -\frac{M}{l}$$

$$M_x = M(1-\xi)$$

$$M_{max} = M$$

$$\theta_x = \frac{Ml}{6EI}(2-6\xi+3\xi^2)$$

$$\theta_A = \frac{Ml}{3EI};\theta_B = -\frac{Ml}{6EI}$$

$$f_x = \frac{Mlx}{6EI}(2-3\xi+\xi^2)$$

当 $x = 0.423l$：$f_{max} = 0.0642\frac{Ml^2}{EI}$

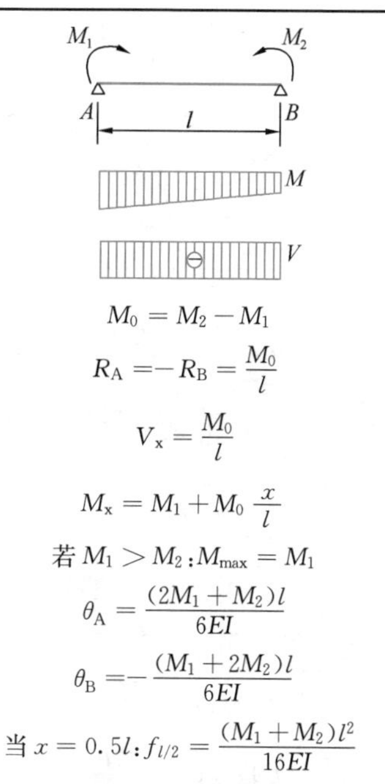

$$M_0 = M_2 - M_1$$

$$R_A = -R_B = \frac{M_0}{l}$$

$$V_x = \frac{M_0}{l}$$

$$M_x = M_1 + M_0\frac{x}{l}$$

若 $M_1 > M_2$：$M_{max} = M_1$

$$\theta_A = \frac{(2M_1+M_2)l}{6EI}$$

$$\theta_B = -\frac{(M_1+2M_2)l}{6EI}$$

当 $x = 0.5l$：$f_{l/2} = \frac{(M_1+M_2)l^2}{16EI}$

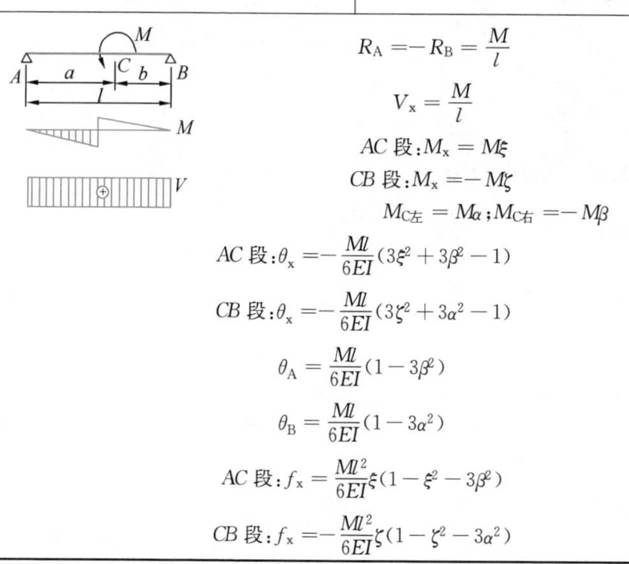

$$R_A = -R_B = \frac{M}{l}$$

$$V_x = \frac{M}{l}$$

AC 段：$M_x = M\xi$

CB 段：$M_x = -M\zeta$

$$M_{C左} = M\alpha;M_{C右} = -M\beta$$

AC 段：$\theta_x = -\frac{Ml}{6EI}(3\xi^2+3\beta^2-1)$

CB 段：$\theta_x = -\frac{Ml}{6EI}(3\zeta^2+3\alpha^2-1)$

$$\theta_A = \frac{Ml}{6EI}(1-3\beta^2)$$

$$\theta_B = \frac{Ml}{6EI}(1-3\alpha^2)$$

AC 段：$f_x = \frac{Ml^2}{6EI}\xi(1-\xi^2-3\beta^2)$

CB 段：$f_x = -\frac{Ml^2}{6EI}\zeta(1-\zeta^2-3\alpha^2)$

三、一端简支另一端固定梁

一端简支另一端固定梁，见表 3.2.3-1。

表 3.2.3-1

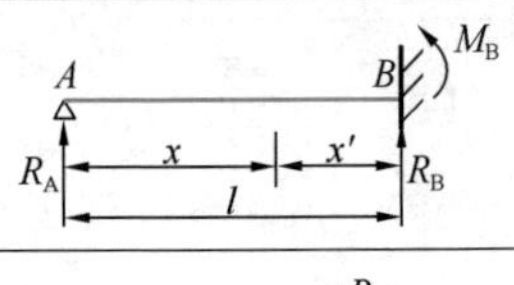

$\xi=\frac{x}{l};\xi=\frac{x'}{l};\alpha=\frac{a}{l};\beta=\frac{b}{l}$

a、b—— 如各栏图中所示

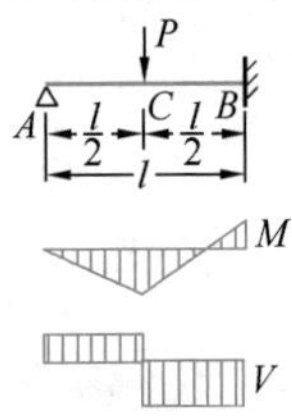

$$R_A=\frac{5P}{16};R_B=\frac{11P}{16}$$

$$AC\text{段}:V_x=\frac{5P}{16}$$

$$CB\text{段}:V_x=-\frac{11P}{16}$$

$$M_B=-\frac{3Pl}{16}$$

$$AC\text{段}:M_x=\frac{5Px}{16}$$

$$CB\text{段}:M_x=\frac{Pl}{16}(8-11\xi)$$

$$M_C=M_{max}=\frac{5Pl}{32};\theta_A=\frac{Pl^2}{32EI}$$

$$AC\text{段}:f_x=\frac{Pl^2x}{96EI}(3-5\xi^2)$$

$$CB\text{段}:f_x=\frac{Pl^3}{96EI}$$

$$(-2+15\xi-24\xi^2+11\xi^3)$$

$$f_C=\frac{7Pl^3}{768EI}$$

$$\text{当}\ x=0.447l:f_{max}=0.00932\frac{Pl^3}{EI}$$

$$R_A=\frac{Pb^2}{2l^2}(3-\beta);R_B=\frac{Pa}{2l}(3-\alpha^2)$$

$$AC\text{段}:V_x=R_A$$

$$CB\text{段}:V_x=R_A-P$$

$$M_B=-\frac{Pab}{2l}(1+\alpha)$$

$$AC\text{段}:M_x=R_Ax$$

$$CB\text{段}:M_x=R_Ax-P(x-a)$$

$$M_C=M_{max}=\frac{Pab^2}{2l^2}(3-\beta)$$

$$\theta_A=\frac{Pab^2}{4EIl}$$

$$AC\text{段}:f_x=\frac{1}{6EI}[R_A(3l^2x-x^3)-3Pb^2x]$$

$$CB\text{段}:f_x=\frac{1}{6EI}[R_A(3l^2x-x^3)-3Pb^2x+$$

$$P(x-a)^3]$$

续表

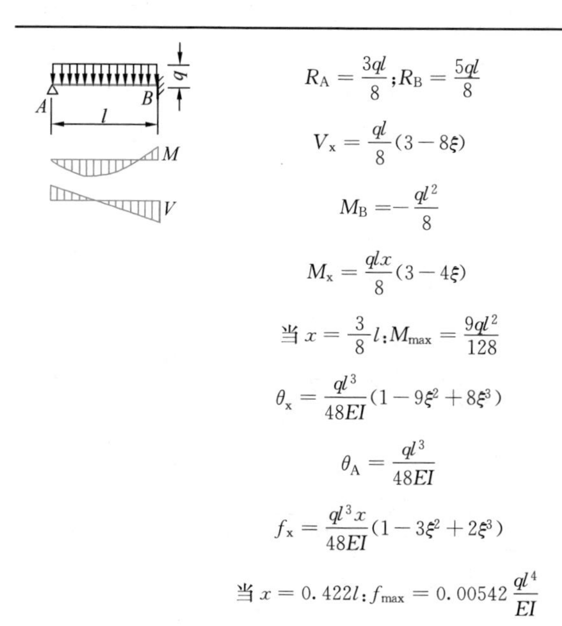

$$R_A = \frac{3ql}{8}; R_B = \frac{5ql}{8}$$

$$V_x = \frac{ql}{8}(3-8\xi)$$

$$M_B = -\frac{ql^2}{8}$$

$$M_x = \frac{qlx}{8}(3-4\xi)$$

$$当\ x = \frac{3}{8}l: M_{max} = \frac{9ql^2}{128}$$

$$\theta_x = \frac{ql^3}{48EI}(1-9\xi^2+8\xi^3)$$

$$\theta_A = \frac{ql^3}{48EI}$$

$$f_x = \frac{ql^3x}{48EI}(1-3\xi^2+2\xi^3)$$

$$当\ x = 0.422l: f_{max} = 0.00542\frac{ql^4}{EI}$$

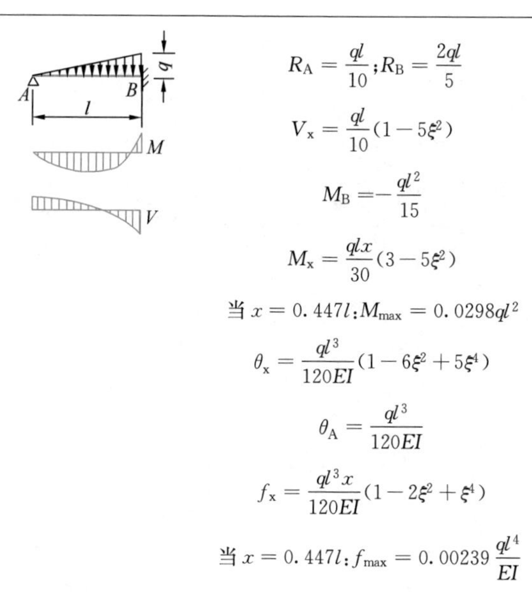

$$R_A = \frac{ql}{10}; R_B = \frac{2ql}{5}$$

$$V_x = \frac{ql}{10}(1-5\xi^2)$$

$$M_B = -\frac{ql^2}{15}$$

$$M_x = \frac{qlx}{30}(3-5\xi^2)$$

$$当\ x = 0.447l: M_{max} = 0.0298ql^2$$

$$\theta_x = \frac{ql^3}{120EI}(1-6\xi^2+5\xi^4)$$

$$\theta_A = \frac{ql^3}{120EI}$$

$$f_x = \frac{ql^3x}{120EI}(1-2\xi^2+\xi^4)$$

$$当\ x = 0.447l: f_{max} = 0.00239\frac{ql^4}{EI}$$

续表

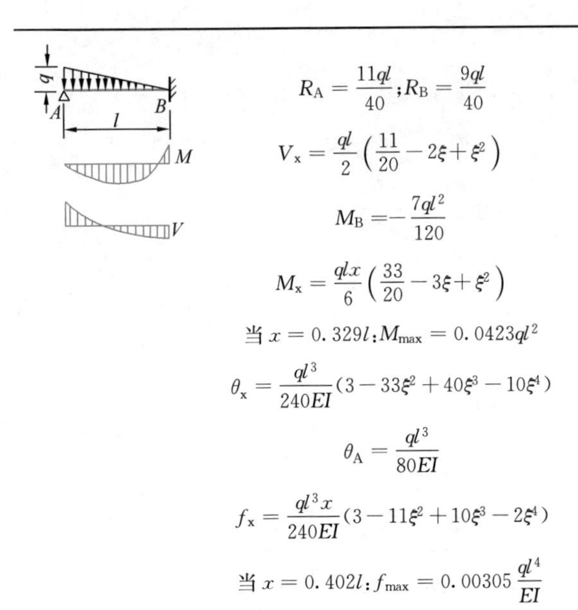

$$R_A = \frac{11ql}{40};R_B = \frac{9ql}{40}$$

$$V_x = \frac{ql}{2}\left(\frac{11}{20} - 2\xi + \xi^2\right)$$

$$M_B = -\frac{7ql^2}{120}$$

$$M_x = \frac{qlx}{6}\left(\frac{33}{20} - 3\xi + \xi^2\right)$$

当 $x = 0.329l$：$M_{max} = 0.0423ql^2$

$$\theta_x = \frac{ql^3}{240EI}(3 - 33\xi^2 + 40\xi^3 - 10\xi^4)$$

$$\theta_A = \frac{ql^3}{80EI}$$

$$f_x = \frac{ql^3x}{240EI}(3 - 11\xi^2 + 10\xi^3 - 2\xi^4)$$

当 $x = 0.402l$：$f_{max} = 0.00305\frac{ql^4}{EI}$

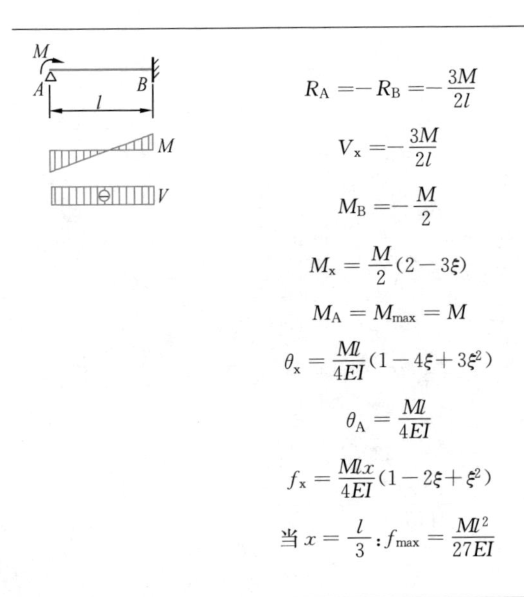

$$R_A = -R_B = -\frac{3M}{2l}$$

$$V_x = -\frac{3M}{2l}$$

$$M_B = -\frac{M}{2}$$

$$M_x = \frac{M}{2}(2 - 3\xi)$$

$$M_A = M_{max} = M$$

$$\theta_x = \frac{Ml}{4EI}(1 - 4\xi + 3\xi^2)$$

$$\theta_A = \frac{Ml}{4EI}$$

$$f_x = \frac{Mlx}{4EI}(1 - 2\xi + \xi^2)$$

当 $x = \frac{l}{3}$：$f_{max} = \frac{Ml^2}{27EI}$

续表

$$R_A = -R_B = -\frac{3M}{2l}(1-\alpha^2)$$

$$V_x = R_A$$

$$M_B = -\frac{M}{2}(1-3\alpha^2)$$

$$AC段: M_x = -\frac{3M}{2}(1-\alpha^2)\xi$$

$$CB段: M_x = \frac{M}{2}[2-3(1-\alpha^2)\xi]$$

$$M_{C左} = -\frac{3M}{2}(\alpha-\alpha^3)$$

$$M_{C右} = M_{max} = M + M_{C左}$$

$$\theta_A = \frac{Ml}{4EI}(1-4\alpha+3\alpha^2)$$

$$AC段: f_x = \frac{Ml^2}{4EI}[(1-4\alpha+3\alpha^2)\xi+(1-\alpha^2)\xi^3]$$

$$CB段: f_x = \frac{Ml^2}{4EI}[(1-\xi)^2\xi-(2-3\xi+\xi^3)\alpha^2]$$

四、两端固定梁

两端固定梁，见表 3. 2. 4-1。

表 3. 2. 4-1

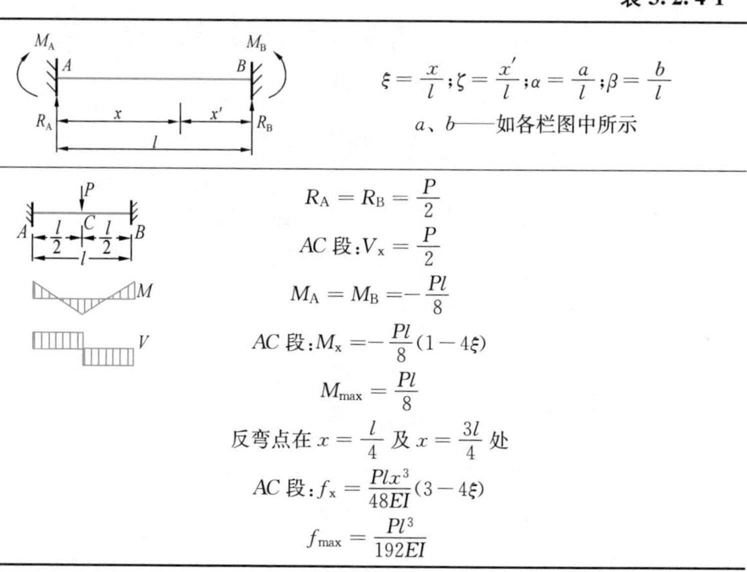

$$\xi = \frac{x}{l}; \zeta = \frac{x'}{l}; \alpha = \frac{a}{l}; \beta = \frac{b}{l}$$

a、b——如各栏图中所示

$$R_A = R_B = \frac{P}{2}$$

$$AC段: V_x = \frac{P}{2}$$

$$M_A = M_B = -\frac{Pl}{8}$$

$$AC段: M_x = -\frac{Pl}{8}(1-4\xi)$$

$$M_{max} = \frac{Pl}{8}$$

反弯点在 $x = \frac{l}{4}$ 及 $x = \frac{3l}{4}$ 处

$$AC段: f_x = \frac{Plx^3}{48EI}(3-4\xi)$$

$$f_{max} = \frac{Pl^3}{192EI}$$

续表

$$R_A = R_B = P$$

$$AC\text{段}:V_x = P$$

$$CD\text{段}:V_x = 0$$

$$M_A = M_B = -Pa(1-\alpha)$$

$$AC\text{段}:M_x = Pl(\xi - \alpha\beta)$$

$$CD\text{段}:M_x = M_{max} = \frac{Pa^2}{l}$$

$$f_{max} = \frac{Pa^2 l}{24EI}(3-4\alpha)$$

$$R_A = \frac{Pb^2}{l^2}(1+2\alpha);R_B = \frac{Pa^2}{l^2}(1+2\beta)$$

$$AC\text{段}:V_x = R_A$$

$$CB\text{段}:V_x = R_A - P$$

$$M_A = -\frac{Pab^2}{l^2}$$

$$M_B = -\frac{Pa^2 b}{l}$$

$$AC\text{段}:M_x = M_A + R_A x$$

$$CB\text{段}:M_x = M_A + R_A x - P(x-a)$$

$$M_C = M_{max} = \frac{2Pa^2b^2}{l^3}$$

$$AC\text{段}:f_x = \frac{Pb^2x^2}{6EIl}[3\alpha - (1+2\alpha)\xi]$$

$$CB\text{段}:f_x = -\frac{Pa^2(l-x)^2}{6EIl}[\alpha - (1+2\beta)\xi]$$

$$f_C = \frac{Pa^3b^3}{3EIl^3}$$

若 $a > b$，当 $x = \frac{2al}{3a+b}$：$f_{max} = \frac{2P}{3EI} \times \frac{a^3b^2}{(3a+b)^2}$

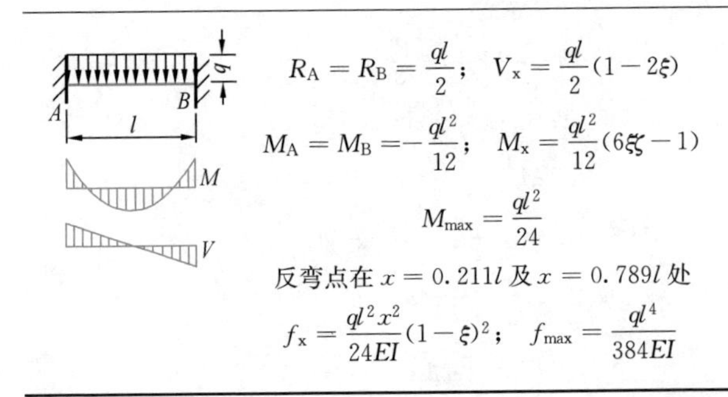

$$R_A = R_B = \frac{ql}{2};\quad V_x = \frac{ql}{2}(1-2\xi)$$

$$M_A = M_B = -\frac{ql^2}{12};\quad M_x = \frac{ql^2}{12}(6\xi\zeta - 1)$$

$$M_{max} = \frac{ql^2}{24}$$

反弯点在 $x = 0.211l$ 及 $x = 0.789l$ 处

$$f_x = \frac{ql^2x^2}{24EI}(1-\xi)^2;\quad f_{max} = \frac{ql^4}{384EI}$$

续表

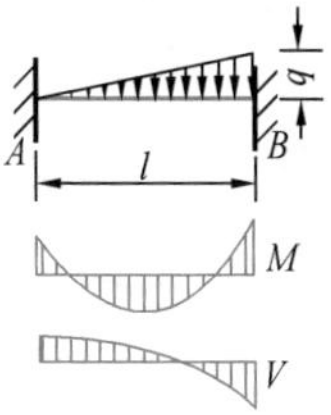

$$R_A = \frac{3ql}{20};R_B = \frac{7ql}{20}$$

$$V_x = \frac{ql}{20}(3 - 10\xi^2)$$

$$M_A = -\frac{ql^2}{30};M_B = -\frac{ql^2}{20}$$

$$M_x = \frac{ql^2}{60}(-2 + 9\xi - 10\xi^3)$$

当 $x = 0.548l$：$M_{max} = 0.0214ql^2$

$$f_x = \frac{ql^2x^2}{120EI}(2 - 3\xi + \xi^3)$$

当 $x = 0.525l$：$f_{max} = 0.00131\frac{ql^4}{EI}$

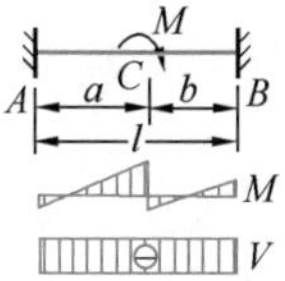

$$R_A = -R_B = -\frac{6Mab}{l^3}$$

$$V_x = R_A;\ M_A = \frac{Mb}{l}(2 - 3\beta);\ M_B = -\frac{Ma}{l}(2 - 3\alpha)$$

AC 段：$M_x = M_A + R_A x$

CB 段：$M_x = M_A + R_A x + M$

$$M_{C右} = M_{max} = \frac{Ma}{l}(4 - 9\alpha + 6\alpha^2)$$

$$M_{C左} = -M(1 - 4\alpha + 9\alpha^2 - 6\alpha^3)$$

AC 段：$f_x = \frac{1}{6EI}(-3M_A x^3 - R_A x^3)$

CB 段：$f_x = \frac{1}{6EI}[(M_A + M)(6lx - 3x^2 - 3l^2) - R_A(2l^3 - 3l^2x + x^3)]$

五、伸臂梁

伸臂梁，见表 3.2.5-1。

表 3.2.5-1

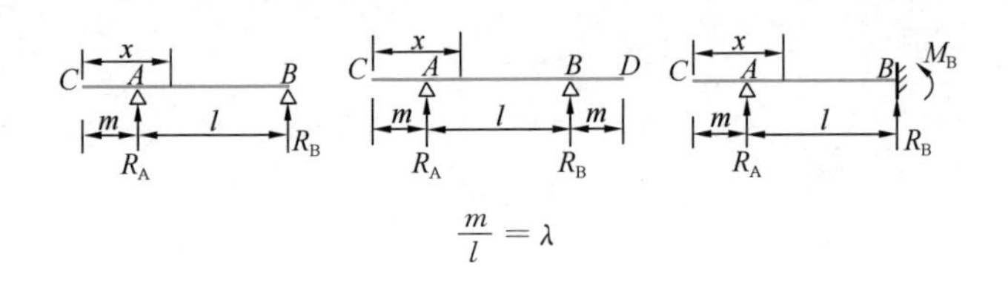

$$\frac{m}{l}=\lambda$$

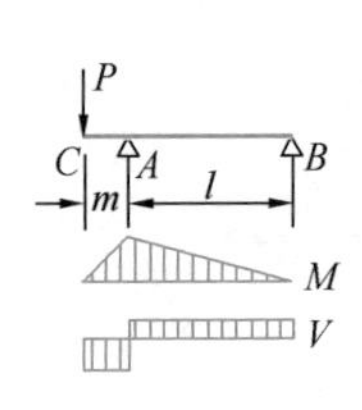

$$R_A=P(1+\lambda)；R_B=-P\lambda$$

$$M_A=-Pm$$

$$\theta_C=-\frac{Pml}{6EI}(2+3\lambda)$$

$$\theta_A=-\frac{Pml}{3EI}；\theta_B=\frac{Pml}{6EI}$$

$$f_C=\frac{Pm^2l}{3EI}(1+\lambda)$$

当 $x=m+0.423l$：$f_{min}=-0.0642\frac{Pml^2}{EI}$

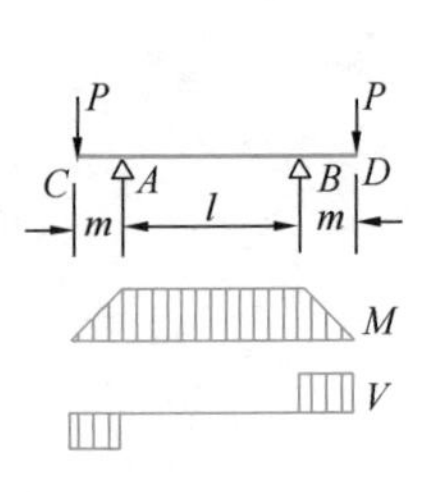

$$R_A=R_B=P$$

$$M_A=M_B=-Pm$$

$$\theta_C=-\theta_D=-\frac{Pml}{2EI}(1+\lambda)$$

$$\theta_A=-\theta_B=-\frac{Pml}{2EI}$$

$$f_C=f_D=\frac{Pm^2l}{6EI}(3+2\lambda)$$

当 $x=m+0.5l$：$f_{min}=-\frac{Pml^2}{8EI}$

续表

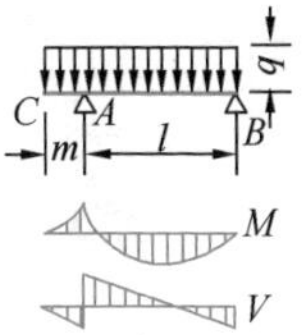 $R_A = \frac{ql}{2}(1+\lambda)^2$ $R_B = \frac{ql}{2}(1-\lambda^2)$ $M_A = -\frac{qm^2}{2}$ 若 $l > m$，当 $x = \frac{l}{2}(1+\lambda)^2$： $M_{max} = \frac{ql^2}{8}(1-\lambda^2)^2$ $\theta_C = \frac{ql^3}{24EI}(1-4\lambda^2-4\lambda^3)$ $\theta_A = \frac{ql^3}{24EI}(1-4\lambda^2)$ $\theta_B = -\frac{ql^3}{24EI}(1-2\lambda^2)$ $f_C = \frac{qml^3}{24EI}(-1+4\lambda^2+3\lambda^3)$	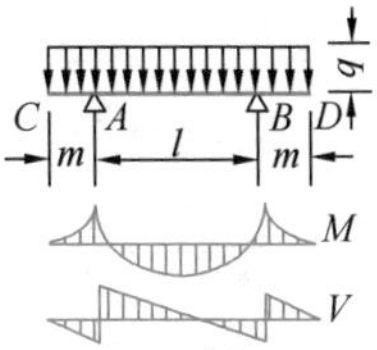 $R_A = R_B = \frac{ql}{2}(1+2\lambda)$ $M_A = M_B = -\frac{qm^2}{2}$ $M_{max} = \frac{ql^2}{8}(1-4\lambda^2)$ $\theta_C = -\theta_D = \frac{ql^3}{24EI}(1-6\lambda^2-4\lambda^3)$ $\theta_A = -\theta_B = \frac{ql^3}{24EI}(1-6\lambda^2)$ $f_C = f_D = \frac{qml^3}{24EI}(-1+6\lambda^2+3\lambda^3)$ $f_{max} = \frac{ql^4}{384EI}(5-24\lambda^2)$
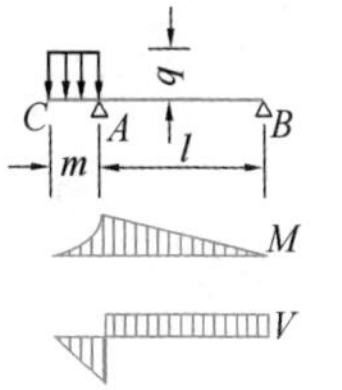 $R_A = \frac{qm}{2}(2+\lambda)$；$R_B = -\frac{qm^2}{2l}$ $M_A = -\frac{qm^2}{2}$ $\theta_C = -\frac{qm^2 l}{6EI}(1+\lambda)$ $\theta_A = -\frac{qm^2 l}{6EI}$；$\theta_B = \frac{qm^2 l}{12EI}$ $f_C = \frac{qm^3 l}{24EI}(4+3\lambda)$ 当 $x = m + 0.423l$： $f_{min} = -0.0321\frac{qm^2 l^2}{EI}$	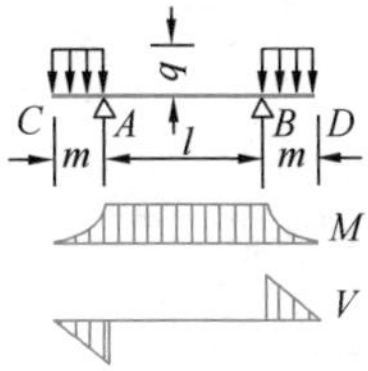 $R_A = R_B = qm$ $M_A = M_B = -\frac{qm^2}{2}$ $\theta_C = -\theta_D = -\frac{qm^2 l}{12EI}(3+2\lambda)$ $\theta_A = -\theta_B = -\frac{qm^2 l}{4EI}$ $f_C = f_D = \frac{qm^3 l}{8EI}(2+\lambda)$ 当 $x = m + 0.5l$：$f_{min} = -\frac{qm^2 l^2}{16EI}$

续表

$R_A=\frac{P}{2}(2+3\lambda)$ $R_B=-\frac{3Pm}{2l}$ $M_A=-Pm$；$M_B=\frac{Pm}{2}$ $\theta_C=-\frac{Pml}{4EI}(1+2\lambda)$ $\theta_A=-\frac{Pml}{4EI}$ $f_C=\frac{Pm^2l}{12EI}(3+4\lambda)$ 当 $x=m+\frac{l}{3}$：$f_{min}=-\frac{Pml^2}{27EI}$	$R_A=\frac{ql}{8}(3+8\lambda+6\lambda^2)$ $R_B=\frac{ql}{8}(5-6\lambda^2)$ $M_A=-\frac{qm^2}{2}$；$M_B=-\frac{ql^2}{2}(1-2\lambda^2)$ $\theta_C=\frac{ql^3}{48EI}(1-6\lambda^2-8\lambda^3)$ $\theta_A=\frac{ql^3}{48EI}(1-6\lambda^2)$ $f_c=\frac{qml^3}{48EI}(-1+6\lambda^2+6\lambda^3)$
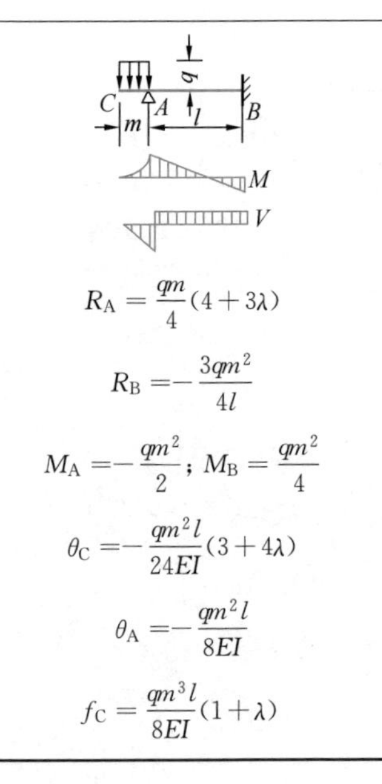 $R_A=\frac{qm}{4}(4+3\lambda)$ $R_B=-\frac{3qm^2}{4l}$ $M_A=-\frac{qm^2}{2}$；$M_B=\frac{qm^2}{4}$ $\theta_C=-\frac{qm^2l}{24EI}(3+4\lambda)$ $\theta_A=-\frac{qm^2l}{8EI}$ $f_C=\frac{qm^3l}{8EI}(1+\lambda)$	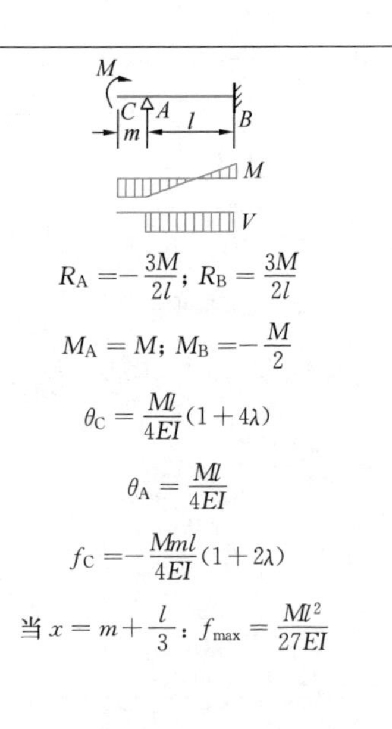 $R_A=-\frac{3M}{2l}$；$R_B=\frac{3M}{2l}$ $M_A=M$；$M_B=-\frac{M}{2}$ $\theta_C=\frac{Ml}{4EI}(1+4\lambda)$ $\theta_A=\frac{Ml}{4EI}$ $f_C=-\frac{Mml}{4EI}(1+2\lambda)$ 当 $x=m+\frac{l}{3}$：$f_{max}=\frac{Ml^2}{27EI}$

六、简支斜梁

简支斜梁，见表 3.2.6-1。

表 3.2.6-1

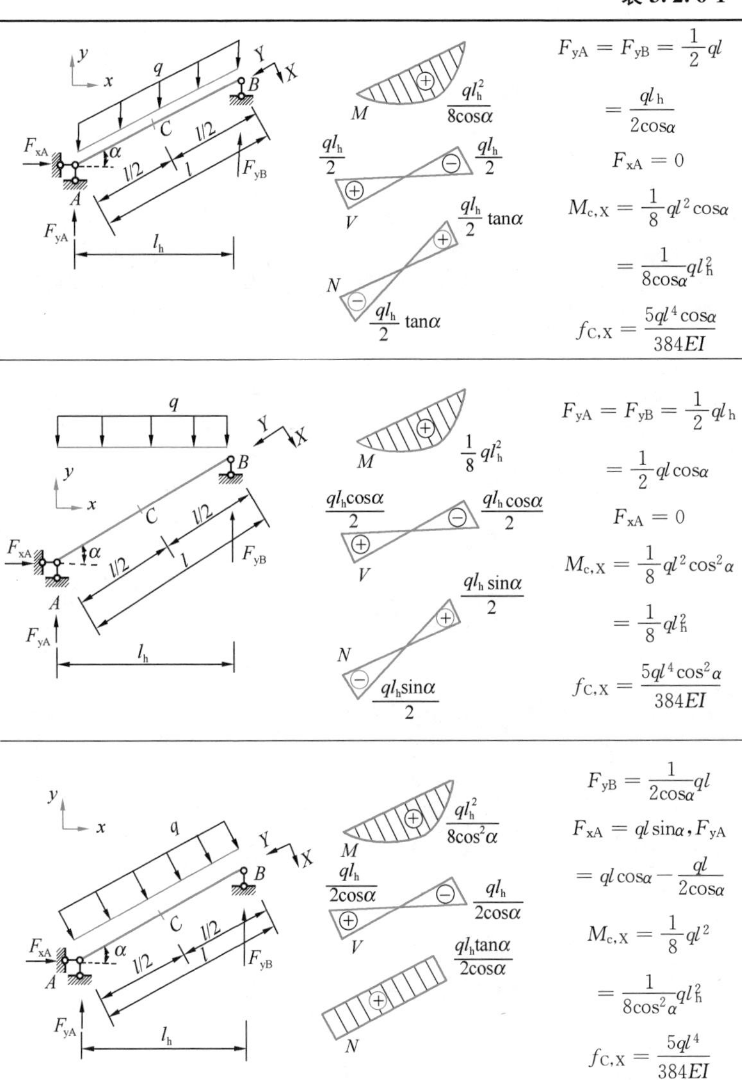

$$F_{yA}=F_{yB}=\frac{1}{2}ql=\frac{ql_h}{2\cos\alpha}$$

$$F_{xA}=0$$

$$M_{c,X}=\frac{1}{8}ql^2\cos\alpha=\frac{1}{8\cos\alpha}ql_h^2$$

$$f_{C,X}=\frac{5ql^4\cos\alpha}{384EI}$$

$$F_{yA}=F_{yB}=\frac{1}{2}ql_h=\frac{1}{2}ql\cos\alpha$$

$$F_{xA}=0$$

$$M_{c,X}=\frac{1}{8}ql^2\cos^2\alpha=\frac{1}{8}ql_h^2$$

$$f_{C,X}=\frac{5ql^4\cos^2\alpha}{384EI}$$

$$F_{yB}=\frac{1}{2\cos\alpha}ql$$

$$F_{xA}=ql\sin\alpha,F_{yA}=ql\cos\alpha-\frac{ql}{2\cos\alpha}$$

$$M_{c,X}=\frac{1}{8}ql^2=\frac{1}{8\cos^2\alpha}ql_h^2$$

$$f_{C,X}=\frac{5ql^4}{384EI}$$

第四章

连续梁

第一节　活荷载在梁上最不利的布置方法

活荷载在梁上最不利的布置方法，见表 4.1.1-1。

活荷载在梁上最不利的布置方法　　　　表 4.1.1-1

活荷载布置图	最大值	
	弯　矩	剪　力
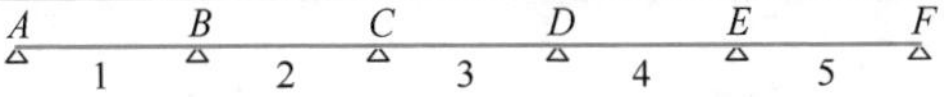 A　B　C　D　E　F 1　2　3　4　5		
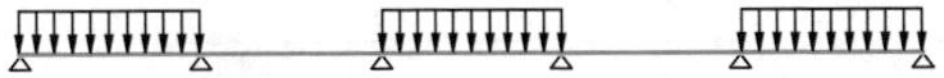	M_1、M_3、M_5	V_A、V_F
	M_2、M_4	
	M_B	$V_{B左}$、$V_{B右}$
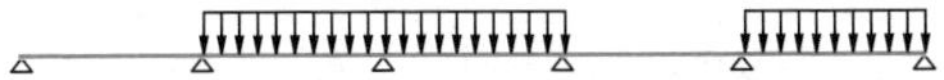	M_C	$V_{C左}$、$V_{C右}$
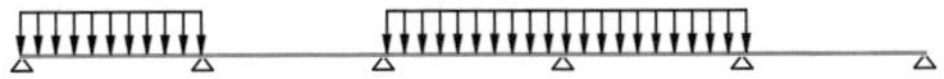	M_D	$V_{D左}$、$V_{D右}$
	M_E	$V_{E左}$、$V_{E右}$

由表 4.1.1-1 可知，当计算某跨的最大正弯矩时，该跨应布满活荷载，其余每隔一跨布满活荷载；当计算某支座的最大负弯矩及支座剪力时，该支座相邻两跨应布满活荷载，其余每隔一跨布满活荷载。

第二节　等截面连续梁的内力与挠度系数

一、内力和挠度系数使用说明

本章等截面连续梁的内力和挠度系数的使用规定如下：

（1）在均布及三角形荷载作用下，

$$M = 表中系数 \times ql^2$$

$$V = 表中系数 \times ql$$

$$f = 表中系数 \times \frac{ql^4}{100EI}$$

（2）在集中荷载 F 作用下，

$$M = 表中系数 \times Fl$$

$$V = 表中系数 \times F$$

$$f = 表中系数 \times \frac{Fl^3}{100EI}$$

二、两跨梁和多跨连续梁的内力与挠度系数

两跨梁和多跨连续梁的内力与挠度系数，见表 4.2.2-1～表 4.2.2-4。

两跨梁　　　　**表 4.2.2-1**

荷载图	跨内最大弯矩		支座弯矩	剪力			跨度中点挠度	
	M_1	M_2	M_B	V_A	$V_{B左}$ $V_{B右}$	V_C	f_1	f_2
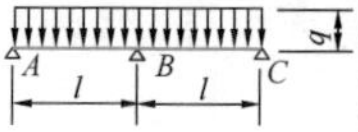	0.070	0.070	−0.125	0.375	−0.625 0.625	−0.375	0.521	0.521
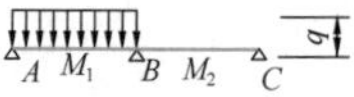	0.096	—	−0.063	0.437	−0.563 0.063	0.063	0.912	−0.391
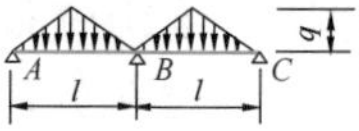	0.048	0.048	−0.078	0.172	−0.328 0.328	−0.172	0.345	0.345
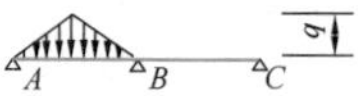	0.064	—	−0.039	0.211	−0.289 0.039	0.039	0.589	−0.244
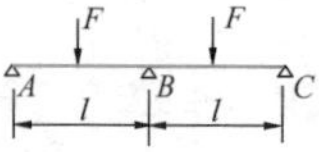	0.156	0.156	−0.188	0.312	−0.688 0.688	−0.312	0.911	0.911
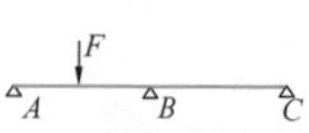	0.203	—	−0.094	0.406	−0.594 0.094	0.094	1.497	−0.586
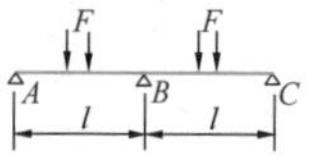	0.222	0.222	−0.333	0.667	−1.333 1.333	−0.667	1.466	1.466
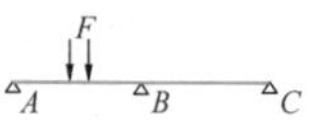	0.278	—	−0.167	0.833	−1.167 0.167	0.167	2.508	−1.042

三　跨　梁

表 4.2.2-2

荷载图	跨内最大弯矩		支座弯矩		剪力				跨度中点挠度		
	M_1	M_2	M_B	M_C	V_A	$V_{B左}$ $V_{B右}$	$V_{C左}$ $V_{C右}$	V_D	f_1	f_2	f_3
A l B l C l D b	0.080	0.025	−0.100	−0.100	0.400	−0.600 0.500	−0.500 0.600	−0.400	0.677	0.052	0.677
A M_1 B M_2 C M_3 D b	0.101	—	−0.050	−0.050	0.450	−0.550 0	0 0.550	−0.450	0.990	−0.625	0.990
A B C D b	—	0.075	−0.050	−0.050	0.050	−0.050 0.500	−0.500 0.050	0.050	−0.313	0.677	−0.313
A B C D b	0.073	0.054	−0.117	−0.033	0.383	−0.617 0.583	−0.417 0.033	0.033	0.573	0.365	−0.208
A B C D b	0.094	—	−0.067	0.017	0.433	−0.567 0.083	0.083 −0.017	−0.017	0.885	−0.313	0.104
A l B l C l D b	0.054	0.021	−0.063	−0.063	0.183	−0.313 0.250	−0.250 0.313	−0.188	0.443	0.052	0.443

续表

荷载图	跨内最大弯矩		支座弯矩		剪力				跨度中点挠度		
	M_1	M_2	M_B	M_C	V_A	$V_{B左}$ $V_{B右}$	$V_{C左}$ $V_{C右}$	V_D	f_1	f_2	f_3
A M₁ B M₂ C M₃ D, b	0.068	—	−0.031	−0.031	0.219	−0.281 0	0 0.281	−0.219	0.638	−0.391	0.638
A B C D, b	—	0.052	−0.031	−0.031	−0.031	−0.031 0.250	−0.250 0.031	0.031	−0.195	0.443	−0.195
A B C D, b	0.050	0.038	−0.073	−0.021	0.177	−0.323 0.302	−0.198 0.021	0.021	0.378	0.248	−0.130
A B C D, b	0.063	—	−0.042	0.010	0.208	−0.292 0.052	0.052 −0.010	−0.010	0.573	−0.195	0.065
F F F, A B C D, l l l	0.175	0.100	−0.150	−0.150	0.350	−0.650 0.500	−0.500 0.650	−0.350	1.146	0.208	1.146
F F, A M₁ B M₂ C M₃ D	0.213	—	−0.075	−0.075	0.425	−0.575 0	0 0.575	−0.425	1.615	−0.937	1.615
F, A B C D	—	0.175	−0.075	−0.075	−0.075	−0.075 0.500	−0.500 0.075	0.075	−0.469	1.146	−0.469

续表

荷载图	跨内最大弯矩		支座弯矩		剪力				跨度中点挠度		
	M_1	M_2	M_B	M_C	V_A	$V_{B左}$ $V_{B右}$	$V_{C左}$ $V_{C右}$	V_D	f_1	f_2	f_3
	0.162	0.137	−0.175	−0.050	0.325	−0.675 0.625	−0.375 0.050	0.050	0.990	0.677	−0.312
	0.200	—	−0.100	0.025	0.400	−0.600 0.125	0.125 −0.025	−0.025	1.458	−0.469	0.156
	0.244	0.067	−0.267	−0.267	0.733	−1.267 1.000	−1.000 1.267	−0.733	1.883	0.216	1.883
	0.289	—	−0.133	−0.133	0.866	−1.134 0	0 1.134	−0.866	2.716	−1.667	2.716
	—	0.200	−0.133	−0.133	−0.133	−0.133 1.000	−1.000 0.133	0.133	−0.833	1.883	−0.833
	0.229	0.170	−0.311	−0.089	0.689	−1.311 1.222	−0.778 0.089	0.089	1.605	1.049	−0.556
	0.274	—	−0.178	0.044	0.822	−1.178 0.222	0.222 −0.044	−0.044	2.438	−0.833	0.278

四 跨

荷载图	跨内最大弯矩				支座	
	M_1	M_2	M_3	M_4	M_B	M_C
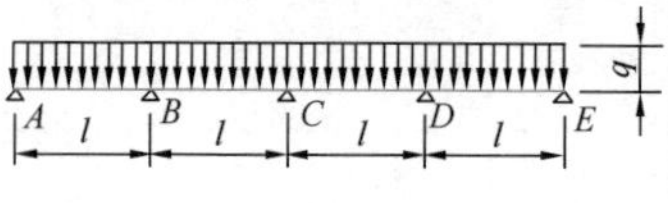	0.077	0.036	0.036	0.077	−0.107	−0.071
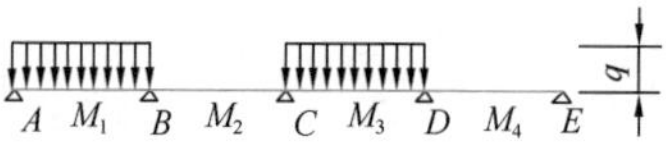	0.100	—	0.081	—	−0.054	−0.036
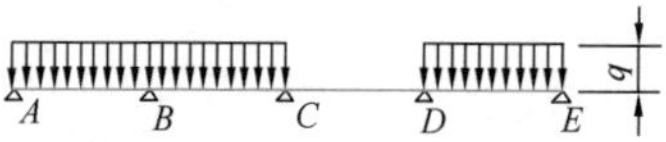	0.072	0.061	—	0.098	−0.121	−0.018
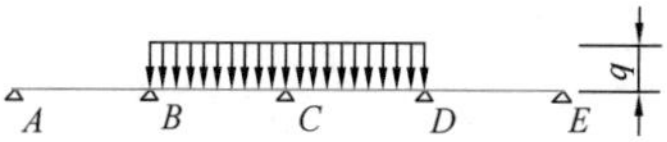	—	0.056	0.056	—	−0.036	−0.107
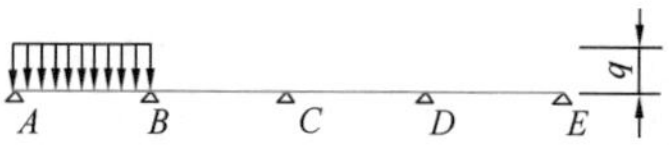	0.094	—	—	—	−0.067	0.018
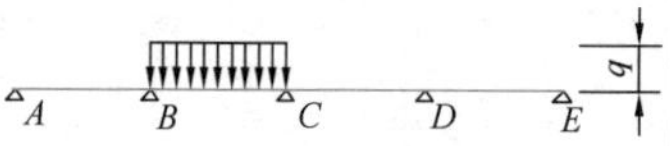	—	0.074	—	—	−0.049	−0.054
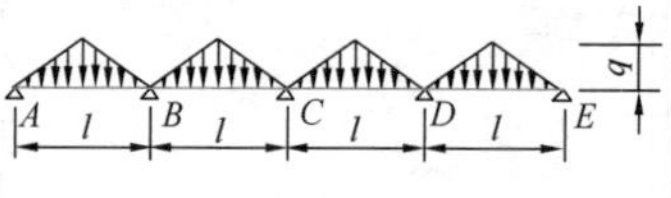	0.052	0.028	0.028	0.052	−0.067	−0.045
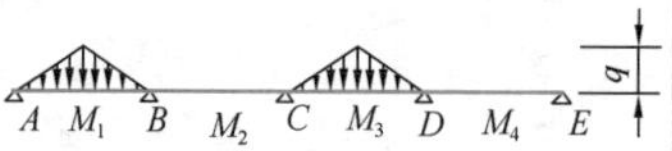	0.067	—	0.055	—	−0.034	−0.022

梁　　表 4.2.2-3

弯矩	剪力					跨度中点挠度			
M_D	V_A	$V_{B左}$ $V_{B右}$	$V_{C左}$ $V_{C右}$	$V_{D左}$ $V_{D右}$	V_E	f_1	f_2	f_3	f_4
−0.107	0.393	−0.607 0.536	0.464 0.464	−0.536 0.607	−0.393	0.632	0.186	0.186	0.632
−0.054	0.446	−0.554 0.018	0.018 0.482	0.518 0.054	0.054	0.967	−0.558	0.744	−0.335
−0.058	0.380	−0.620 0.603	−0.397 −0.040	0.040 0.558	−0.442	0.549	0.437	−0.474	0.939
−0.036	−0.036	−0.036 0.429	−0.571 0.571	−0.429 0.036	0.036	−0.023	0.409	0.409	−0.223
−0.004	0.433	−0.567 0.085	0.085 −0.022	−0.022 0.004	0.004	0.884	−0.307	0.084	−0.028
0.013	−0.049	−0.049 0.496	−0.504 0.067	0.067 −0.013	−0.013	−0.307	0.660	−0.251	0.084
−0.067	0.183	−0.317 0.272	−0.228 0.228	−0.272 0.317	−0.183	0.415	0.136	0.136	0.415
−0.034	0.217	−0.284 0.011	0.011 0.239	−0.261 0.034	0.034	0.624	−0.349	0.485	−0.209

荷载图	跨内最大弯矩				支座弯矩	
	M_1	M_2	M_3	M_4	M_B	M_C
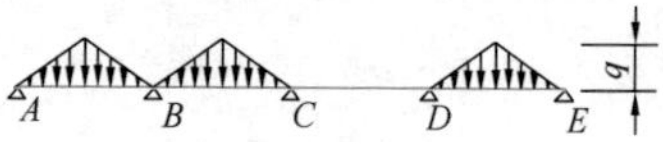 q A B C D E	0.049	0.042	—	0.066	−0.075	−0.011
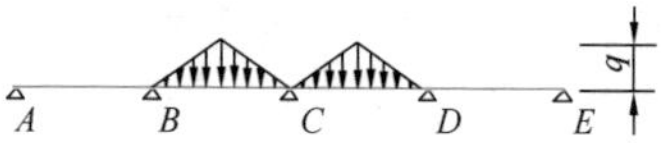 q A B C D E	—	0.040	0.040	—	−0.022	−0.067
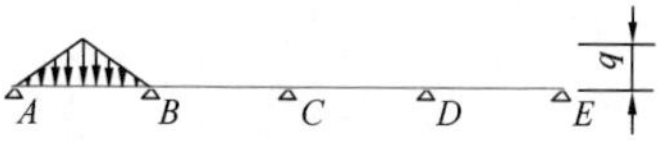 q A B C D E	0.063	—	—	—	−0.042	0.011
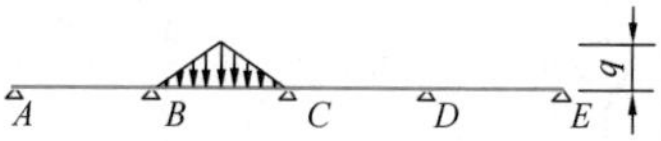 q A B C D E	—	0.051	—	—	−0.031	−0.034
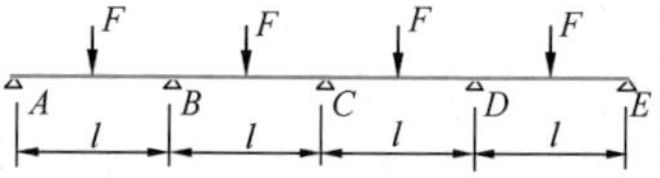 F F F F A B C D E l l l l	0.169	0.116	0.116	0.169	−0.161	−0.107
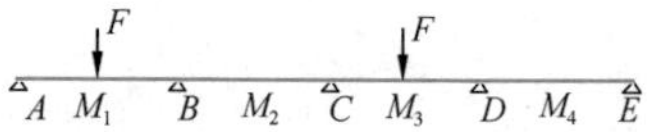 F F A M_1 B M_2 C M_3 D M_4 E	0.210	—	0.183	—	−0.080	−0.054
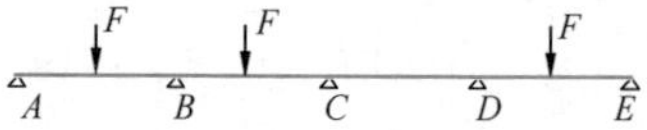 F F F A B C D E	0.159	0.146	—	0.206	−0.181	−0.027
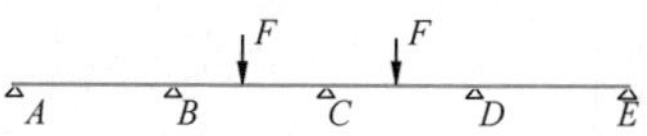 F F A B C D E	—	0.142	0.142	—	−0.054	−0.161

续表

	剪　力					跨度中点挠度			
M_D	V_A	$V_{B左}$ $V_{B右}$	$V_{C左}$ $V_{C右}$	$V_{D左}$ $V_{D右}$	V_E	f_1	f_2	f_3	f_4
−0.036	0.175	−0.325 0.314	−0.186 −0.025	−0.025 0.286	−0.214	0.363	0.293	−0.296	0.607
−0.022	−0.022	−0.022 0.205	−0.295 0.295	−0.205 0.022	0.022	−0.140	0.275	0.275	−0.140
−0.003	0.208	−0.292 0.053	0.053 −0.014	−0.014 0.003	0.003	0.572	−0.192	0.052	−0.017
0.008	−0.031	−0.031 0.247	−0.253 0.042	0.042 −0.008	−0.008	−0.192	0.432	−0.157	0.052
−0.161	0.339	−0.661 0.554	−0.446 0.446	−0.554 0.661	−0.339	1.079	0.409	0.409	1.079
−0.080	0.420	−0.580 0.027	0.027 0.473	−0.527 0.080	0.080	1.581	−0.837	1.246	−0.502
−0.087	0.319	−0.681 0.654	−0.346 −0.060	−0.060 0.587	−0.413	0.953	0.786	−0.711	1.539
−0.054	0.054	−0.054 0.393	−0.607 0.607	−0.393 0.054	0.054	−0.335	0.744	0.744	−0.335

荷载图	跨内最大弯矩				支座弯矩	
	M_1	M_2	M_3	M_4	M_B	M_C
F A B C D E	0.200	—	—	—	−0.100	0.027
F A B C D E	—	0.173	—	—	−0.074	−0.080
F F F F A B C D E l l l l	0.238	0.111	0.111	0.238	−0.286	−0.191
F F A M_1 B M_2 C M_3 D M_4 E	0.286	—	0.222	—	−0.143	−0.095
F F F A B C D E	0.226	0.194	—	0.282	−0.321	−0.048
F F A B C D E	—	0.175	0.175	—	−0.095	−0.286
F A B C D E	0.274	—	—	—	−0.178	0.048
F A B C D E	—	0.198	—	—	−0.131	−0.143

续表

	剪力					跨度中点挠度			
M_D	V_A	$V_{B左}$ $V_{B右}$	$V_{C左}$ $V_{C右}$	$V_{D左}$ $V_{D右}$	V_E	f_1	f_2	f_3	f_4
−0.007	0.400	−0.600 0.127	0.127 −0.033	−0.033 0.007	0.007	1.456	−0.460	0.126	−0.042
0.020	−0.074	−0.074 0.493	−0.507 0.100	0.100 −0.020	−0.020	−0.460	1.121	−0.377	0.126
−0.286	0.714	1.286 1.095	−0.905 0.905	−1.095 1.286	−0.714	1.764	0.573	0.573	1.764
−0.143	0.857	−1.143 0.048	0.048 0.952	−1.048 0.143	0.143	2.657	−1.488	2.061	−0.892
−0.155	0.679	−1.312 1.274	−0.726 −0.107	−0.107 1.155	−0.845	1.541	1.243	−1.265	2.582
−0.095	−0.095	−0.095 0.810	−1.190 1.190	−0.810 0.095	0.095	−0.595	1.168	1.168	−0.595
−0.012	0.822	−1.178 0.226	0.226 −0.060	−0.060 0.012	0.012	2.433	−0.819	0.223	−0.074
0.036	−0.131	−0.131 0.988	−1.012 0.178	0.178 −0.036	−0.036	−0.819	1.838	−0.670	0.223

五　跨

荷　载　图	跨内最大弯矩			支座弯矩			
	M_1	M_2	M_3	M_B	M_C	M_D	M_E
q；A l B l C l D l E l F	0.078	0.033	0.046	−0.105	−0.079	−0.079	−0.105
q；A M_1 B M_2 C M_3 D M_4 E M_5 F	0.100	—	0.085	−0.053	−0.040	−0.040	−0.053
q；A B C D E F	—	0.079	—	−0.053	−0.040	−0.040	−0.053
q；A B C D E F	0.073	❷0.059 0.078	—	−0.119	−0.022	−0.044	−0.051
q；A B C D E F	❶— 0.098	0.055	0.064	−0.035	−0.111	−0.020	−0.057
q；A B C D E F	0.094	—	—	−0.067	0.018	−0.005	0.001
q；A B C D E F	—	0.074	—	−0.049	−0.054	0.014	−0.004
q；A B C D E F	—	—	0.072	0.013	−0.053	−0.053	0.013

梁　　　　表 4.4.2-4

剪力						跨度中点挠度				
V_A	$V_{B左}$ $V_{B右}$	$V_{C左}$ $V_{C右}$	$V_{D左}$ $V_{D右}$	$V_{E左}$ $V_{E右}$	V_F	f_1	f_2	f_3	f_4	f_5
0.394	−0.606 0.526	−0.474 0.500	−0.500 0.474	−0.526 0.606	−0.394	0.644	0.151	0.315	0.151	0.644
0.447	−0.553 0.013	0.013 0.500	−0.500 −0.013	−0.013 0.553	−0.447	0.973	−0.576	0.809	−0.576	0.973
−0.053	−0.053 0.513	−0.487 0	0 0.487	−0.513 0.053	0.053	−0.329	0.727	−0.493	0.727	−0.329
0.380	−0.620 0.598	−0.402 −0.023	−0.023 0.493	−0.507 0.052	0.052	0.555	0.420	−0.411	0.704	−0.321
−0.035	−0.035 0.424	−0.576 0.591	−0.409 −0.037	−0.037 0.557	−0.443	−0.217	0.390	0.480	−0.486	0.943
−0.433	−0.567 0.085	0.085 −0.023	−0.023 0.006	0.006 −0.001	−0.001	0.883	−0.307	0.082	−0.022	0.008
−0.049	−0.049 0.495	−0.505 0.068	0.068 −0.018	−0.018 0.004	0.004	−0.307	0.659	−0.247	0.067	−0.022
0.013	0.013 −0.066	−0.066 0.500	−0.500 0.066	0.066 −0.013	−0.013	0.082	−0.247	0.644	−0.247	0.082

荷载图	跨内最大弯矩			支座弯矩			
	M_1	M_2	M_3	M_B	M_C	M_D	M_E
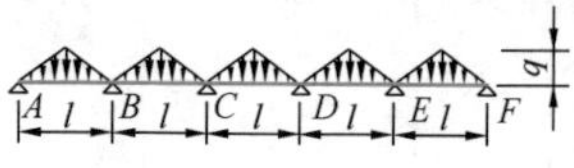 A l B l C l D l E l F, q	0.053	0.026	0.034	−0.066	−0.049	−0.049	−0.066
 A M_1 B M_2 C M_3 D M_4 E M_5 F, q	0.067	—	0.059	−0.033	−0.025	−0.025	−0.033
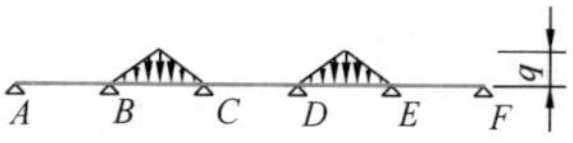 A B C D E F, q	—	0.055	—	−0.033	−0.025	−0.025	−0.033
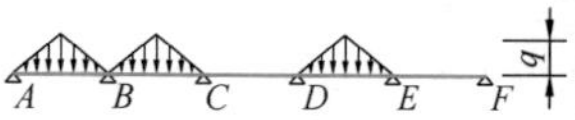 A B C D E F, q	0.049	❷0.041 / 0.053	—	−0.075	−0.014	−0.028	−0.032
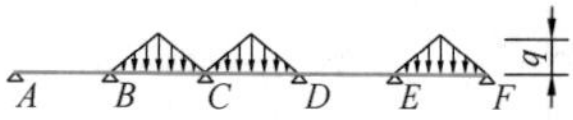 A B C D E F, q	❶— / 0.066	0.039	0.044	−0.022	−0.070	−0.013	−0.036
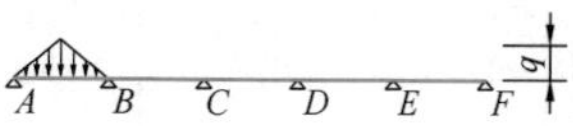 A B C D E F, q	0.063	—	—	−0.042	0.011	−0.003	0.001
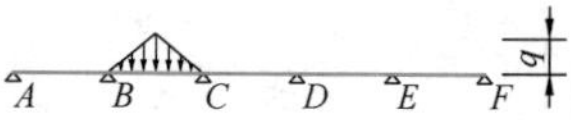 A B C D E F, q	—	0.051	—	−0.031	−0.034	0.009	−0.002
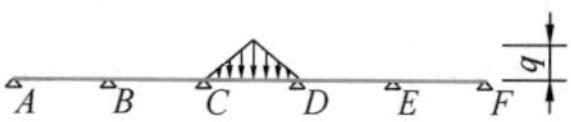 A B C D E F, q	—	—	0.050	0.008	−0.033	−0.033	0.008

续表

剪力						跨度中点挠度				
V_A	$V_{B左}$ $V_{B右}$	$V_{C左}$ $V_{C右}$	$V_{D左}$ $V_{D右}$	$V_{E左}$ $V_{E右}$	V_F	f_1	f_2	f_3	f_4	f_5
0.184	−0.316 0.266	−0.234 0.250	−0.250 0.234	−0.266 0.316	−0.184	0.422	0.114	0.217	0.114	0.422
0.217	−0.283 0.008	0.008 0.250	−0.250 −0.008	−0.008 0.283	−0.217	0.628	−0.360	0.525	−0.360	0.628
−0.033	−0.033 0.258	−0.242 0	0 0.242	−0.258 0.033	0.033	−0.205	0.474	−0.308	0.474	−0.205
0.175	−0.325 0.311	−0.189 −0.014	−0.014 0.246	−0.255 0.032	0.032	0.366	0.282	−0.257	0.460	−0.201
−0.022	−0.022 0.202	−0.298 0.307	−0.193 −0.023	−0.023 0.286	−0.214	−0.136	0.263	0.319	−0.304	0.609
0.208	−0.292 0.053	0.053 −0.014	−0.014 0.004	0.004 −0.001	−0.001	0.572	−0.192	0.051	−0.014	0.005
−0.031	−0.031 0.247	−0.253 0.043	0.043 −0.011	−0.011 0.002	0.002	−0.192	0.432	−0.154	0.042	−0.014
0.008	0.008 −0.041	−0.041 0.250	−0.250 0.041	0.041 −0.008	−0.008	0.051	−0.154	0.422	−0.154	0.051

荷　载　图	跨内最大弯矩			支座弯矩			
	M_1	M_2	M_3	M_B	M_C	M_D	M_E
F F F F F (A l B l C l D l E l F)	0.171	0.112	0.132	−0.158	−0.118	0.118	−0.158
F F F (A M_1 B M_2 C M_3 D M_4 E M_5 F)	0.211	—	0.191	−0.079	−0.059	−0.059	−0.079
F F (A B C D E F)	—	0.181	—	−0.079	−0.059	−0.059	−0.079
F F F (A B C D E F)	0.160	❷0.144 / 0.178	—	−0.179	−0.032	−0.066	−0.077
F F F (A B C D E F)	❶— / 0.207	0.140	0.151	−0.052	−0.167	−0.031	−0.086
F (A B C D E F)	0.200	—	—	−0.100	0.027	−0.007	0.002
F (A B C D E F)	—	0.173	—	−0.073	−0.081	0.022	−0.005
F (A B C D E F)	—	—	0.171	0.020	−0.079	−0.079	0.020

续表

剪力						跨度中点挠度				
V_A	$V_{B左}$ $V_{B右}$	$V_{C左}$ $V_{C右}$	$V_{D左}$ $V_{D右}$	$V_{E左}$ $V_{E右}$	V_F	f_1	f_2	f_3	f_4	f_5
0.342	−0.658 0.540	−0.460 0.500	−0.500 0.460	−0.540 0.658	−0.342	1.097	0.356	0.603	0.356	1.097
0.421	−0.579 0.020	0.020 0.500	−0.500 −0.020	−0.020 0.579	−0.421	1.590	−0.863	1.343	−0.863	1.590
−0.079	−0.079 0.520	−0.480 0	0 0.480	−0.520 0.079	0.079	−0.493	1.220	−0.740	1.220	−0.493
0.321	−0.679 0.647	−0.353 −0.034	−0.034 0.489	−0.511 0.077	0.077	0.962	0.760	−0.617	1.186	−0.482
−0.052	−0.052 0.385	−0.615 0.637	−0.363 −0.056	−0.056 0.586	−0.414	−0.325	0.715	0.850	−0.729	1.545
0.400	−0.600 0.127	0.127 −0.034	−0.034 0.009	0.009 −0.002	−0.002	1.455	−0.460	0.123	−0.034	0.011
−0.073	−0.073 0.493	−0.507 0.102	0.102 −0.027	−0.027 0.005	0.005	−0.460	1.119	−0.370	0.101	−0.034
0.020	0.020 −0.099	−0.099 0.500	−0.500 0.099	0.099 −0.020	−0.020	0.123	−0.370	1.097	−0.370	0.123

荷　载　图	跨内最大弯矩			支座弯矩			
	M_1	M_2	M_3	M_B	M_C	M_D	M_E
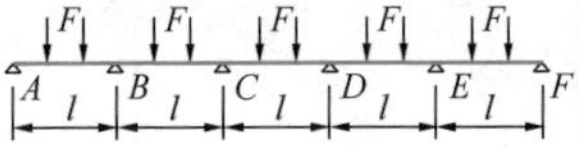	0.240	0.100	0.122	−0.281	−0.211	−0.211	−0.281
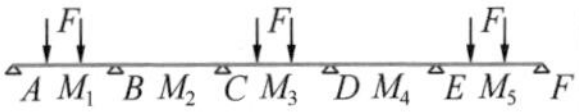	0.287	—	0.228	−0.140	−0.105	−0.105	−0.140
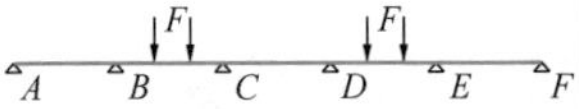	—	0.216	—	−0.140	−0.105	−0.105	−0.140
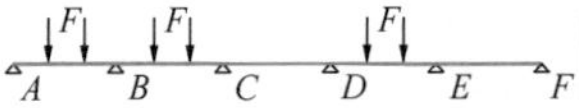	0.227	❷0.189 / 0.209	—	−0.319	−0.057	−0.118	−0.137
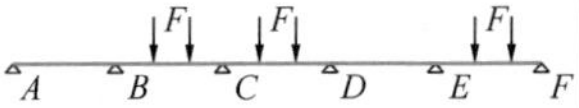	❶— / 0.282	0.172	0.198	−0.093	−0.297	−0.054	−0.153
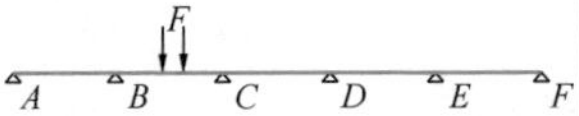	0.274	—	—	−0.179	0.048	−0.013	0.003
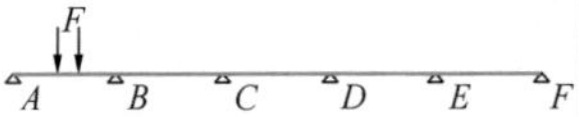	—	0.198	—	−0.131	−0.144	0.038	−0.010
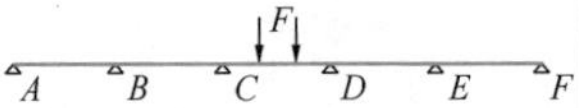	—	—	0.193	0.035	−0.140	−0.140	0.035

注：表中，❶分子及分母分别为 M_1 及 M_5 的弯矩系数；❷分子及分母分别为 M_2 及 M_4 的弯矩系数。

续表

剪力						跨度中点挠度				
V_A	$V_{B左}$ $V_{B右}$	$V_{C左}$ $V_{C右}$	$V_{D左}$ $V_{D右}$	$V_{E左}$ $V_{E右}$	V_F	f_1	f_2	f_3	f_4	f_5
0.719	−1.281 1.070	−0.930 1.000	−1.000 0.930	−1.070 1.281	−0.719	1.795	0.479	0.918	0.479	1.795
0.860	−1.140 0.035	0.035 1.000	1.000 −0.035	−0.035 1.140	−0.860	2.672	−1.535	2.234	−1.535	2.672
−0.140	−0.140 1.035	−0.965 0	0.000 0.965	−1.035 0.140	0.140	−0.877	2.014	−1.316	2.014	−0.877
0.681	−1.319 1.262	−0.738 −0.061	−0.061 0.981	−1.019 0.137	0.137	1.556	1.197	−1.096	1.955	−0.857
−0.093	−0.093 0.796	−1.204 1.243	−0.757 −0.099	−0.099 1.153	−0.847	−0.578	1.117	1.356	−1.296	2.592
0.821	−1.179 0.227	0.227 −0.061	−0.061 0.016	0.016 −0.003	−0.003	2.433	−0.817	0.219	−0.060	0.020
−0.131	−0.131 0.987	−1.013 0.182	0.182 −0.048	−0.048 0.010	0.010	−0.817	1.835	−0.658	0.179	−0.060
0.035	0.035 −0.175	−0.175 1.000	−1.000 0.175	0.175 −0.035	−0.035	0.219	−0.658	1.795	−0.658	0.219

第五章
影响线

第一节 静定结构的影响线

一个方向不变的单位集中荷载（$P=1$）在结构上移动时，表示结构某指定处的某一量值（反力、弯矩、剪力、轴力、位移等）变化规律的图线，称为该量值的影响线。影响线是研究结构在移动荷载作用下反力和内力等的变化规律的重要工具，通过它确定结构在移动荷载作用下反力和内力的最大值和最小值（最大负荷），作为设计的依据。

一、用静力法作静定梁的影响线

（1）单跨简支梁的影响线

静力法作影响线是以单位集中移动荷载的位置 x 为变量，由静力平衡条件建立某量值的函数方程（影响线方程），再按函数方程作影响线。

图 5.1.1-1(a)所示双伸臂单跨简支梁有关量值的影响线的做法如下。

● 反力 R_A、R_B 影响线

设 A 为坐标原点，x 以向右为正，则分别由$\sum M_B=0$、$\sum M_A=0$，得影响线方程

$$R_A=\frac{l-x}{l}\quad (l_1\leqslant x\leqslant l+l_2)$$

$$R_B=\frac{x}{l}\qquad (l_1\leqslant x\leqslant l+l_2)$$

影响线分别如图 5.1.1-1(b)、(c)所示，设反力向上时为正，反之为负。

● 跨中任意截面 C 的弯矩 M_C 影响线(设使杆件下侧受拉的弯矩为正)和剪力 V_C 影响线(设绕隔离体顺时针向转动的剪力为正)。

截断截面 C，由隔离体的平衡条件$\sum M_C=0$、$\sum Y=0$，得：

$$M_C=R_A a\quad (P=1\text{ 在截面 }C\text{ 以右时})$$

$$V_C=R_A\quad (P=1\text{ 在截面 }C\text{ 以右时})$$

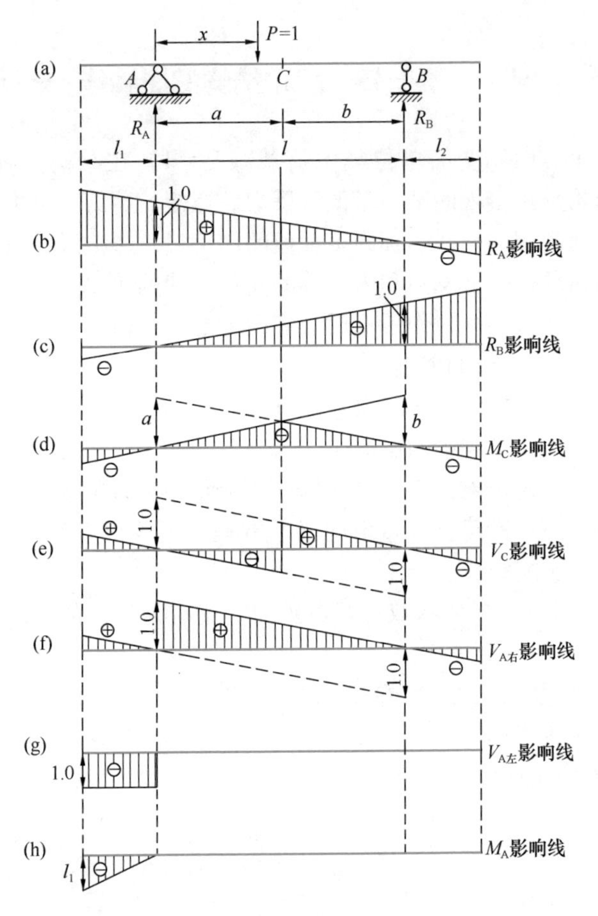

图 5.1.1-1

$$M_C = R_B b \quad (P = 1\text{在截面}C\text{以左时})$$

$$V_C = -R_B \quad (P = 1\text{在截面}C\text{以左时})$$

据此作出的 M_C、V_C 影响线分别如图 5.1.1-1(d)、(e)所示。同理，可作出图 5.1.1-1(f)～(h)所示的 $V_{A右}$、$V_{A左}$、M_A 等影响线。

(2) 静定多跨梁的影响线

用静力法作静定多跨梁的影响线，首先区分基本部分和附属部分。由于单位集中力在基本部分移动时，对附属部分无影响，故按照前述单跨简支梁影响线的做法就可作出附属部分的影响线。作基本部分的影响线时，要分两种情况考虑：①当单位集中力在基本部分移动时，仍可按前述单跨简支梁影响线的做法作其影响线；②当单位集中力在附属部分移动时，由分析可知，基本部分某量值的影响线为直线，此直线可以根据铰接处影响线的竖标值为已知，以及在附属部分的支座处，该量值影响线为零的特点作出。用此法作出的图 5.1.1-2(a)所示静定多跨梁的 R_B、M_K、$V_{C左}$、R_D 影响线，分别如图 5.1.1-2(b)～(e)所示。

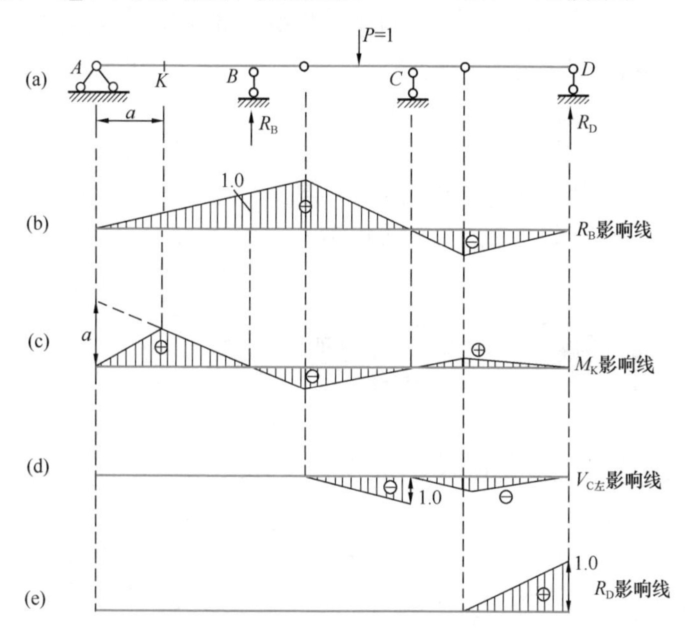

图 5.1.1-2

二、用机动法作静定梁的影响线

用机动法作静定梁影响线的基本原理是刚体系虚位移原理，即刚体系的平衡力系在符合刚体系约束条件的任意微小虚位移上所作虚功总和为零。具体做法是：如欲作量值 X 的影响线，只

要去掉与 X 相应的约束，使体系成为机构，再使机构沿 X 的正方向产生单位虚位移，由此得到的承载杆沿 $P=1$ 方向的虚位移图，就是 X 的影响线。用机动法校核图 5.1.1-2(b)～(e)所示 R_B、M_K、$V_{C左}$、R_D 影响线，其结果显然与静力法所得结果是一致的。

机动法作影响线的主要优点是可以不经计算快速作出影响线的轮廓，同时，还可用以校核静力法所作影响线的正确性。

三、节点（间接）荷载作用下的影响线

图 5.1.3-1(a)所示结构，荷载通过纵梁、横梁（节点）传至主梁，主梁承受的是节点（间接）荷载。当 $P=1$ 在相邻两个横梁间移动时，主梁某量值按直线变化；而当 $P=1$ 作用在节点上时，相当于直接作用在主梁上，所以这种主梁某量值的影响线可按下法求作：先作主梁某量值在直接荷载作用下的影响线，并用虚线表示；然后从各节点引竖线与直接荷载作用下的影响线相交，并将各相邻相交点用直线相连，就得到结点荷载作用下的影

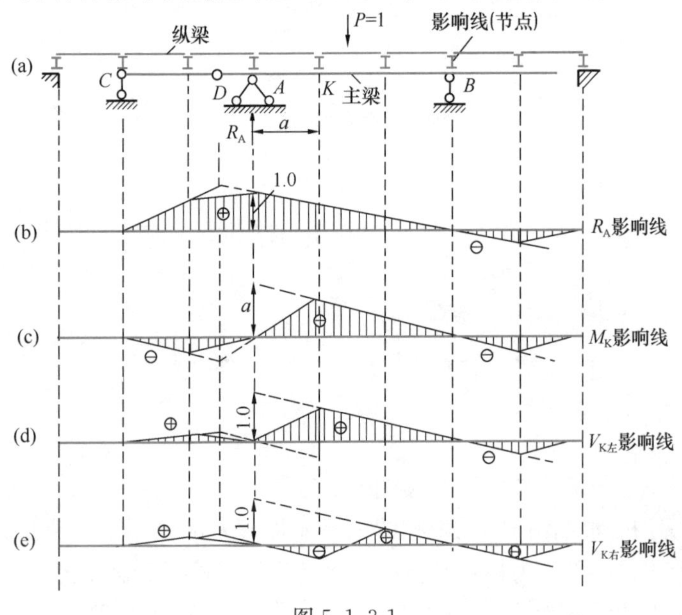

图 5.1.3-1

响线。图 5.1.3-1(a)所示主梁的 R_A、M_K、$V_{K左}$、$V_{K右}$ 影响线分别如图 5.1.3-1(b)～(e)所示。

第二节　超静定结构的影响线

用机动法(挠度法)绘制连续梁影响线的轮廓，作图 5.2.1-1(a)所示连续梁 K 截面的弯矩 M_K 影响线，可取图 5.2.1-1(b)所示的力法基本体系（此基本体系是超静定结构），力法典型方程为：

$$\delta_{KK} M_K + \delta_{KP} = 0$$

根据位移互等定理 $\delta_{KP} = \delta_{PK}$，上式可写为：

$$M_K = -\frac{\delta_{KP}}{\delta_{KK}} = -\frac{\delta_{PK}}{\delta_{KK}} \tag{5.2.1}$$

式中　δ_{KK}——基本结构由 $\overline{M}_K = 1$ 使截面 K 沿 $\overline{M}_K$ 方向产生的相对角位称，如图 5.2.1-1(c)所示，是恒为正值的常量；

δ_{PK}——基本结构由 $\overline{M}_K = 1$ 在移动荷载 $P = 1$ 方向上产生的位移图，如图 5.2.1-1(c)中的曲线所示。

由式（5.2.1）可知，$\overline{M}_K$ 影响线与位移 δ_{PK} 图成正比，即位移 δ_{PK} 图的轮廓就代表了 $\overline{M}_K$ 影响线的轮廓，但符号相反，即影响线竖标在梁轴上方时为正，在下方时为负，如图 5.2.1-1(d)所示。超静定结构的影响线是非线性的。

按相同原理和方法作出的 V_K、V_C^R（C 支座右端处）、M_D、R_D 影响线轮廓分别如图 5.2.1-1(e)～(h)所示。

注意：

在图 5.2.1-1(e)、(h)中，截面 K、支座 C 右端附近的两边曲线的切线相互平行且竖距为“1”。

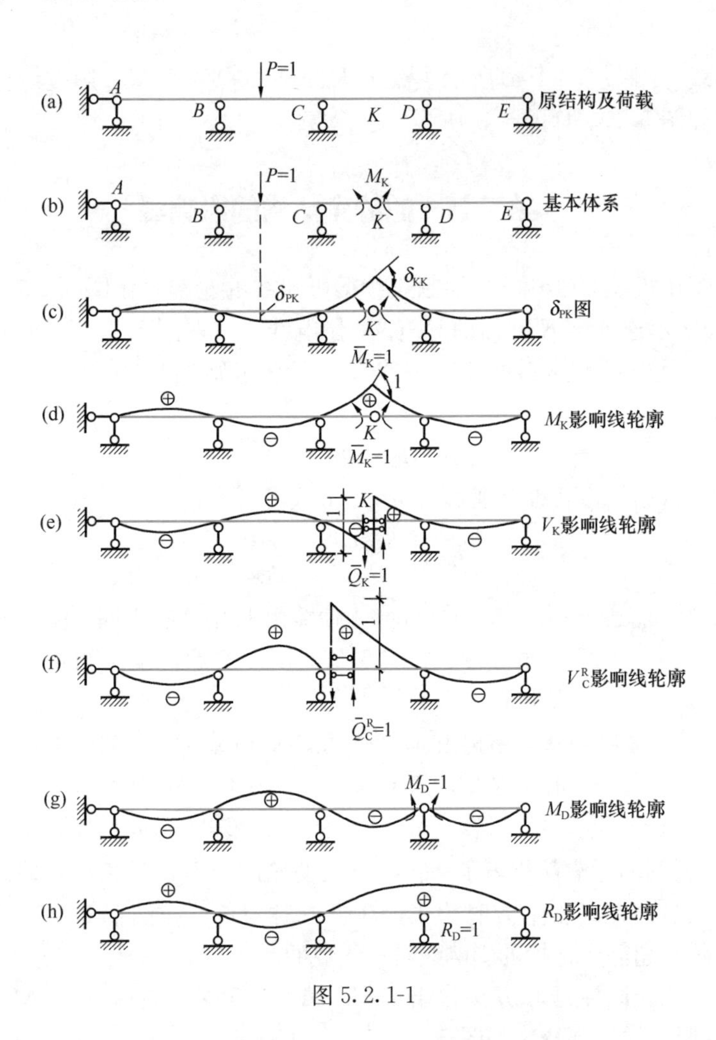

(a)
P=1
A
B
C
K
D
E
原结构及荷载
(b)
P=1
M_K
A
B
C
K
D
E
基本体系
(c)
δ_{KK}
δ_{PK}
K
δ_{PK}图
(d)
$\bar{M}_K=1$
1
⊕
⊕
K
⊖
⊖
$\bar{M}_K=1$
M_K影响线轮廓
(e)
⊕
K
1
⊕
⊖
⊖
⊖
$\bar{Q}_K=1$
V_K影响线轮廓
(f)
1
⊕
⊕
⊖
⊖
$\bar{Q}_C^R=1$
V_C^R影响线轮廓
(g)
$M_D=1$
⊕
⊖
⊖
⊖
M_D影响线轮廓
(h)
⊕
⊕
⊖
$R_D=1$
R_D影响线轮廓

图 5.2.1-1

第六章

结构力学

第一节　静定平面桁架

为了简化计算，通常对实际的平面桁架采用如下计算假定：

（1）各杆都是直杆，其轴线位于同一平面内。

（2）各杆连接的节点（亦称结点）都是光滑铰链连接，即节点为铰结点。

（3）荷载（或外力）和支座的约束力（即支座反力）都集中作用在节点上，并且位于桁架平面内。各杆自重不计。

根据上述假定，这样的桁架称为理想桁架，见图 6.1.1-1。各杆都视为只有两端受力的二力杆，因此，杆件的内力只有轴力（轴向拉力或轴向压力），单位为 N 或 kN。同一杆件所有截面的轴力都相同。

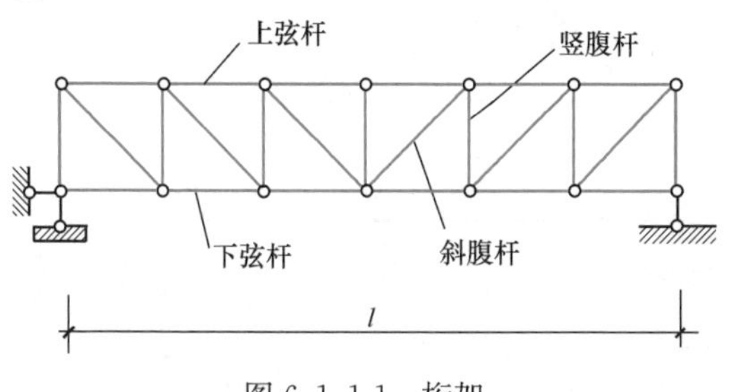

图 6.1.1-1　桁架

桁架杆件的内力以拉力为正。计算时，一般先假定所有杆件均为拉力，在受力图中画成离开节点，计算结果若为正值，则杆件受拉力；若为负值，则杆件受压力。

静定平面桁架杆件的内力计算方法有节点法、截面法，以及这两种方法的联合应用。

一、节点法和截面法

1. 节点法

节点法就是取桁架的节点为隔离体，用平面汇交力系的两个静力平衡方程来计算杆件内力的方法。由于平面汇交力系只能利用两个静力平衡方程，故每次截取的节点上的未知力个数不应多于两个。

2. 截面法

截面法是用一个适当的截面（平面或曲面），截取桁架的某一部分为隔离体，然后利用平面任意力系的三个平衡方程计算杆件的未知内力。一般地，所取的隔离体上未知内力的杆件数不多于3根，且它们既不全部汇交于一点也不全部平行，可以直接求出所有未知内力。

【例 6.1.1-1】 如图 6.1.1-2（a）所示桁架，杆 a 的内力应为下列何项？

（A）60kN　（B）40kN　（C）20kN　（D）0kN

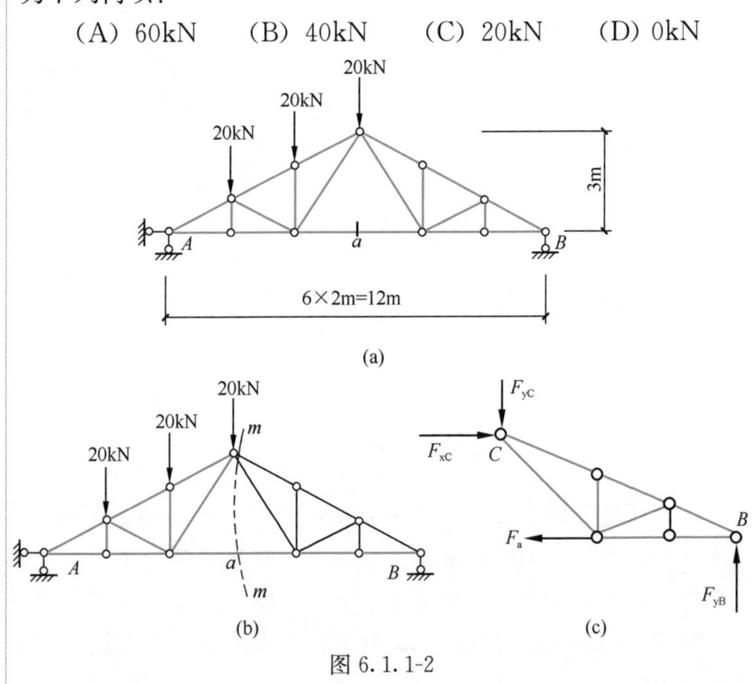

图 6.1.1-2

【解答】 取整体为研究对象，对左端支座取矩，右端支座 B 点反力 F_{yB}：

$F_{yB}\times12=20\times2+20\times4+20\times6$，可得：$F_{yB}=20\text{kN}$，方向向上。

作截面 $m\text{-}m$，如图 6.1.1-2（b），取右半部分为研究对象，其受力图见图 6.1.1-2（c），对 C 点取矩：

$F_a \times 3 = F_{yB} \times 6 = 20 \times 6$，可得：$F_a = 40\text{kN}$，选（B）项。

【例 6.1.1-2】 如图 6.1.1-3 所示桁架，杆 1 的内力为下列何项？

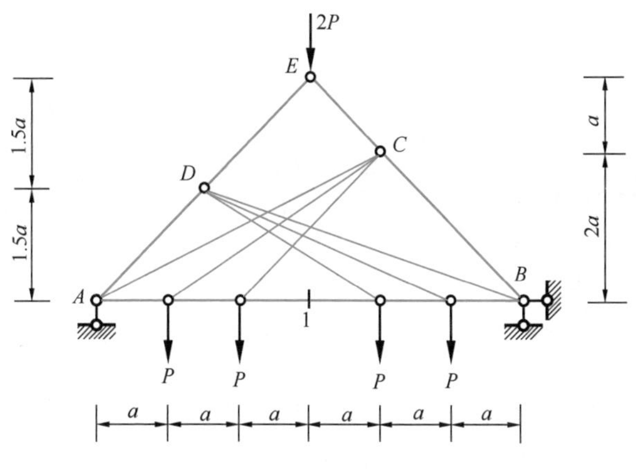

图 6.1.1-3

（A）$-P$　　（B）$-2P$　　（C）P　　（D）$2P$

【解答】 截面法，如图 6.1.1-4 所示，取虚线范围内为脱离体，对 E 点取力矩平衡：

$$N_1 \cdot 3a + P \cdot a + P \cdot 2a = 3P \cdot 3a$$

可得：$N_1 = 2P$（受拉）

应选（D）项。

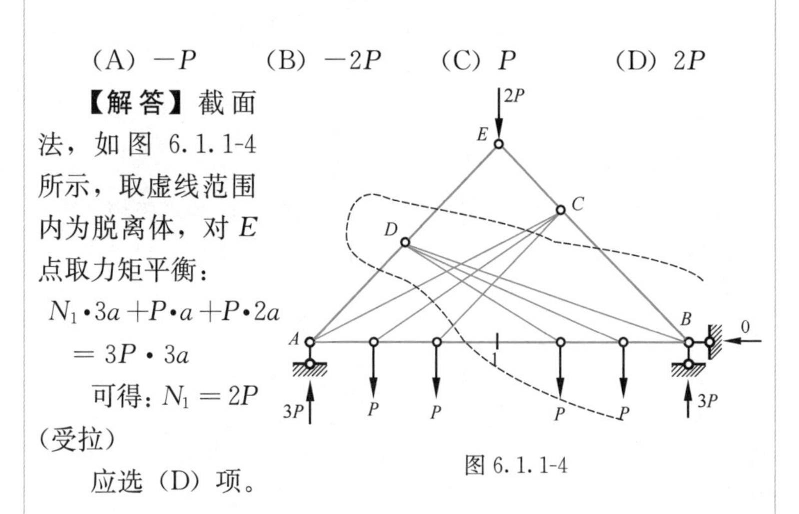

图 6.1.1-4

3. 节点法和截面法的联合应用

【例 6.1.1-3】 如图 6.1.1-5（a）所示桁架，AF、BE、CG 杆均铅直，DE、FG 杆均水平。试问，DE 杆的内力应为下列何项？

(A) P　　(B) $-P$　　(C) $\sqrt{2}P$　　(D) $-\sqrt{2}P$

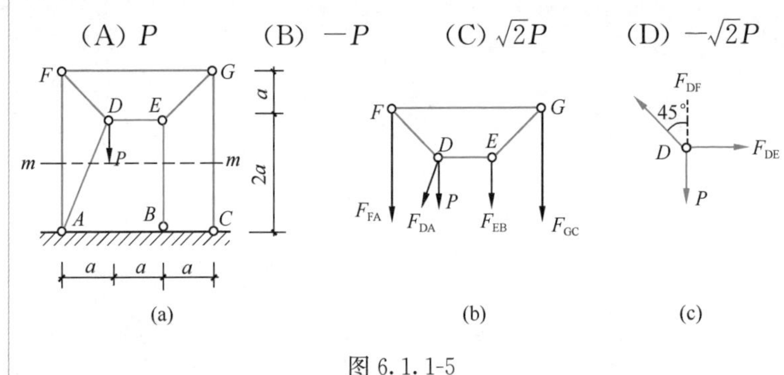

图 6.1.1-5

【解答】 作截面 m-m，取上半部分为研究对象，见图 6.1.1-5（b），$\sum F_{ix}=0$，则 AD 杆的内力为零。

取节点 D 为研究对象，见图 6.1.1-5（c），由力的平衡，则：

$F_{DE}=P$，应选（A）项。

二、零杆及其运用

1. 零杆

内力为零的杆称为零杆。零杆不能取消，因为理想桁架有计算假定，而实际桁架对应的杆件的内力并不等于零，只是内力很小而已。

判别零杆的方法是：

（1）不共线的两杆相交的节点上无荷载（或无外力）时，该两杆的内力均为零，即零杆，见图 6.1.2-1（a）。

（2）三杆汇交的节点上无荷载（或无外力），且其中两杆共线时，则第三杆为零杆［图 6.1.2-1（b）］，而在同一直线上的两杆的内力必定相等，受力性质相同。

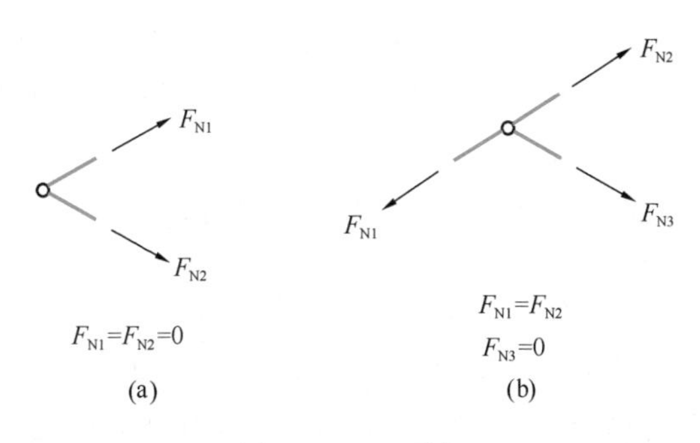

图 6.1.2-1　零杆

(3) 利用对称形判别零杆，见后面内容。

其他判别零杆的方法，均可采用受力分析和力平衡方程得到。

2. 等力杆

判别等力杆的方法如下：

(1) X 形节点（四杆节点）。直线交叉形的四杆节点上无荷载（或无外力）时，则在同一直线上两杆的内力值相等，且受力性质相同，见图 6.1.2-2 (a)。

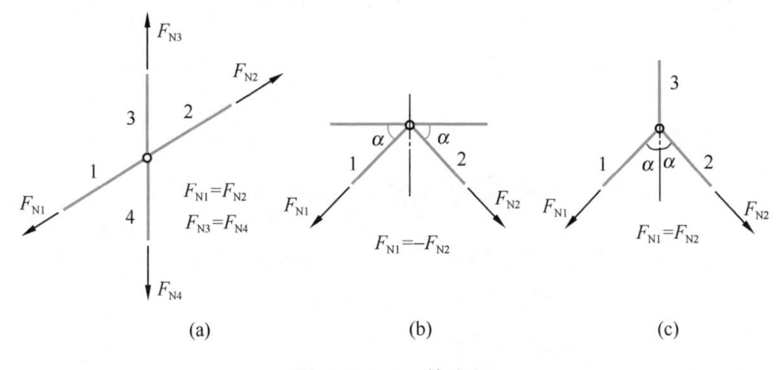

图 6.1.2-2　等力杆

(2) K 形节点（四杆节点）。侧杆倾角相等的 K 形节点上无荷载（或无外力）时，则两侧杆的内力值相等，且受力性质相同，见图 6.1.2-2 (b)。

（3）Y 形节点（三杆节点）。三杆汇交的节点上无荷载（或无外力）时，见图 6.1.2-2（c），对称两杆的内力值相等（$F_{N1}=F_{N2}$），且受力性质相同。

（4）利用对称性判别等力杆，见后面内容。

三、对称性的利用

如图 6.1.3-1 所示，桁架的各杆件的轴力是对称的，因此杆件的轴力为对称内力。对称桁架是指桁架的几何形状、支承条件和杆件材料都关于某一轴对称，该轴称为对称轴见图 6.1.3-1（a）。对称桁架的特点如下：

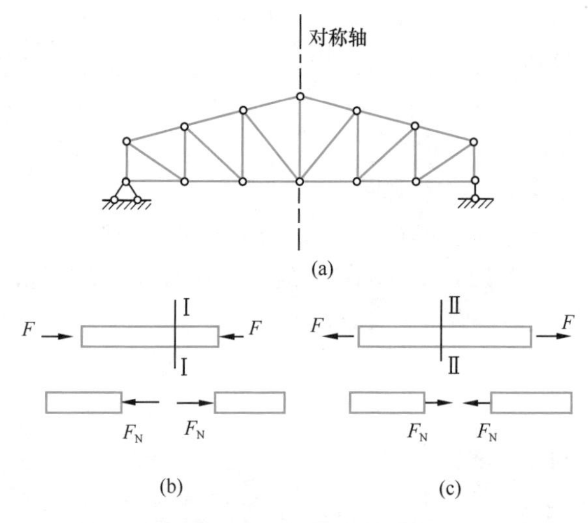

图 6.1.3-1　对称桁架和对称内力

（1）在正对称荷载作用下，对称杆件的内力是对称的。

（2）在反对称荷载作用下，对称杆件的内力是反对称的。

（3）在任意荷载作用下，可将该荷载分解为对称荷载、反对称荷载两组，分别计算出内力后再叠加。

四、静定平面桁架受力分析与计算的总结

静定平面桁架受力分析与计算的一般原则如下：

（1）首先根据零杆判别法进行零杆的判别。

（2）利用对称性进行零杆的判别、杆件的内力分析。

（3）采用截面法、节点法以及截面法与节点法的联合应用进行杆件内力的计算。

【例 6.1.3-1】 如图 6.1.3-2（a）所示桁架在竖向外力 P 作用下的零杆数为下列何项？

（A）2 根　　（B）3 根　　（C）4 根　　（D）5 根

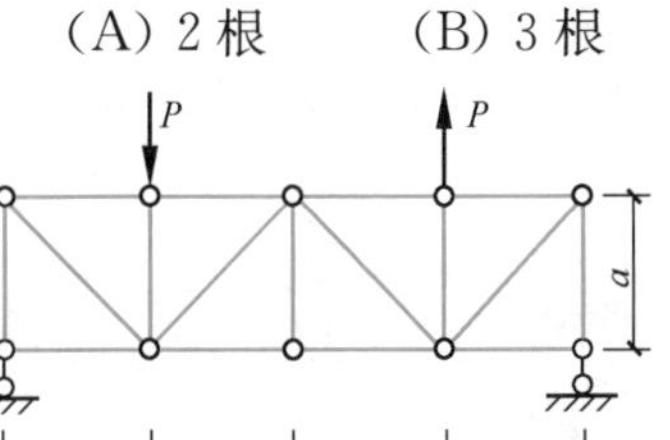

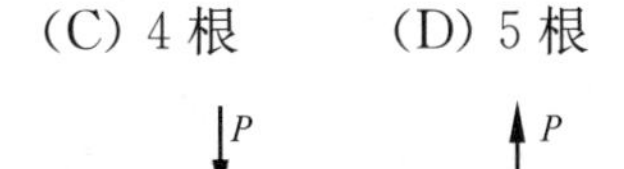

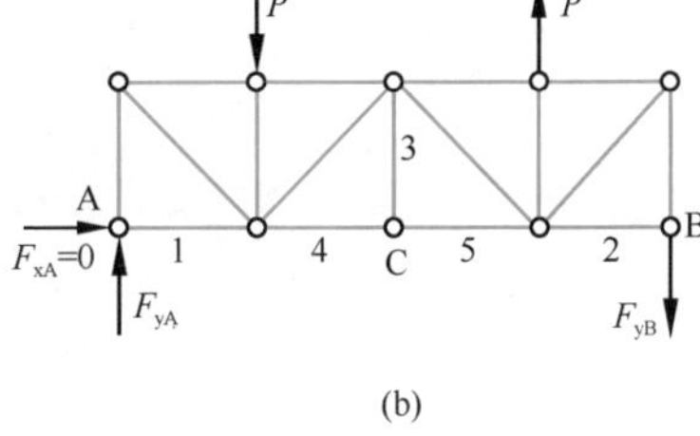

图 6.1.3-2

【解答】 整体分析，左边支座的水平反力为零。如图 6.1.3-2（b）所示，根据支座节点受力分析，杆 1、杆 2 为零杆。根据零杆判别法，杆 3 为零杆。

结构对称、荷载反对称，其杆的内力反对称，杆 4、杆 5 的内力为反对称，其相交节点处的水平方向力平衡，因此杆 4、杆 5 的内力必定为零，因此杆 4、杆 5 均为零杆。

总零杆数为 5 根，应选（D）项。

第二节　静　定　梁

静定梁可分为单跨静定梁和多跨静定梁。其中，单跨静定梁可分为简支梁（包括杆轴水平简支梁和简支斜梁）、悬臂梁、伸臂梁。

一、单跨静定梁

1. 单跨静定梁的变形特点和内力特点

当单跨静定梁为水平直梁时，在外力作用下发生平面弯曲时，梁的轴线在其纵向对称平面内由原来的直线变为一条光滑曲线。

单跨静定梁和多跨静定梁，其内力一般有弯矩 M、剪力 F_Q（或 V 或 Q 表示）和轴力 F_N（或 N 表示）；当梁的杆轴水平，外力（荷载）与杆轴垂直时，梁的轴力 F_N 为零。

2. 单跨静定梁的内力和内力图

单跨静定梁的内力计算仍采用截面法。

剪力的正负号规定（图 6.2.1-1）：使脱离体发生顺时针转动的剪力 V 为正，反之为负。

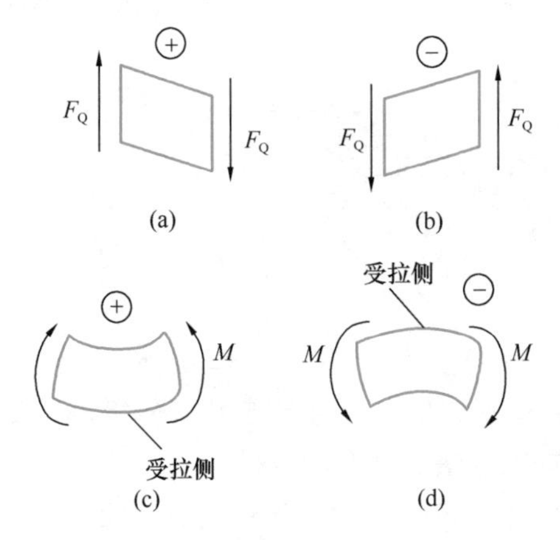

图 6.2.1-1　剪力 V 和弯矩 M 的正负号规定

弯矩的正负号规定（图 6.2.1-1）：使脱离体发生下侧受拉、上侧受压的弯矩 M 为正，反之为负。

通常将剪力、弯矩沿杆件轴线的变化情况用图形表示，这种表示剪力和弯矩变化规律的图形分别称为剪力图、弯矩图。在剪力图、弯矩图中，其横坐标表示梁的横截面位置，纵坐标表示相应横截面的剪力值（剪力值为正，画在横坐标上方，反之画在横坐标下方），弯矩值（弯矩为正，画在横坐标下方，反之画在横坐标上方）。

（1）剪力：剪力等于脱离体上所有外力（集中力、分布力）

在平行横截面方向投影的代数和。其中，外力（包括支座反力）按“左上右下取正”（左脱离体上的向上外力为正，右脱离体上的向下外力为正），反之为负，见图 6.2.1-2（a）、（b）。

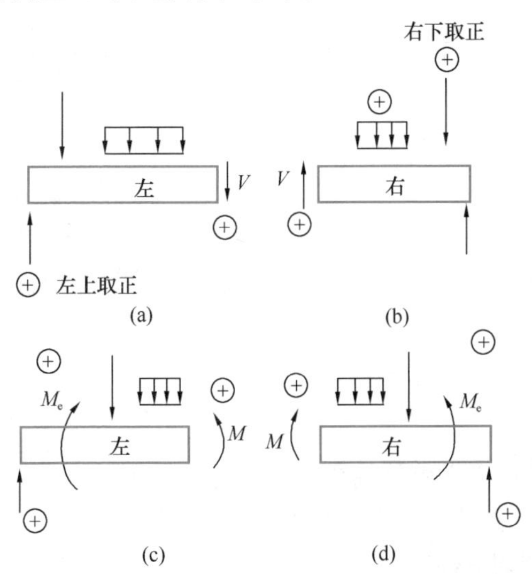

图 6.2.1-2　直接法时剪力和弯矩的正负号规定

（a）、（b）产生正号剪力 V 的规定；（c）、（d）产生正号弯矩 M 的规定

（2）弯矩：弯矩等于脱离体上所有集中力、分布力、外力偶对横截面形心的力矩的代数和。同时规定：在脱离体上的向上集中力（包括支座反力）、分布力产生的力矩为正，与向上集中力（包括支座反力）、分布力产生的力矩相同转向的外力偶矩也为正，反之为负，见图 6.2.1-2（c）、（d）。

利用上述结论，可以不画脱离体，直接得到任意横截面的剪力和弯矩，该方法称为直接法。

3. 梁段的剪力图和弯矩图的特征

根据梁段的弯矩、剪力与荷载的微分关系，可得到梁段的剪力图和弯矩图的特征，见图 6.2.1-3。

注意：上述剪力图与弯矩图的特征也适用于刚架、组合结构中的梁式直杆。

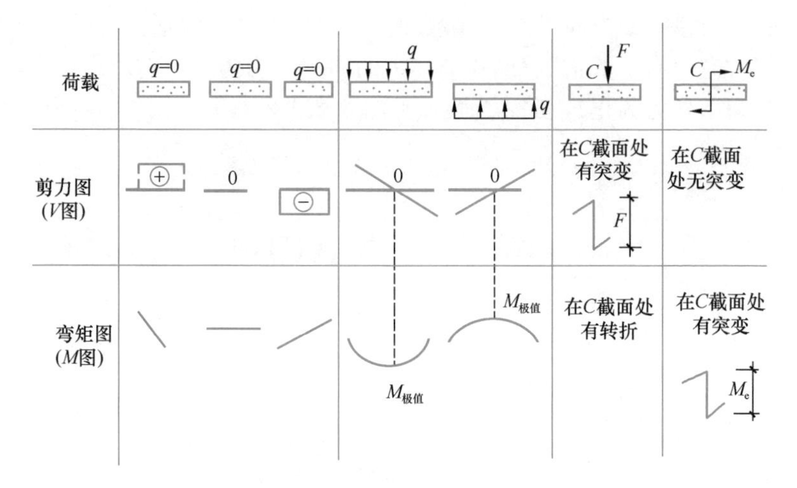

图 6.2.1-3　梁上荷载与对应的剪力图和弯矩图的特征

4. 根据内力图特征简化梁的内力图绘制

根据内力图特征，结合直接法确定内力，可以简化梁的内力图绘制。其基本步骤如下：

（1）求出支座反力。

（2）根据梁上的外力情况将梁分段。

（3）根据各梁段上的外力，确定各梁段的剪力图、弯矩图的几何形状。

（4）由直接法计算各梁段起点、终点及极值点等截面的剪力、弯矩，逐段画出剪力图和弯矩图。

5. 叠加法作弯矩图

运用叠加原理，将多个荷载作用下的梁的弯矩等于各个荷载单独作用下的弯矩之和。这种绘制梁内力图的方法称为叠加法。如图 6.2.1-4 所示，按叠加法画弯矩图。

6. 利用对称性进行内力分析和内力图特点

在梁的内力中，弯矩是对称性的，故弯矩为对称内力；剪力是反对称的，故剪力为反对称内力。因此，简支梁的支座反力、内力和内力图的特点（图 6.2.1-5）如下：

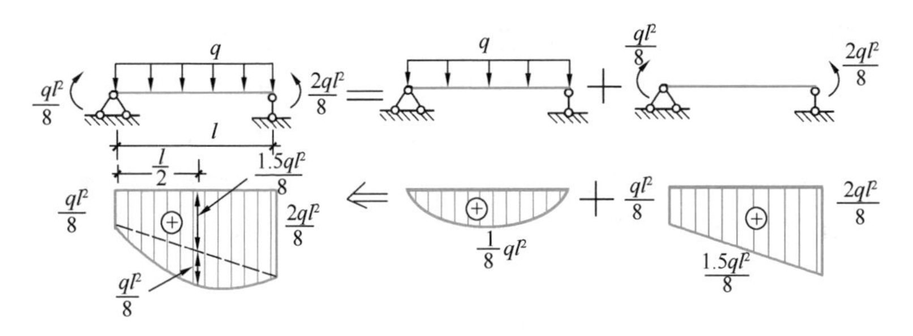

图 6.2.1-4 叠加法画弯矩图

（1）在正对称荷载作用下，对称杆段的内力和支座反力是对称的，其弯矩图是对称的，剪力图为反对称的。在梁跨中中点处剪力必为零。

（2）在反对称荷载作用下，对称杆段的内力和支座反力是反对称的，其弯矩图是反对称的，剪力图为对称的。在梁跨中中点处弯矩必为零。

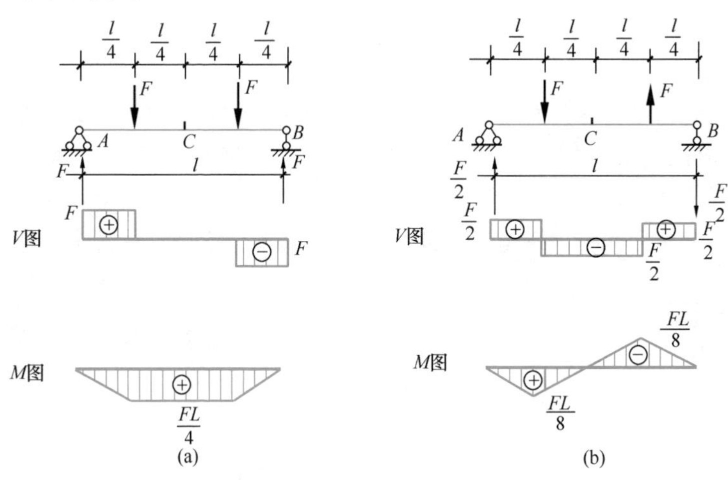

图 6.2.1-5 对称结构、支座反力、内力和内力图

（a）正对称荷载；（b）反对称荷载

二、多跨静定梁

多跨静定梁是由若干根梁用铰相连，并通过若干支座与地基

（或结构）相连而成的静定结构。多跨静定梁的组成包括基本部分和附属部分，基本部分是指不依靠其他部分而能独立承受荷载的部分，例如图 6.2.2-1（a）中 AB 和 EF，图 6.2.2-2（a）中 AC。附属部分则需要依靠基本部分的支承才能承受荷载的部分，如图 6.2.2-1（a）中 CD，图 6.2.2-2（a）中 CD。在荷载（或外力）作用下，多跨静定梁的变形为连续光滑的曲线，见图 6.2.2-1（c）中的虚线。

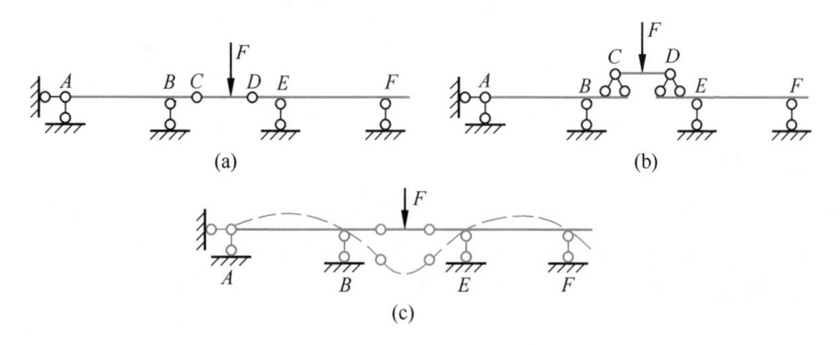

图 6.2.2-1　多跨静定梁

为使分析计算方便，常画出多跨静定梁的层叠图，即：基本部分画在下层，附属部分画在上层。例如图 6.2.2-1（b）、图 6.2.2-2（b）。

作用在静定结构基本部分上的荷载不会传至附属部分，它仅

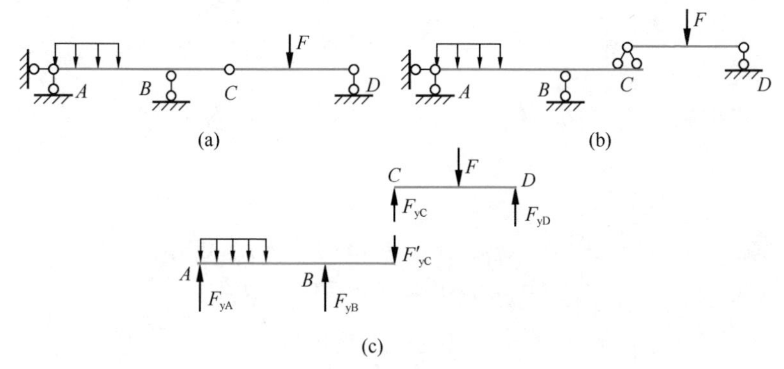

图 6.2.2-2　多跨静定梁分析

使基本部分产生内力；而作用在附属部分上的荷载将其内力传至基本部分，使附属部分和基本部分均产生内力。因此，分析计算多跨静定梁时，应将结构在铰接处拆开，按先计算附属部分，后计算基本部分的原则，例如图 6.2.2-2（c）所示，C处的水平约束力为零，故未标注。该原则也适用于多跨静定刚架、组合结构等。

【例 6.2.2-1】 如图 6.2.2-3（a）所示多跨静定梁 B 点弯矩为下列何项?

(A) $-40\text{kN}\cdot\text{m}$　　(B) $-50\text{kN}\cdot\text{m}$

(C) $-60\text{kN}\cdot\text{m}$　　(D) $-90\text{kN}\cdot\text{m}$

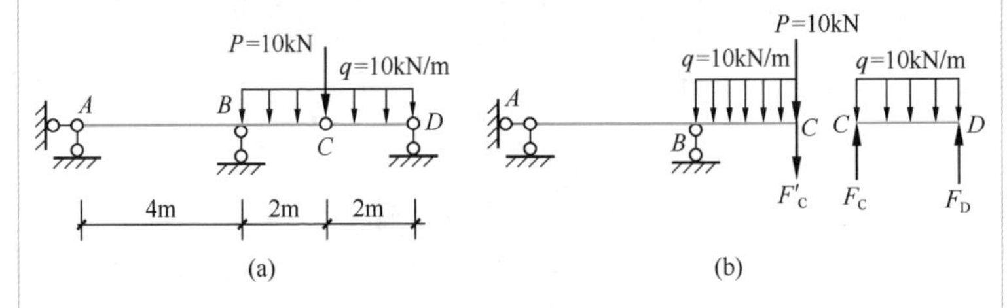

图 6.2.2-3

【解答】 从铰 C 处拆开，如图 6.2.2-3（b），分析 CD 段梁，由力平衡可知，$F_C=10\times2/2=10\text{kN}$。

B 点左侧所有外力对 B 点取矩：$M_B=-10\times2-10\times2-(10\times2)\times1=-60\text{kN}\cdot\text{m}$，应选(C)项。

第三节　静定平面刚架和三铰拱及组合结构

一、静定平面刚架

1. 基本特点和规定

(1) 静定平面刚架的分类和变形特点

刚架是由梁和柱组成且具有刚节点的结构。刚节点能传递轴力、剪力和弯矩。当刚架的各杆的轴线都在同一平面内且外力（荷载）也作用于该平面内时称为平面刚架。静定平面刚架的基本类型有悬臂刚架、简支刚架、三铰刚架，以及多跨刚架，见图6.3.1-1。此外，刚架还可分为等高刚架和不等高刚架。

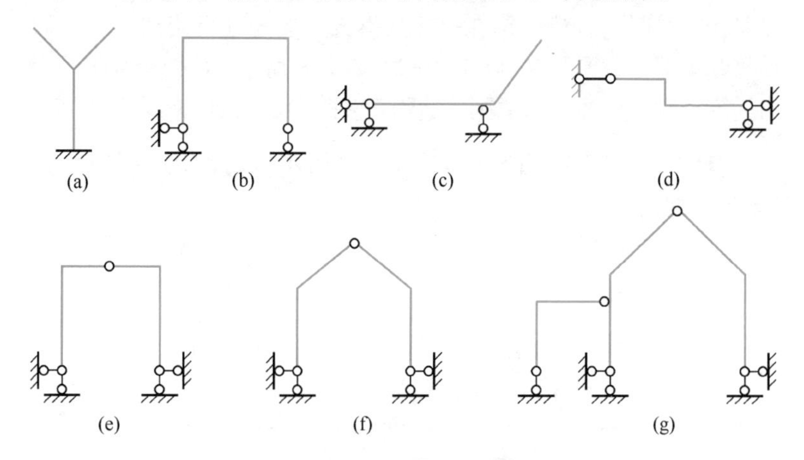

图 6.3.1-1　静定平面刚架

(a) 悬臂刚架；(b)、(c)、(d) 简支刚架；(e) Ⅱ形三铰刚架；
(f) 门式三铰刚架；(g) 多跨刚架

刚架的变形特点：连接于刚节点的所有杆件在受力前后的杆端夹角不变，见图6.3.1-2。

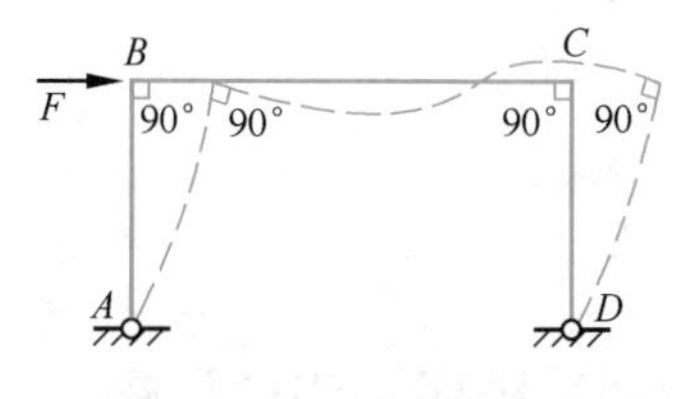

图 6.3.1-2　刚架变形图

(2) 静定平面刚架的受力特点和基本规定

平面刚架的杆件的内力一般包括轴力 F_N、剪力 F_Q 和弯矩 M，其正负号规定与梁相同。为了表明各杆端截面的内力，规定在内力符号后面引用两个脚标：第一脚标表示内力所在杆件近端截面，第二脚标表示远端截面。例如图6.3.1-3 (b)，杆端弯矩 M_{BA} 和剪力 F_{QBA} 分别表示 AB 杆 B 截面的弯矩、剪力。一般地，平面刚架的轴力图和剪力图可绘在杆件的任一侧，并注明正负，见图6.3.1-3 (d)、(e)。弯矩图绘在杆件受拉侧，不需要注明正负，见图6.3.1-3 (c)。

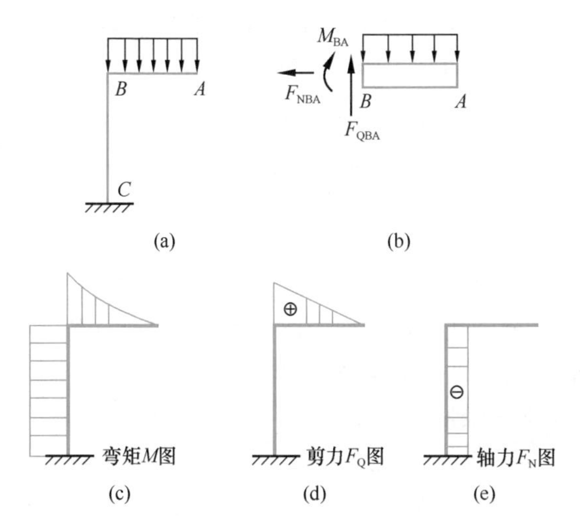

图 6.3.1-3　刚架的内力符号

刚架的刚节点的内力特点是：满足静力平衡方程（两个力平衡方程和一个力矩平衡方程）。如图 6.3.1-4 所示，当节点处无外力偶时，刚节点处的弯矩满足力矩平衡。

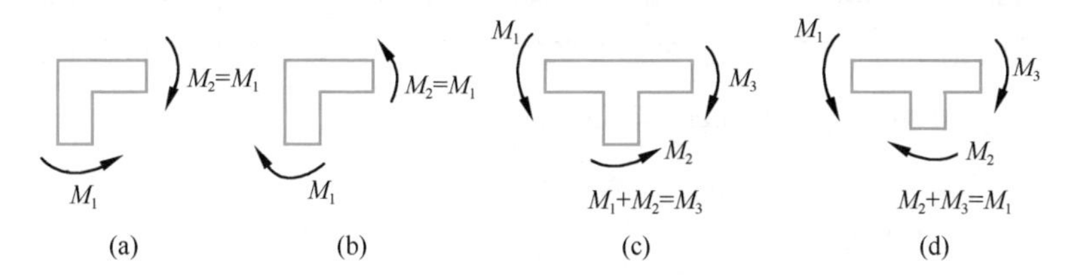

图 6.3.1-4　无外力偶时刚节点满足弯矩平衡

三铰刚架在竖向荷载作用下会产生水平推力，由支座水平反力与之平衡。

2. 内力计算和内力图绘制

静定平面刚架的内力计算仍采用截面法。其基本步骤是：首先求出支座反力，然后将刚架拆分为单个杆件，逐个求解各杆件的内力图。在求支座反力时，可利用整体或部分隔离体的平衡条件，即灵活运用，使计算简便。内力计算完成后，需根据刚节点或部分隔离体的平衡条件，校核内力计算值是否正确。

根据各杆的内力分别作各杆的内力图，再将各杆的内力图合在一起就是刚架的内力图。在画弯矩图时，应注意的是：

1）刚节点处的弯矩应满足力矩平衡；

2）铰节点处，当无成对的外力偶（↑↑）时，弯矩必为零；

3）弯矩图的特征应满足前面梁的弯矩图的特征；

4）在多个荷载作用的杆段，仍可采用叠加法绘制弯矩图；

5）利用对称性，见本节后面内容。

（1）叠加法绘制弯矩图

在多个荷载作用的刚架杆段，仍可采用叠加法绘制弯矩图。欲求图 6.3.1-5（a）所示刚架的 CD 杆端的弯矩和弯矩图，首先求出支座 A 的水平反力，由水平方向力平衡，可得 $F_{xA}=P$，从而求解到 AC 杆 C 端截面的弯矩 $M_{CA}=qa\cdot 2a-qa\cdot a=qa^2$，再根据 C 点刚节点力矩平衡，则 $M_{CD}=M_{CA}=qa^2$。又根据 B 点的反力对杆 DB 的 D 端截面的弯矩为零即 $M_{DB}=0$，D 点刚节点，则 $M_{DC}=M_{DB}=0$，其弯矩图见图 6.3.1-5（b）。杆 CD 在均布荷载 q 下的弯矩图见图 6.3.1-5（c）。两者叠加，最终弯矩及弯矩图见图 6.3.1-5（d），其中，跨中点处弯矩 $=\frac{1}{2}qa^2+\frac{1}{8}qa^2=\frac{5}{8}qa^2$。

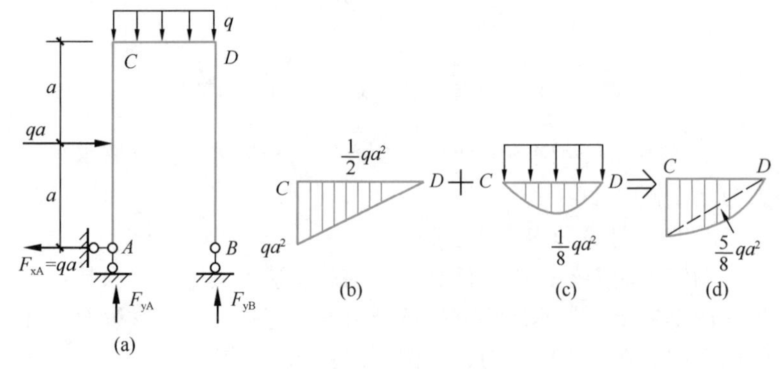

图 6.3.1-5　叠加法求弯矩

（2）利用对称性

将刚架任一杆段截开，见图 6.3.1-6（c）、（d），可知，轴力和弯矩均为对称内力，剪力为反对称内力。因此，轴力和弯矩称为对称内力，剪力称为反对称内力。

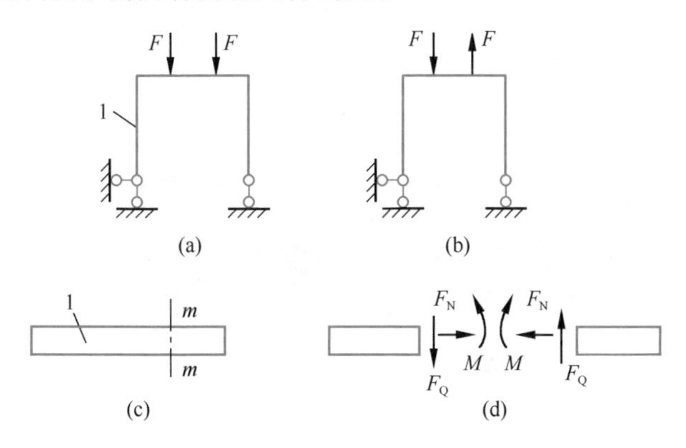

图 6.3.1-6

对称三铰刚架的内力图见图 6.3.1-7、图 6.3.1-8。

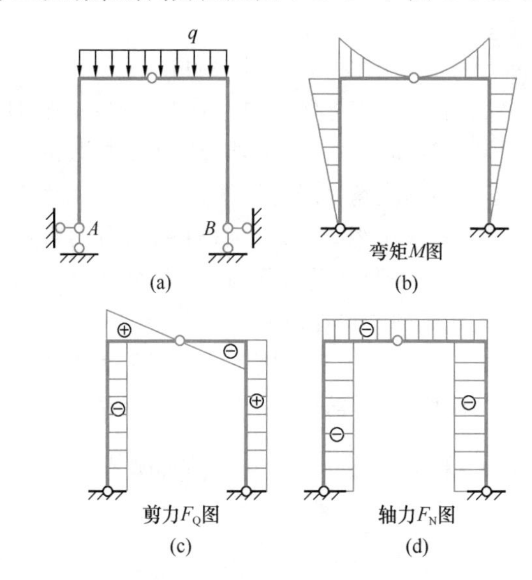

图 6.3.1-7　正对称荷载作用

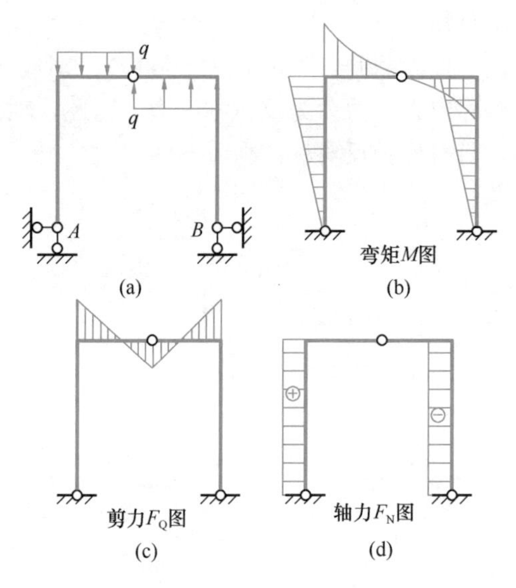

图 6.3.1-8　反对称荷载作用

观察图 6.3.1-7、图 6.3.1-8，可得对称刚架的内力图及变形的特点如下：

1）在正对称荷载作用下，对称杆件的内力（弯矩、轴力和剪力）和支座反力、变形是对称的，其弯矩图和轴力图是对称的，而剪力图是反对称的。在对称轴位置上的杆件的剪力必为零（若剪力不为零，则不能满足静力平衡方程）。

2）在反对称荷载作用下，对称杆件的内力（弯矩、轴力和剪力）和支座反力、变形是反对称的，其弯矩图和轴力图是反对称的，但剪力图是对称的。在对称轴位置上的杆件的弯矩和轴力均为零（若弯矩、轴力不为零，则不能满足静力平衡方程）。

多跨刚架的计算，同样遵循“先附属、后基本”的原则。

【例 6.3.1-1】如图 6.3.1-9（a）所示刚架，z 点处的弯矩应为下列何项？

（A）$\frac{1}{2}qa^2$　（B）qa^2　（C）$\frac{3}{2}qa^2$　（D）$2qa^2$

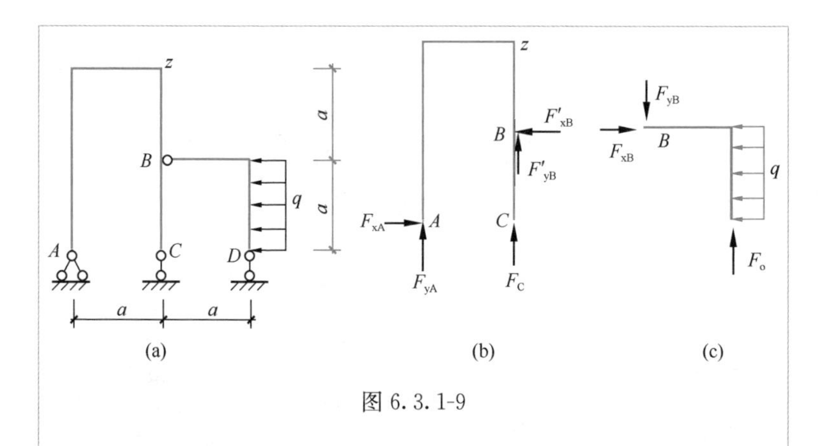

图 6.3.1-9

【解答】欲求 z 点弯矩，分析 zBC 杆，仅 B 点处的铰链支座的水平约束力对其产生弯矩，见图 6.3.1-9（b），故取附属部分 BD 为研究对象，见图 6.3.1-9（c），由水平方向力平衡，$F_{xB}=qa$（方向向右），故其约束反力 $F'_{xB}=qa$（方向向左），因此在 z 点处弯矩$=qa\times a=qa^2$，应选（B）项。

二、三铰拱

拱是指杆件轴线为曲线，在竖向荷载作用下，拱的支座将产生水平推力的结构。拱分为三铰拱、两铰拱和无铰拱。三铰拱属于静定结构，其他两种属于超静定结构。三铰拱的名称见图 6.3.2-1（a），其中拱高 f 与跨度之比称为高跨比（亦称矢跨比）。为了平衡水平推力，常采用设置拉杆的三铰拱［图 6.3.2-1（b）］，也属于静定结构。拱与梁的区别是：在竖向荷载作用下，梁无水平推力，而拱有水平推力，故图 6.3.2-1（c）称为曲梁。

三铰拱的支座反力和内力的计算（图 6.3.2-2），常用与之相应的简支梁（简称“相当梁”）进行比较。

A 支座竖向反力 F_{yA}，取整体为研究对象，对 B 点取力矩平衡，由于水平推力不参与计算，故 A 支座反力 F_{yA}的计算与相当梁的支座反力 F^0_{yA}的计算完全相同，其方向也相同；同理，B 支座反力 F_{yB}与相当梁的支座反力 F^0_{yB}也完全相同，可得：

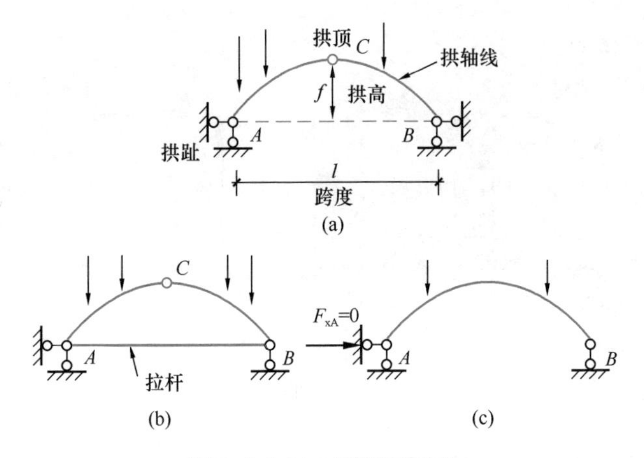

图 6.3.2-1　三铰拱和曲梁

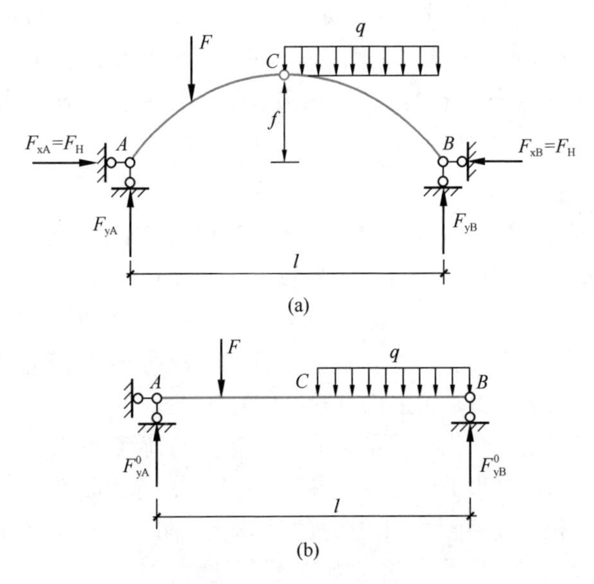

图 6.3.2-2　三铰拱的内力分析

$$F_{yA}=F^0_{yA}，F_{yB}=F^0_{yB}$$

求拱的水平推力 F_H，取 AC 端为研究对象，对 C 点铰取力矩平衡，A 支座竖向反力和外力对 C 点铰的力矩的代数之和，

与相当梁的 A 支座竖向反力和外力对 C 点处的力矩的代数之和（记为：M_C^0）两者相等，因此，水平推力 F_H 为：

$$F_H=\frac{M_C^0}{f}$$

从上述分析计算结果可知：

（1）在某一荷载作用下，三铰拱的支座反力（包括水平推力）仅与三个铰的位置有关，而与拱的轴线无关。

（2）仅有竖向荷载作用下，三铰拱的支座竖向反力与相当梁的支座竖向反力相同，而水平推力与拱高（亦称矢高）f 成反比。拱的高跨比（矢跨比）越大、则水平推力越小，反之，水平推力越大。

对于带拉杆的三铰拱，在竖向荷载作用下拉杆的内力的确定，如图 6.3.2-1（b）所示，以整体为研究对象，求出三个约束反力；用截面法，过顶铰 C 和拉杆 AB 取截面，取右半部分，对顶铰 C 取力矩平衡，即可得到拉杆的轴力。

拱的内力计算仍采用截面法，一般地，拱的内力有轴力、剪力和弯矩。

在给定的荷载作用下，当拱轴线上所有截面的弯矩为零，只承受轴压力，这样的拱轴线称之为合理拱轴线。三铰拱在竖向均布荷载作用下的合理拱轴线为二次抛物线；在填土自重作用下的合理拱轴线为圆弧线为悬链线，在受拱轴线法向方向的均布荷载作用下的合理拱轴线为圆弧线。

【例 6.3.2-1】 如图 6.3.2-3 所示带拉杆的三铰拱，杆 AB 中的轴力应为下列何项？

（A）10kN　　（B）15kN　　（C）20kN　　（D）30kN

【解答】 整体为研究对象，水平方向力平衡，则 A 支座的水平反力为零。

对 B 点取力矩平衡，则：$F_{yA}\times12=(10\times6)\times3$，则：$F_{yA}=15\text{kN}$

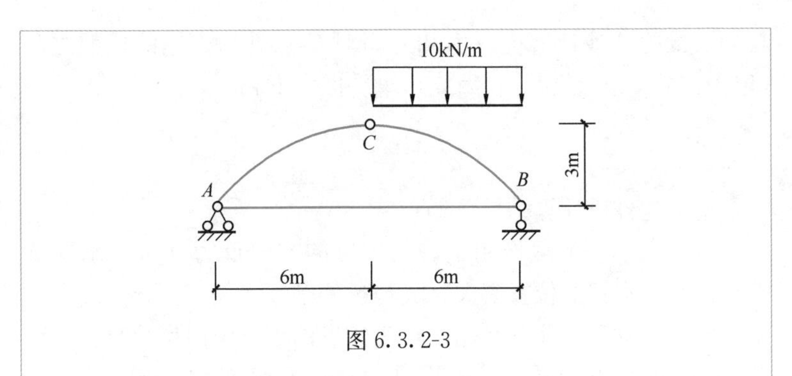

图 6.3.2-3

截面法，过 C 点、杆 AB，取左部分分析，对 C 点取力矩平衡，则杆 AB 的轴力 F_N 为

$F_N \times 3 = 15 \times 6$，可得：$F_N = 30\text{kN}$，应选（D）项。

三、组合结构

组合结构是由链杆和梁式杆联合组成的结构。其中，链杆仅承受轴力，为二力杆。梁式杆一般承受弯矩、剪力和轴力。组合结构的分析一般采用截面法，其分析计算步骤是：先求出支座反力，然后分析计算各链杆的轴力，最后分析计算梁式杆的内力（弯矩、剪力和轴力）。具体分析时，利用对称性可以简化计算。

【例 6.3.3-1】 如图 6.3.3-1（a）所示组合结构 a 杆的轴力（以拉力为正）是下列何项？

（A）P　　（B）$-P/2$　　（C）0　　（D）$P/2$

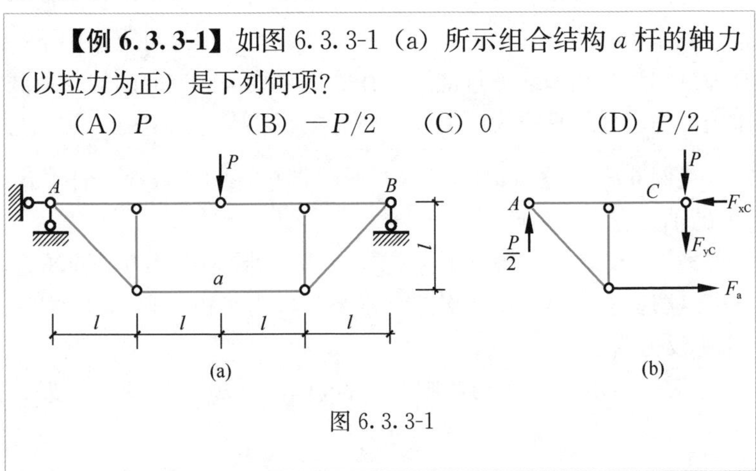

图 6.3.3-1

【解答】整体为对象，利用对称性，左、右支座竖向反力均为$\frac{P}{2}$。

取截面，见图 6.3.3-1（b），对 C 点取力矩平衡，则：

$F_a \times l = \frac{P}{2} \times 2l$，可得：$F_a = P$（拉力），应选（A）项。

第四节　静定结构位移计算和一般性质

一、静定结构位移计算的一般公式

1. 位移计算的一般公式——单位荷载法

如图 6.4.1-1（a）所示静定结构在荷载（如外力 F_P）、非荷载（如温度变化、支座移动等）作用下发生的实际状态的变形，欲求 B 点的水平位移 Δ。现虚拟单位荷载作用在结构 B 点，见图 6.4.1-1（b），求出其相应的内力值（轴力$\overline{F}_N$、剪力$\overline{F}_Q$、弯矩$\overline{M}$）和支座 C 的反力$\overline{R}$。

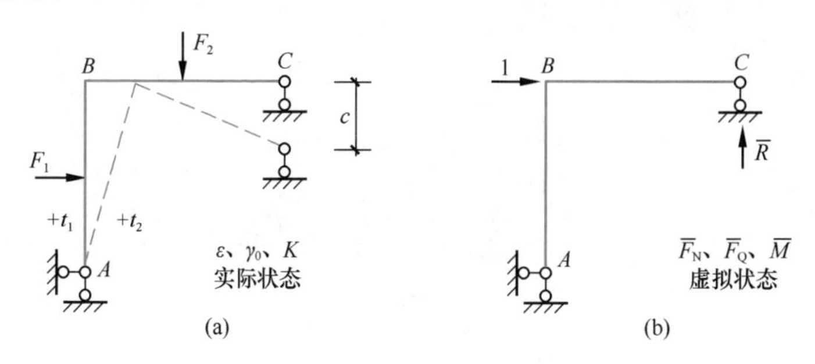

图 6.4.1-1　单位荷载法原理

根据虚功原理，结构的虚拟外力（即：虚拟单位荷载和虚拟单位荷载下的支座反力$\overline{R}$）在实际状态的位移上所做的虚功（$1 \times \Delta + \Sigma \overline{R}_i \times c_i$），与虚拟单位荷载下的内力在实际状态的变形上所做的虚功相等，即：

$$1\times\Delta+\Sigma\overline{R}\times c=\Sigma\int\overline{F}_{\mathrm{N}}\varepsilon\mathrm{d}s+\Sigma\int\overline{F}_{\mathrm{Q}}\gamma_0\mathrm{d}s+\Sigma\int\overline{M}K\mathrm{d}s$$

(6.4.1-1)

或

$$\Delta=\Sigma\int\overline{F}_{\mathrm{N}}\varepsilon\mathrm{d}s+\Sigma\int\overline{F}_{\mathrm{Q}}\gamma_0\mathrm{d}s+\Sigma\int\overline{M}K\mathrm{d}s-\Sigma\overline{R}_i c_i$$

(6.4.1-2)

式中，ε、K 和 γ_0 分别为实际状态杆件的轴向应变、曲率和平均剪切变形。

2. 广义位移与单位荷载

结构杆件的位移有线位移、角位移，还有相对线位移，相对角位移，统称为广义位移。虚拟单位荷载应与拟求的广义位移要一致，典型的情况见图 6.4.1-2。

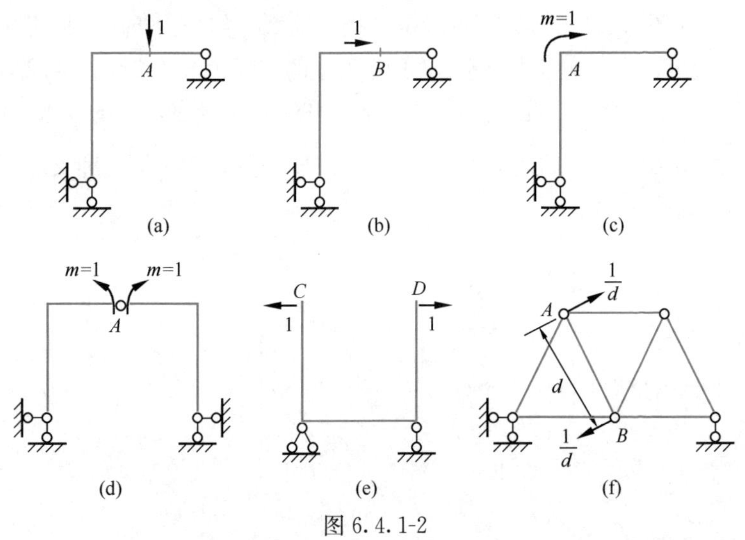

图 6.4.1-2

(a) 求 A 点的竖向位移；(b) 求 B 点的水平位移；(c) 求截面 A 的转角；(d) 求铰 A 的两侧截面的相对转角；(e) 求 CD 两点的水平相对线位移；(f) 求 AB 杆的转角

虚拟单位荷载的方向可以任意假定，若计算出的结果为正，表明所求的广义位移方向与虚拟单位荷载的方向相同，反之，则相反。

二、荷载作用下的静定结构位移计算与图乘法

1. 静定平面桁架的位移

在桁架中，各杆只承受轴力，不考虑弯曲变形和剪切变形。杆件轴向应变 $\varepsilon = \sigma/E = (F_N/A)/E = F_N/(EA)$，因此公式（6.4.1-2）可简化为：

$$\Delta = \Sigma \frac{\overline{F}_{Ni} F_{Ni} l_i}{EA_i} \qquad (6.4.2\text{-}1)$$

式中，F_{Ni} 为外荷载产生的各杆轴力（轴拉力或轴压力）；$\overline{F}_{Ni}$ 为虚拟单位荷载产生的各杆轴力；l_i 各杆的长度；EA_i 各杆的截面抗拉（抗压）强度。

2. 静定梁和刚架的位移

静定梁和刚架的位移计算方法可采用图乘法。

在荷载作用下梁和刚架的位移计算，可以不考虑轴向变形和剪切变形，仅考虑弯曲变形的影响。曲率 $K = M_P/(EI)$，因此公式（6.4.1-2）可简化为：

$$\Delta = \Sigma \int \frac{\overline{M} M_P}{EI} \mathrm{d}s \qquad (6.4.2\text{-}2)$$

为了简化计算，可采用图乘法代替上述公式（6.4.2-2）中的积分运算。采用图乘法的前提条件是：等截面直杆（即 EI 为常数的直杆）；两个弯矩图 M_P（由外部的荷载产生的弯矩图）与 $\overline{M}$（由虚拟单位荷载产生的弯矩图）中至少有一个是直线图形。

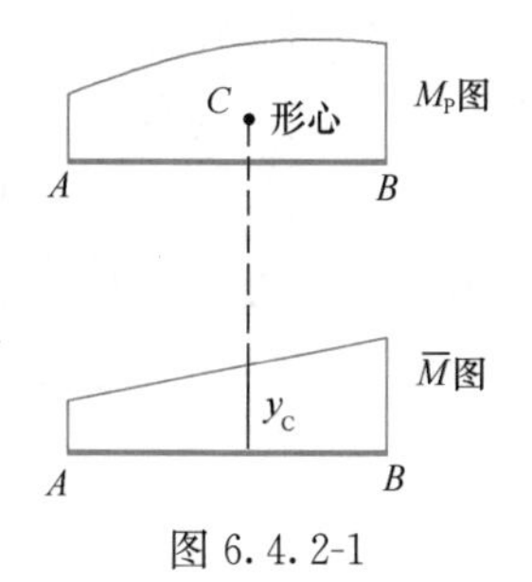

图 6.4.2-1

采用图乘法时（图 6.4.2-1），梁和刚架的位移计算为：

$$\Delta = \Sigma \int \frac{\overline{M} M_P}{EI} \mathrm{d}s = \Sigma \int \frac{1}{EI} A_P y_c \qquad (6.4.2\text{-}3)$$

式中，A_P 为荷载产生的弯矩图 M_P 的面积；y_c 为弯矩图 M_P 的形心对应于弯矩图 $\overline{M}$ 中相应位置的竖坐标。

3. 常用简单图形的形心位置和面积

常用简单图形的形心位置和面积，见图 6.4.2-2。

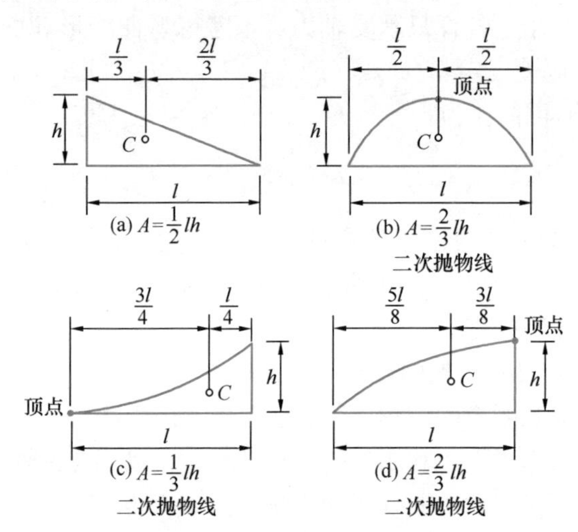

图 6.4.2-2

4. 运用图乘法的注意事项

（1）当面积 A_P 与纵坐标 y_C 在基线的同一侧时，其乘积 $A_P y_C$ 为正；反之，为负。

（2）纵坐标 y_C 只能从直线弯矩图形上取得。特殊地，当 M_P 图和 $\overline{M}$ 图均为直线时，y_C 可取其中任一图形，但 A_P 应取自另一图形。

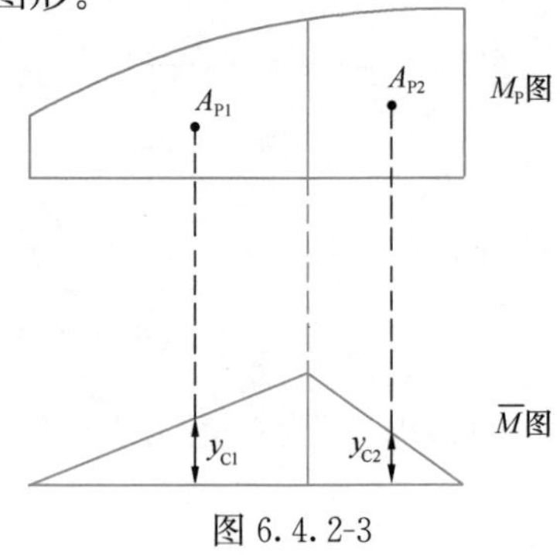

图 6.4.2-3

（3）分段图乘时，可采用叠加法，见图 6.4.2-3。

（4）复杂图形情况，当其面积或形心位置不易确定时，可将其分解为几个简单的图形，然后分别与另一图形相乘，其代数和即为图乘的结果。例如：如图 6.4.2-4 所示荷载作用下弯矩图（M_P 图）可等效为图 6.4.2-4（b）和图 6.4.2-4（c）；再将图 6.4.2-4（b）、图 6.4.2-4（c）分别与直线图（$\overline{M}$ 图）相乘，其代数和即为所求结果。

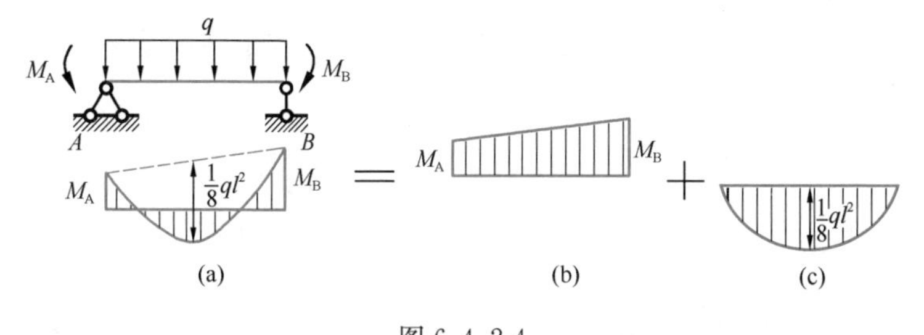

图 6.4.2-4

【例 6.4.2-1】 如图 6.4.2-5 所示简支梁受到 q 的作用。试问，确定 A 端的转角 θ_A 和跨中中点 C 点的挠度 f_C 值。

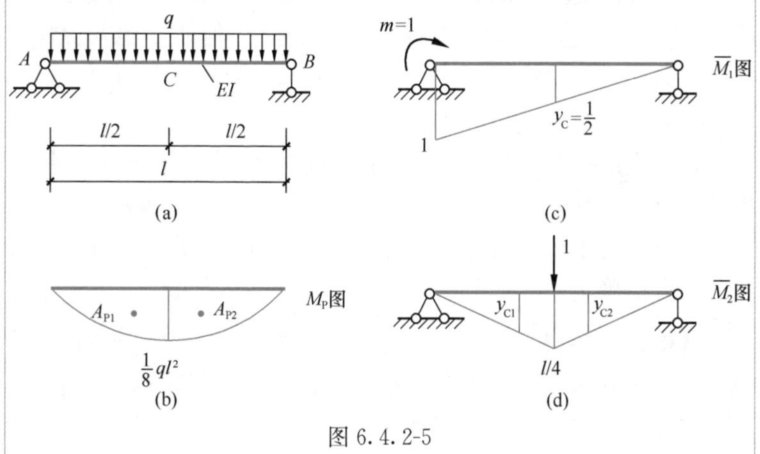

图 6.4.2-5

【解答】 首先，画出在荷载 q 作用下的简支梁弯矩图 M_P，见图 6.4.2-5（b）。

求转角 θ_A时，在 A 点施加虚拟单位荷载（$m=1$），画出虚拟单位荷载下弯矩图$\overline{M}_1$，见图 6.4.2-5（c）。根据图乘法，转角 θ_A为：

$$\theta_{A}=\frac{1}{EI}A_{P}y_{C}=\frac{1}{EI}\left(\frac{2}{3}l\cdot\frac{ql^{2}}{8}\right)\times\frac{1}{2}=\frac{ql}{24EI}\ (\downarrow)$$

求 C 点挠度 f_C，在 C 点施加虚拟单位荷载，画出虚拟单位荷载下弯矩图 $\overline{M}_2$，见图 6.4.2-5（d）。分段图乘，并利用对称性，挠度 f_C 为：

$$f_{C}=\frac{1}{EI}(A_{P1}y_{C1}+A_{P2}y_{C2})=\frac{2}{EI}A_{P1}y_{C1}$$

$$=\frac{2}{EI}\cdot\left(\frac{2}{3}\cdot\frac{l}{2}\cdot\frac{ql^{2}}{8}\right)\times\left(\frac{5}{8}\cdot\frac{l}{4}\right)$$

$$=\frac{5ql^{4}}{384EI}(\downarrow)$$

三、非荷载因素作用下的静定结构位移计算

在非荷载因素（如温度变化、材料收缩、制造误差、支座移动或称支座位移）作用下静定结构不会产生内力，但是会产生位移。

只有支座移动的情况，此时，公式（6.4.1-2）简化为：

$$\Delta=-\Sigma\overline{R}_{i}c_{i} \tag{6.4.3-1}$$

式中，$\overline{R}_i$ 为虚拟单位荷载产生的各支座反力，c_i 为结构实际状态中的各支座位移。

此外，对于简单的静定结构，支座移动引起的位移可直接通过几何方法确定。

【例 6.4.3-1】如图 6.4.3-1 所示刚架，由于支座 A 向右水平位移 $a=0.1$m 和顺时针转角 θ（rad），支座 B 有竖直向下位移 $b=0.2$m。确定支座 B 的水平位移 Δ_{xB}，应为下列何项？

(A) $-0.1+6\theta$　　(B) $0.1-6\theta$

(C) $-0.3+8\theta$　　(D) $0.3-8\theta$

【解答】 如图 6.4.3-2 所示，在 B 点施加单位水平力（$X_1=1$），求出支座反力。

$$\Delta_{xB}=-\Sigma\overline{R}_{i}c_{i}=-(-1\times0.1-8\theta+2\times0.2)$$

$$=-0.3+8\theta$$

应选（C）项。

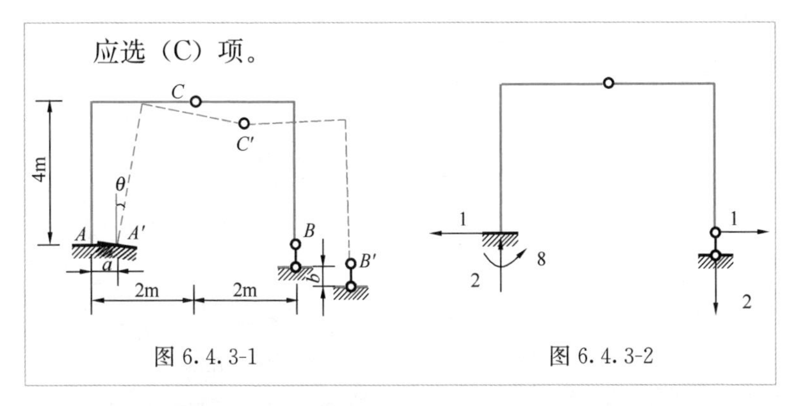

图 6.4.3-1　　　　图 6.4.3-2

四、静定结构的一般性质

静定结构的支座反力和内力可由静力平衡方程确定，且得到的解答是唯一的。

静定结构的支座反力和内力仅与荷载、结构整体几何尺寸和形状有关，而与结构的材料、杆件截面形状与截面几何尺寸、杆件截面的刚度（EI、EA 等）无关。

非荷载因素（如温度变化、支座移动等）在静定结构中只产生变形（或位移），不引起支座反力和内力。

从几何构造分析的角度，静定结构是无多余约束的几何不变体系。

第五节　超静定结构的力法

一、超静力结构的超静定次数

超静定次数就是多余约束的个数。超静定结构在去掉 n 个约束后变为静定结构，则该结构的超静定次数为 n。对同一超静定结构，其超静定的次数是唯一的，但是去掉多余约束的方法（或途径）不是唯一的，故得到的静定结构也不相同。

常用的去掉多余约束的方法有如下四种：

（1）去掉（或切断）1 根链杆，或撤掉 1 个支座链杆，相当于去掉 1 个约束，见图 6.5.1-1～图 6.5.1-4。

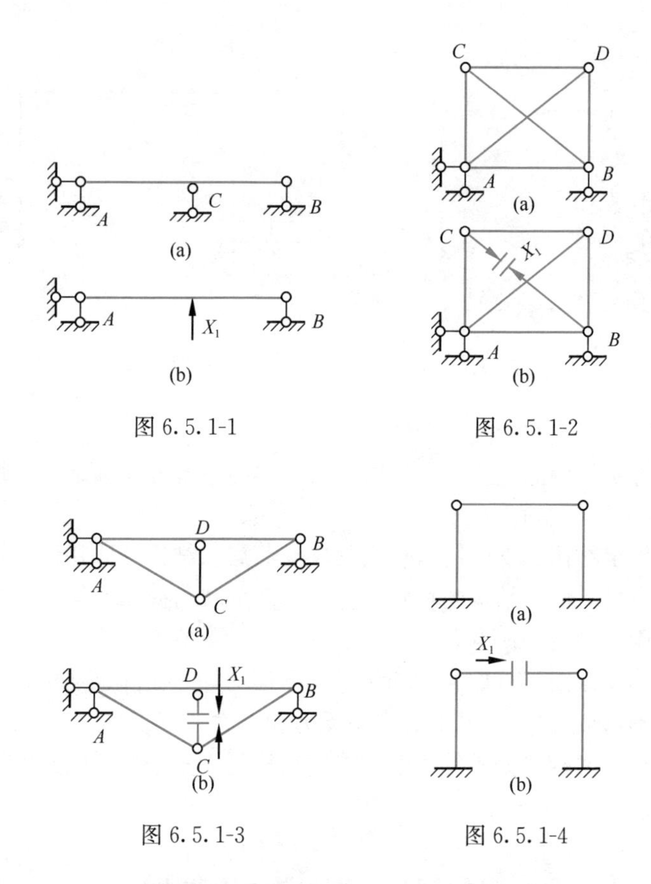

图 6.5.1-1　图 6.5.1-2

图 6.5.1-3　图 6.5.1-4

（2）去掉 1 个单铰（后面的“铰”均指单铰），或撤掉 1 个固定铰支座，相当于去掉 2 个约束，见图 6.5.1-5、图 6.5.1-6。

（3）切断 1 根梁式杆（或称刚架式杆），或撤掉 1 个固定支座，相当于去掉 3 个约束，见图 6.5.1-7。

（4）将 1 根梁式杆的某一截面改为铰连接，或将 1 个固定支座改为固定铰支座，相当于去掉 1 个约束，见图 6.5.1-8。

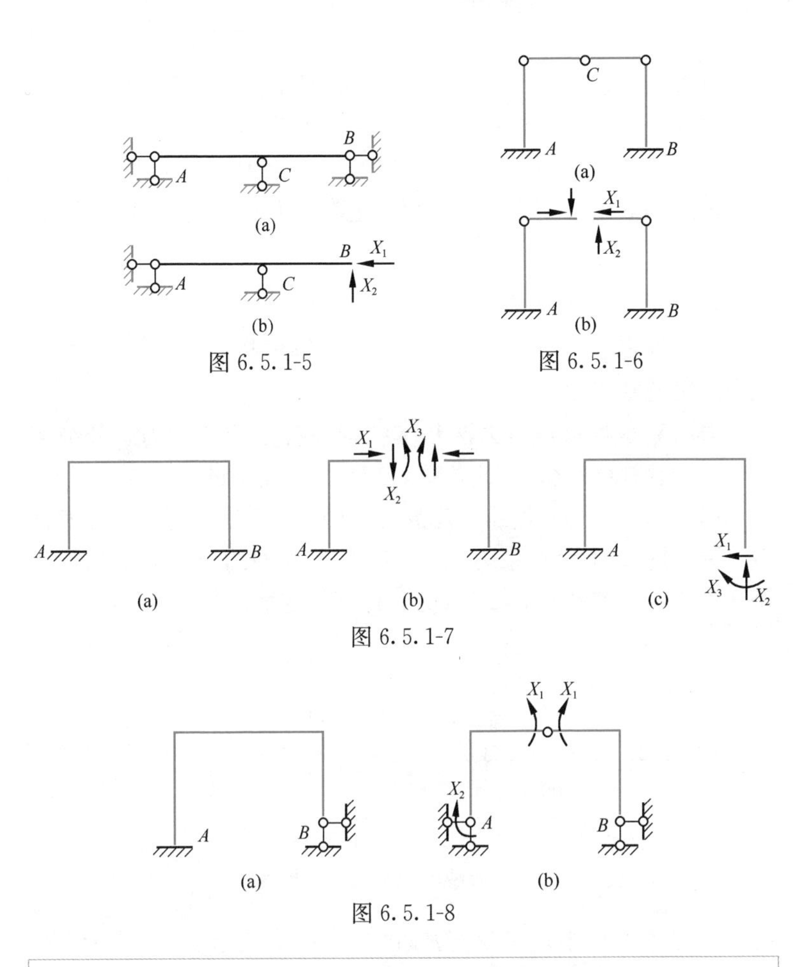

图 6.5.1-5

图 6.5.1-6

图 6.5.1-7

图 6.5.1-8

【例 6.5.1-1】 如图 6.5.1-9（a）所示结构的超静定次数为下列何项？

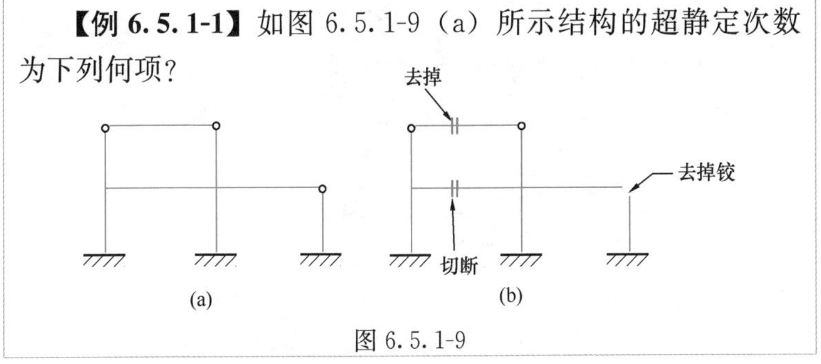

图 6.5.1-9

(A) 5 次　　(B) 6 次　　(C) 7 次　　(D) 8 次

【解答】 去掉一根链杆（1 个多余约束），去掉一个铰（2 个多余约束），切断一根梁式杆（3 个多余约束），如图 6.5.1-9（b），为 3 个静定刚架，故超静定次数为 6，应选（B）项。

二、力法

1. 力法的基本概念

将超静定结构转化为静定结构并求解出超静定结构的内力，即为力法的基本原理。

力法基本体系是指力法基本结构在各多余约束力、外荷载（有时包括温度变化、支座位移等）共同作用下的体系。

图 6.5.2-1（a）所示为超静定结构且为 1 次超静定，将其称为“原结构”。多余约束力 X_1 代替支座 B 的约束，原结构转化为静定结构，见图 6.5.2-1（b），称该静定结构为“基本结构”。

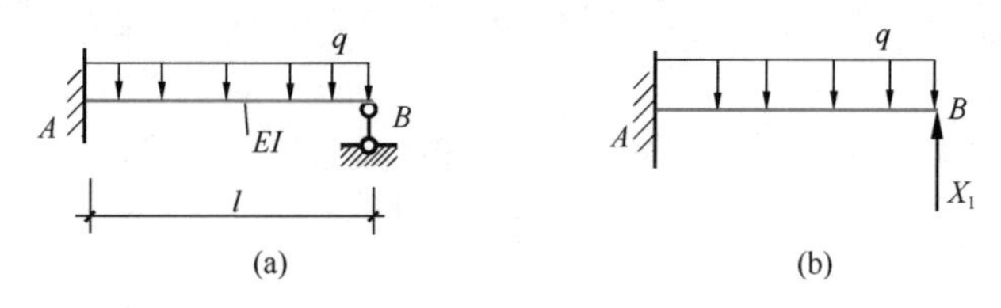

图 6.5.2-1

（a）原结构；（b）基本结构

在基本结构中，荷载在 B 点产生竖向位移 Δ_{1P}，多余约束力 X_1 在 B 点产生竖向位移 Δ_{11}（见图 6.5.2-2），而荷载和多余约束力 X_1 在原结构 B 支座处共同作用的位移 Δ 为零，因此，基本结构应满足：$\Delta_{11}+\Delta_{1P}=\Delta=0$，称为变形协调条件。

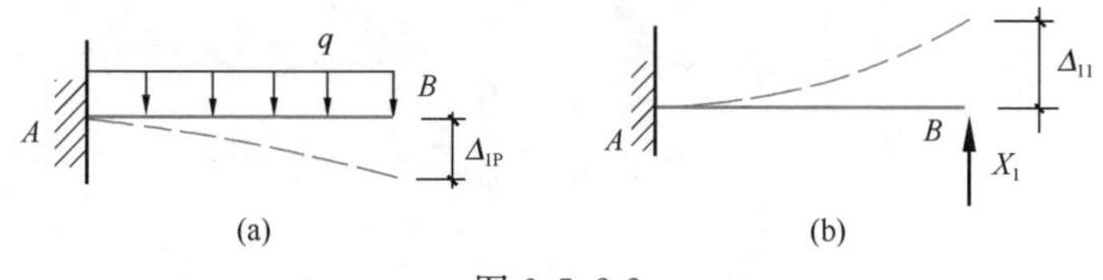

图 6.5.2-2

荷载产生的Δ_{1P}的确定，由于基本结构为静定结构，由静定结构的位移计算法——图乘法，即画出荷载产生的弯矩图 M_P，见图 6.5.2-3（a），施加虚拟单位荷载在 B 点并画出单位荷载下的弯矩图$\overline{M}_1$，见图 6.5.2-3（b），可得Δ_{1P}为：

$$\Delta_{1P}=-\frac{1}{EI}\cdot\frac{l}{3}\times\frac{ql^2}{2}\times\frac{3l}{4}=-\frac{ql^4}{8EI}$$

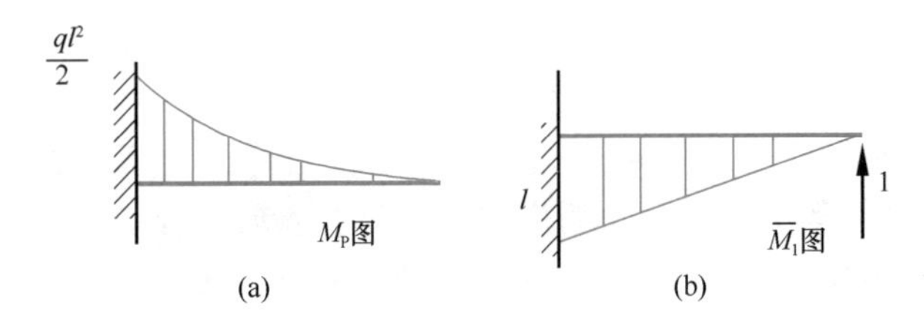

图 6.5.2-3

多余约束力 X_1 的 Δ_{11} 的确定，为简化计算，先求出 $X_1=1$ 时的位移 δ_{11}，则 $\Delta_{11}=\delta_{11}X_1$。为了求位移 δ_{11}，同理，$X_1=1$ 施加在 B 点并画出其弯矩图 $\overline{M}_1$，该弯矩图与虚拟单位荷载下的弯矩图$\overline{M}_1$ 即图 6.5.2-3（b）相同（故不用重复画出），图乘法时为弯矩图 $\overline{M}_1$ 与弯矩图 $\overline{M}_1$ 的图乘（简称"自身图乘"），δ_{11}为：

$$\delta_{11}=\int\frac{\overline{M}_1\overline{M}_1}{EI}\mathrm{d}s=\frac{1}{EI}\cdot\frac{1}{2}\times l\times l\times\frac{2}{3}l=\frac{l^3}{3EI}$$

由变形协调条件 $\Delta_{11}+\Delta_{1P}=0$，即：

$$\delta_{11}X_1+\Delta_{1P}=0 \tag{6.5.2-1}$$

$$\frac{l^3}{3EI}\cdot X_1-\frac{ql^4}{8EI}=0,\text{可得：}X_1=\frac{3ql}{8}$$

所得为正值，表明其实际方向与假定的方向相同，若为负值，则方向相反。公式（6.5.2-1）称为力法基本方程。

求出 X_1 后，利用叠加原理，可得原结构弯矩 M：$M=\overline{M}_1X_1+M_P$，见图 6.5.2-4。

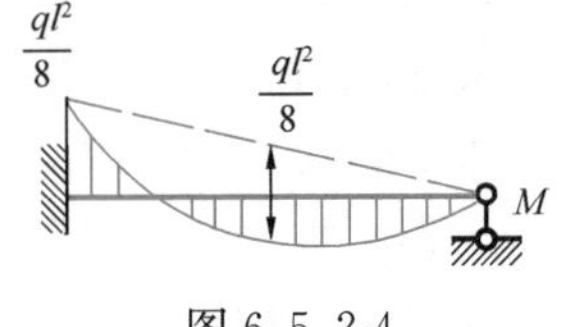

图 6.5.2-4

2. 力法的典型方程

n 次超静定结构的力法典型方程为：

$$\delta_{11}X_1+\delta_{12}X_2+\cdots+\delta_{1n}X_n+\Delta_{1p}+\Delta_{1t}+\Delta_{1c}=\Delta_1$$

$$\delta_{21}X_1+\delta_{22}X_2+\cdots+\delta_{2n}X_n+\Delta_{2p}+\Delta_{2t}+\Delta_{2c}=\Delta_2$$

$$\cdots\cdots$$

$$\delta_{n1}X_1+\delta_{n2}X_2+\cdots+\delta_{3n}X_n+\Delta_{np}+\Delta_{nt}+\Delta_{nc}=\Delta_n$$

式中，X_i 为多余未知力（$i=1,2,\cdots,n$）；δ_{ij} 为基本结构仅由 $X_j=1(j=1,2,\cdots,n)$ 产生的沿 X_i 方向的位移，为基本结构的柔度系数；Δ_{ip}、Δ_{it}、Δ_{ic} 分别为基本结构仅由荷载、温度变化、支座位移产生的沿 X_i 方向的位移，为力法典型方程的自由项；Δ_i 为原超静定结构在荷载、温度变化、支座位移作用下的已知位移。

在力法典型方程中，第一个方程表示：基本结构在 n 个多余未知力、荷载、温度变化、支座位移等共同作用下，在多余未知力 X_1 作用点沿 X_1 作用方向产生的位移，等于原超定结构的已知相应位移 Δ_1。其余各式的意义可按此类推。可见，力法典型方程也可称为变形协调方程。

力法典型方程中的系数 δ_{ii} 称为主系数，恒为正值；系数 $\delta_{ij}(i\neq j)$ 称为副系数，可为正值、负值或零，并且 $\delta_{ij}=\delta_{ji}$；各自由项 Δ_{ip}、Δ_{it}、Δ_{ic} 可为正值、负值或零。

上述系数、自由项都是力法基本结构（为静定结构）仅由单位力、荷载、温度变化、支座位移产生的位移，故按其定义，用相应的位移计算公式计算。当采用图乘法时，则为自身图乘。

同一超静定结构，可以选取不同的基本体系，其相应的力法典型方程的表达式也就不同。但不管选取哪种基本体系，求得的最后内力应是相同的。

3. 超静定结构的内力

求出各多余未知力 X_i 后，将 X_i 和原荷载作用在基本结构上，再根据求作静定结构内力图的方法，作出基本结构的内力图即为超静定结构的内力图，或采用如下叠加法，计算结构的最后内力：

$$M=\overline{M}_1X_1+\overline{M}_2X_2+\cdots+\overline{M}_nX_n+M_{\mathrm{p}}$$

$$V=\overline{V}_1X_1+\overline{V}_2X_2+\cdots+\overline{V}_nX_n+V_{\mathrm{p}}$$

$$N=\overline{N}_1X_1+\overline{N}_2X_2+\cdots+\overline{N}_nX_n+N_{\mathrm{p}}$$

式中，$\overline{M}_i$、$\overline{V}_i$、$\overline{N}_i$ 分别为 $X_i=1$ 引起的基本结构的弯矩、剪力、轴力（$i=1,2,\cdots,n$）；M_{p}、V_{p}、N_{p} 分别为荷载引起的基本结构的弯矩、剪力、轴力。

4. 超静定结构的位移计算

超静定结构的位移计算仍应用虚功原理和单位荷载法，并结合图乘法进行。为简化计算，其虚设状态（即单位力状态）可采用原超静定结构的任意一个力法基本结构（为静定结构）。

荷载作用引起的位移计算公式：

$$\Delta_{i\mathrm{p}}=\Sigma\int\frac{\overline{M}_iM\mathrm{d}s}{EI}+\Sigma\int\frac{\overline{N}_iN\mathrm{d}s}{EA}+\Sigma\int\frac{k\overline{V}_iV\mathrm{d}s}{GA}$$

温度变化引起的位移计算公式：

$$\Delta_{i\mathrm{t}}=\Sigma\int\frac{\overline{M}_iM_{\mathrm{t}}\mathrm{d}s}{EI}+\Sigma\int\frac{\overline{N}_iN_{\mathrm{t}}\mathrm{d}s}{EA}+\Sigma\int\frac{k\overline{V}_iV_{\mathrm{t}}\mathrm{d}s}{GA}+$$

$$\Sigma\int\frac{\alpha\Delta t}{h}\overline{M}_i\mathrm{d}s+\Sigma\int\alpha t_0\overline{N}_i\mathrm{d}s$$

支座位移引起的位移计算公式：

$$\Delta_{i\mathrm{c}}=\Sigma\int\frac{\overline{M}_iM_{\mathrm{c}}\mathrm{d}s}{EI}+\Sigma\int\frac{\overline{N}_iN_{\mathrm{c}}\mathrm{d}s}{EA}+\Sigma\int\frac{k\overline{V}_iV_{\mathrm{c}}\mathrm{d}s}{GA}-\Sigma\overline{R}_iC$$

式中，$\overline{M}_i$、$\overline{N}_i$、$\overline{V}_i$ 和 $\overline{R}_i$ 为虚拟状态（原超静定结构的力法基本结构）的弯矩、轴力、剪力和支座反力；M、N、V、M_{t}、N_{t}、V_{t}、M_{c}、N_{c}、V_{c} 分别为原超静定结构在荷载、温度变化、支座位移作用下产生的弯矩、轴力、剪力。

在符合一定的条件下，上述超静定结构的位移计算可采用简化计算。

5. 超静定结构内力图的校核

超静定结构的内力图必须同时满足静力平衡条件和原超静定结构的变形条件。

【例 6.5.2-1】 图 6.5.2-5（a）所示刚架，k 截面的弯矩为下列何项？

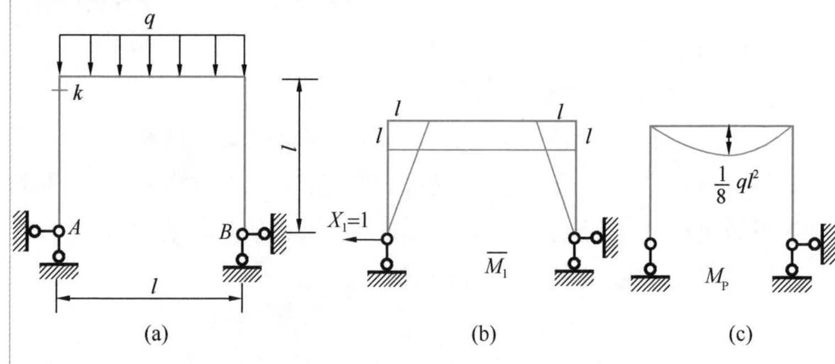

图 6.5.2-5

(A) $\dfrac{ql^2}{20}$(左拉)　　(B) $\dfrac{3ql^2}{20}$(左拉)

(C) $\dfrac{ql^2}{20}$(右拉)　　(D) $\dfrac{3ql^2}{20}$(右拉)

【解答】 取力法基本体系如图 6.5.2-5（b）所示，作出 $\overline{M}_1$、M_P 图，分别见图 6.5.2-5（b）、（c）。

$$\delta_{11}=\frac{1}{EI}\left(2\times\frac{1}{2}l\cdot l\cdot\frac{2}{3}l+l\cdot l\cdot l\right)=\frac{5l^3}{3EI}$$

$$\Delta_{1P}=\frac{1}{EI}\cdot\frac{2}{3}\cdot\frac{ql^2}{8}\cdot l\cdot l=\frac{ql^4}{12EI}$$

$$\delta_{11}X_1+\Delta_{1P}=0$$

δ_{11}、Δ_{1P} 代入上式，解之得：$X_1=-\dfrac{ql}{20}$(方向向右)

$M_k = \frac{ql^2}{20}$(左侧受拉)，应选（A）项。

【例 6.5.2-2】 图 6.5.2-6 所示刚架，k 截面的弯矩为下列何项?

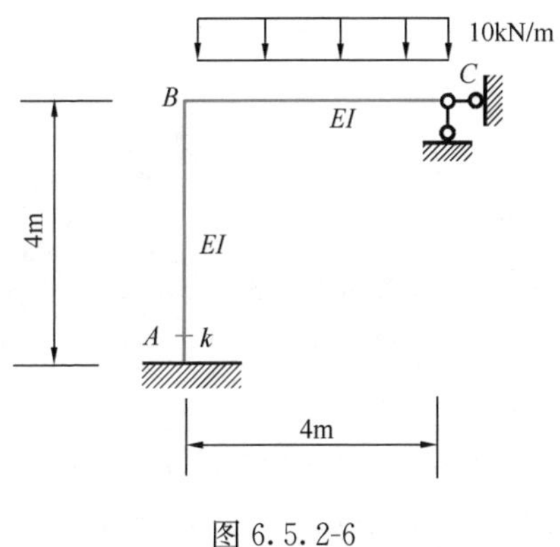

图 6.5.2-6

(A) $\frac{20}{7}$（左拉）　　(B) $\frac{20}{7}$（右拉）

(C) $\frac{40}{7}$（左拉）　　(D) $\frac{40}{7}$（右拉）

【解答】 取力法基本体系如图 6.5.2-7（a）所示，作出 $\overline{M}_1$、$\overline{M}_2$、M_P 图，分别见图 6.5.2-7（b）～（d）。

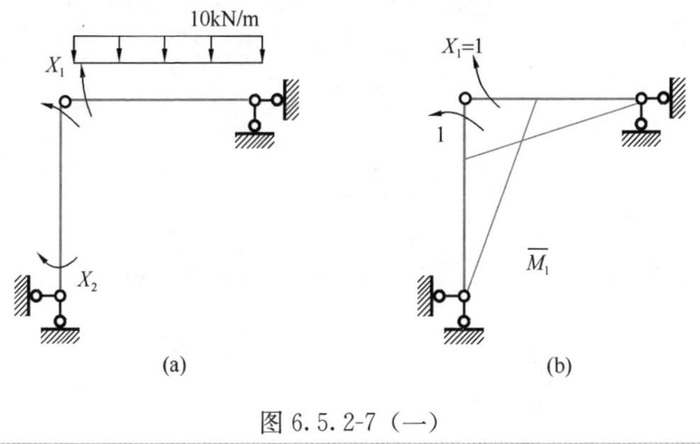

图 6.5.2-7（一）

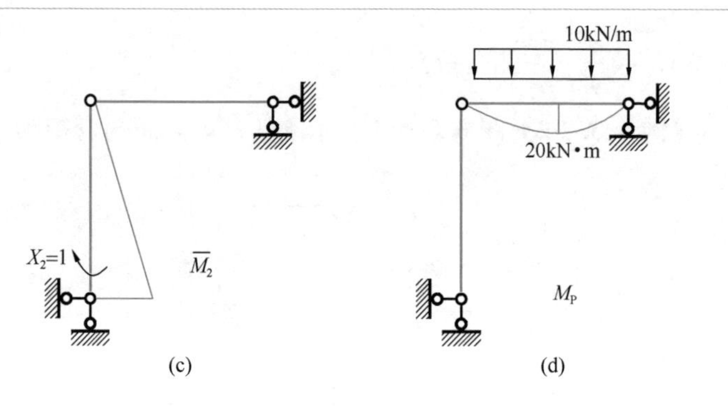

图 6.5.2-7（二）

力法方程为：

$$\delta_{11}X_1+\delta_{12}X_2+\Delta_{1p}=0$$

$$\delta_{21}X_1+\delta_{22}X_2+\Delta_{2p}=0$$

$$\delta_{11}=\frac{1}{EI}\left(2\times\frac{1}{2}\times1\times4\times\frac{2\times1}{3}\right)=\frac{8}{3EI}$$

$$\delta_{22}=\frac{1}{EI}\left(\frac{1}{2}\times1\times4\times\frac{2\times1}{3}\right)=\frac{4}{3EI}$$

$$\delta_{12}=\delta_{21}=\frac{1}{EI}\cdot\left(\frac{1}{2}\times1\times4\times\frac{1\times1}{3}\right)=\frac{2}{3EI}$$

$$\Delta_{1P}=\frac{1}{EI}\left(\frac{2}{3}\times4\times20\times\frac{1\times1}{2}\right)=\frac{80}{3EI}$$

$$\Delta_{2p}=0$$

则：

$$\frac{8}{3}X_1+\frac{2}{3}X_2+\frac{80}{3}=0$$

$$\frac{2}{3}X_1+\frac{4}{3}X_2+0=0$$

解之得：$X_1=-\frac{80}{7}\text{kN}\cdot\text{m}$，$X_2=\frac{40}{7}\text{kN}\cdot\text{m}$

$$M_k=\overline{M}_1X_1+\overline{M}_2X_2+M_P=0+1\times\frac{40}{7}+0=\frac{40}{7}\text{kN}\cdot\text{m}$$

故选（D）项。

【例 6.5.2-3】 如图 6.5.2-8（a）所示桁架结构，各杆 EA 均相同，确定 AD 杆的轴力应为下列何项？

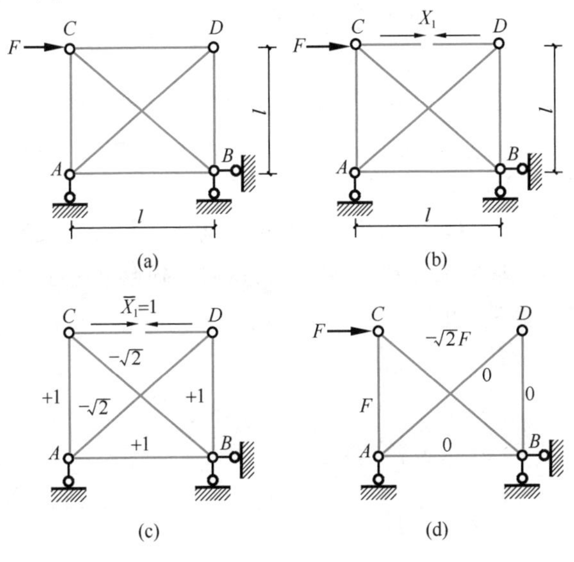

图 6.5.2-8

（a）桁架结构；（b）基本结构；（c）$\overline{N}_1$ 图；（d）N_P 图

（A）0.50F　　　　（B）0.57F

（C）0.70F　　　　（D）1.0F

【解答】 取力法基本体系如图 6.5.2-8（b）所示，分别作 $\overline{N}_1$ 图、N_P 图，分别见图 6.5.2-8（c）、（d）。

$$\delta_{11}X_1+\Delta_{1P}=0$$

$$\delta_{11}=\frac{1}{EA}\Sigma\overline{N}_1^2 l_i$$

$$=\frac{1}{EA}\left[4\times1^2\times l+2x(-\sqrt{2})^2\times\sqrt{2}l\right]$$

$$=\frac{1}{EA}(4l+4\sqrt{2}l)=\frac{9.657l}{EA}$$

$$\Delta_{1P}=\Sigma\frac{N_1N_Pl_i}{EA}=\frac{1}{EA}[1\times F\times l+(-\sqrt{2})(-\sqrt{2}F)\cdot\sqrt{2}l]$$

$$=\frac{1}{EA}(Fl+2\sqrt{2}Fl)=\frac{3.828Fl}{EA}$$

$$X_1=-\frac{\Delta_{1P}}{\delta_{11}}=-\frac{3.828F}{9.657}=-0.40F$$

$$N_{AD}=\overline{N}_1X_1+N_P=(-\sqrt{2})\times(-0.40F)+0=0.566F$$

应选（B）项。

【例 6.5.2-4】 如图 6.5.2-9 所示等截面梁，A 支座发生顺时针转动，其角度为 θ，B 支座竖直向下位移 a，确定 A 支座处弯矩为下列何项？

(A) $\frac{3EI}{l}\left(\theta-\frac{a}{l}\right)(\uparrow)$

(B) $\frac{6EI}{l}\left(\theta-\frac{a}{l}\right)(\uparrow)$

(C) $\frac{3EI}{l^2}\left(\theta-\frac{a}{l}\right)(\uparrow)$

(D) $\frac{6EI}{l^2}\left(\theta-\frac{a}{l}\right)(\uparrow)$

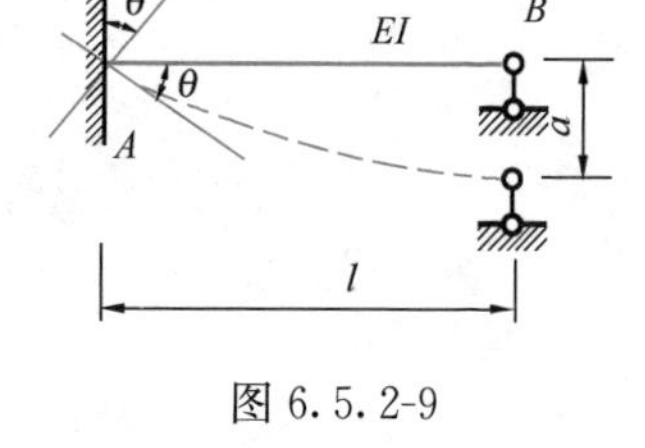

图 6.5.2-9

【解答】 取力法基本体系如图 6.5.2-10（a）所示，作出 $\overline{M}_1$ 图，见图 6.5.2-10（b）。

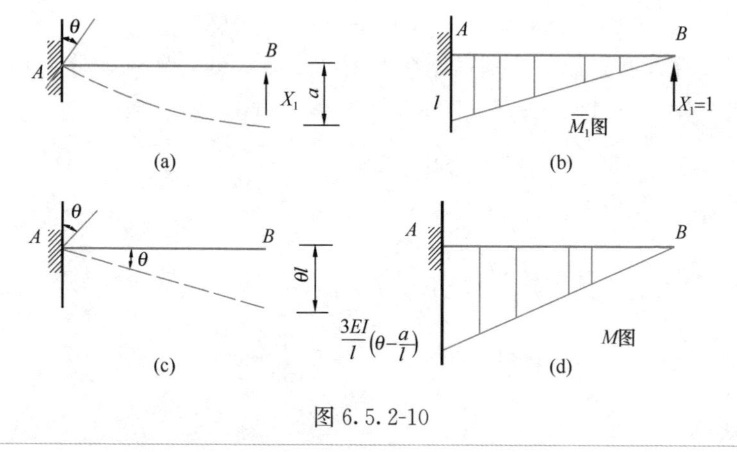

图 6.5.2-10

$$\delta_{11}=\frac{1}{EI}\left(\frac{1}{2}\times l\times l\times\frac{2l}{3}\right)=\frac{l^3}{3EI}$$

由图 6.5.2-10（c），可知，$\Delta_{1c}=-\theta l$

$\delta_{11}X_1+\Delta_{1c}=\Delta_1=-a$，则：

$\frac{l^3}{3EI}X_1-\theta l=-a$，即：$X_1=\frac{3EI}{l^3}(\theta l-a)$

$$M_A=\overline{M}_1X_1=l\cdot\frac{3EI}{l^3}(\theta l-a)=\frac{3EI}{l^2}(\theta l-a)$$

$$=\frac{3EI}{l}\left(\theta-\frac{a}{l}\right)$$

应选（A）项。

此外，弯矩图见图 6.5.2-10（d）。

【例 6.5.2-5】如图 6.5.2-11（a）所示等截面梁，其弯矩图见图 6.5.2-11（b），确定其跨中中点 C 处的竖向挠度 Δ_c，应为下列何项？

(A) $\frac{ql^4}{384EI}$

(B) $\frac{2ql^4}{384EI}$

(C) $\frac{3ql^4}{384EI}$

(D) $\frac{4ql^4}{384EI}$

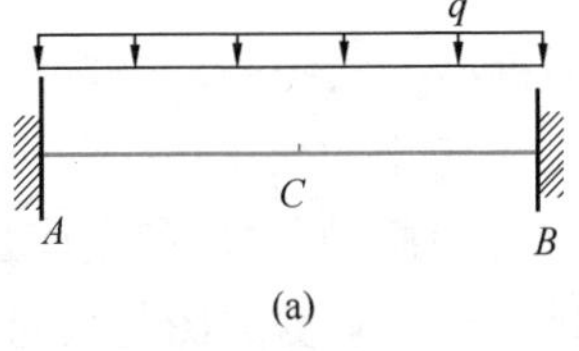

(a)

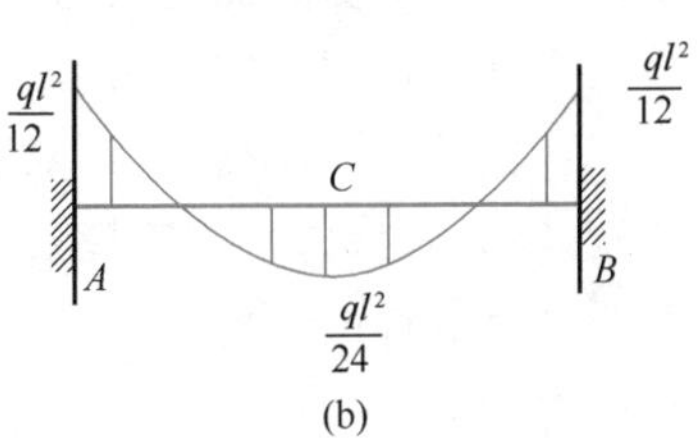

(b)

图 6.5.2-11

【解答】取基本结构，见图 6.5.2-12（a），作 $\overline{M}_1$ 图。由位移计算公式，由叠加原理计算 Δ_c：

$$y_1=\frac{1}{2}\times\frac{l}{2}=\frac{l}{4}，y_2=\frac{3}{8}\times\frac{l}{2}=\frac{3l}{16}$$

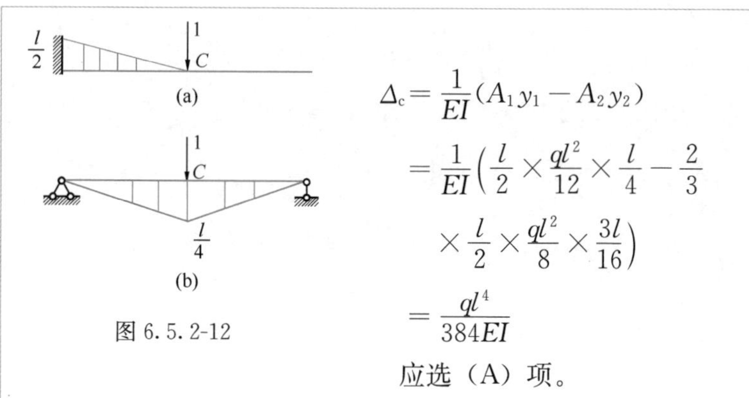

图 6.5.2-12

$$\Delta_c = \frac{1}{EI}(A_1 y_1 - A_2 y_2) = \frac{1}{EI}\left(\frac{l}{2} \times \frac{ql^2}{12} \times \frac{l}{4} - \frac{2}{3} \times \frac{l}{2} \times \frac{ql^2}{8} \times \frac{3l}{16}\right) = \frac{ql^4}{384EI}$$

应选（A）项。

思考：基本结构也可取图 6.5.2-12（b），其计算结果相同。

三、对称性的利用

1. 对称结构的特点

对称结构的超静定结构具有如下特点：

（1）在正对称荷载下，对称杆件的变形（或位移）、内力（弯矩、轴力、剪力）和支座反力是对称的，同时，弯矩图和轴力图是对称的，剪力图是反对称的。位于对称轴上的横杆的剪力为零（否则，铅垂方向的力不平衡）。

（2）在反对称荷载下，对称杆件的变形（或位移）、内力（弯矩、轴力、剪力）和支座反力是反对称的，同时，弯矩图和轴力图是反对称的，剪力图是对称的。位于对称轴上的横杆的弯矩和轴力均为零（否则，水平方向的力不平衡）。

（3）在任意荷载作用下，可将该荷载分解为对称荷载、反对称荷载两组，分别计算出内力后再叠加。

2. 对称性的利用与半结构法

利用对称结构在正对称荷载和反对称荷载的作用下的受力特点，可以先取半边结构进行内力分析计算，即减少超静定的次数，简化计算。然后，再根据对称性得到整个结构的内力。

对称结构在任意荷载作用下，有时可将荷载分解成正对称和反对称两种进行计算。

对称结构选取对称的基本体系后，可得：

（1）对称结构在正对称荷载作用下，选取对称的基本体系后，反对称未知力等于零，并且对应于反对称未知力的变形（如位移）也等于零，只需求解正对称的未知力。如图 6.5.3-1 所示，$X_3 = X_4 = 0$。

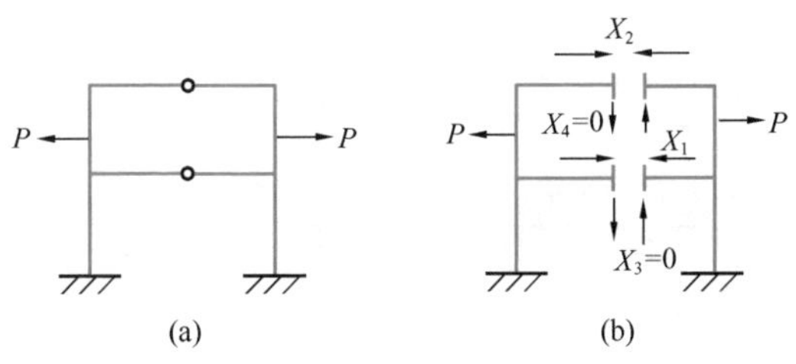

图 6.5.3-1

（2）对称结构在反对称荷载作用下，选取对称的基本体系后，正对称未知力等于零，并且对应于正对称未知力的变形（如位移）也等于零，只需求解反对称未知力。如图 6.5.3-2 所示，$X_1 = X_2 = 0$。

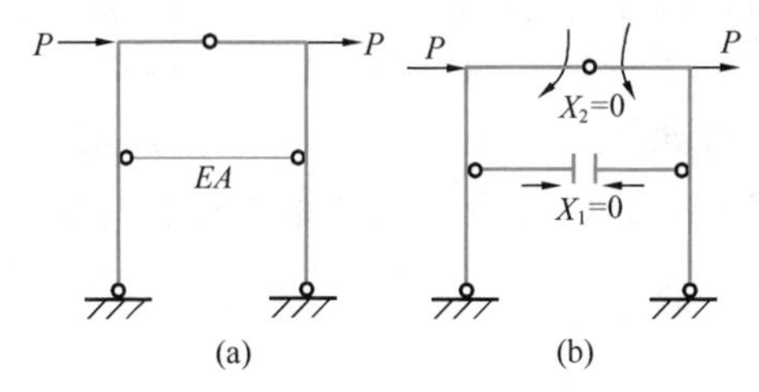

图 6.5.3-2

半结构法，即利用对称结构在对称轴处的受力和变形特点，截取结构的一半，进行简化计算。

（1）奇数跨对称结构。如图 6.5.3-3（a）所示结构在正对称荷载作用下，可取图 6.5.3-3（b）所示的半结构进行计算；如图 6.5.3-4（a）所示结构在反对称荷载作用下，可取图 6.5.3-4（b）所示的半结构进行计算。

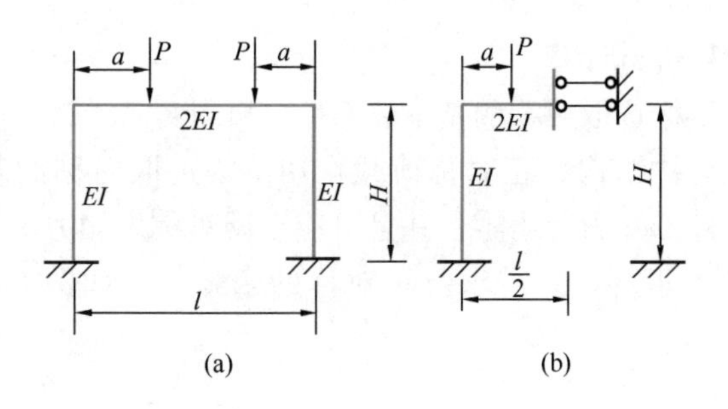

图 6.5.3-3

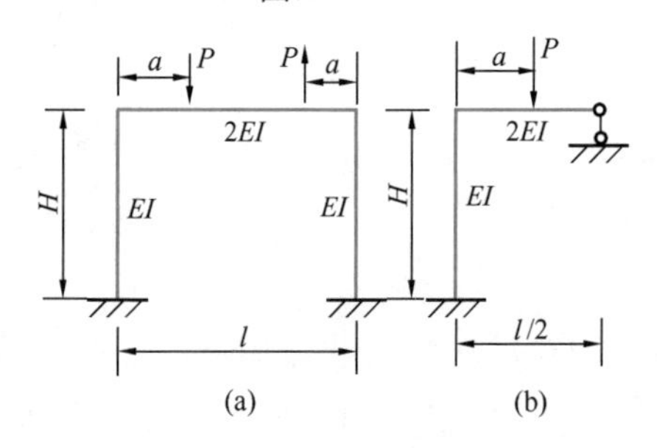

图 6.5.3-4

(2) 偶数跨对称结构。如图 6.5.3-5 (a) 所示结构在正对称荷载作用下；若不计杆件的轴向变形，可取图 6.5.3-5 (b) 所示的半结构进行计算。如图 6.5.3-6 (a) 所示结构在反对称荷载下，可取图 6.5.3-6 (b) 所示的半结构进行计算，中轴上柱的抗弯刚度为原来的$\frac{1}{2}$。

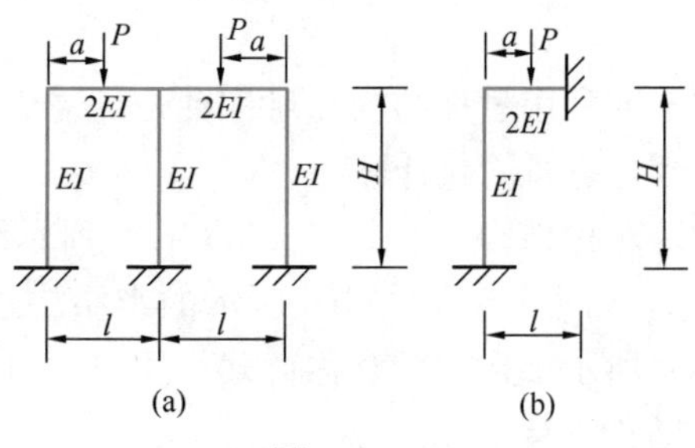

图 6.5.3-5

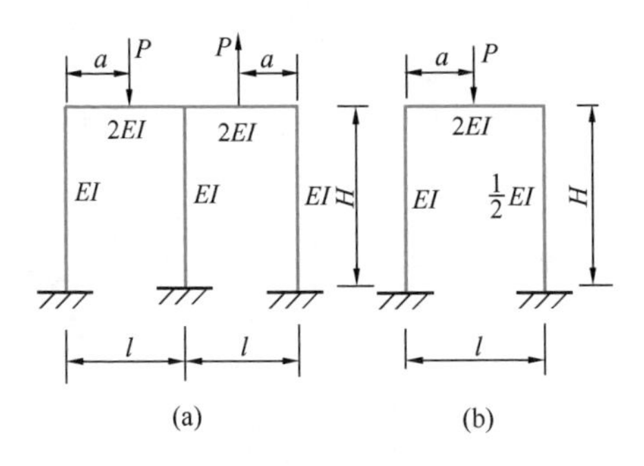

图 6.5.3-6

【例 6.5.3-1】 如图 6.5.3-7 所示刚架，各杆的 EI 为常数，k 截面的弯矩应为下列何项?

(A) 24kN·m（外侧受拉）

(B) 24kN·m（内侧受拉）

(C) 48kN·m（外侧受拉）

(D) 48kN·m（内侧受拉）

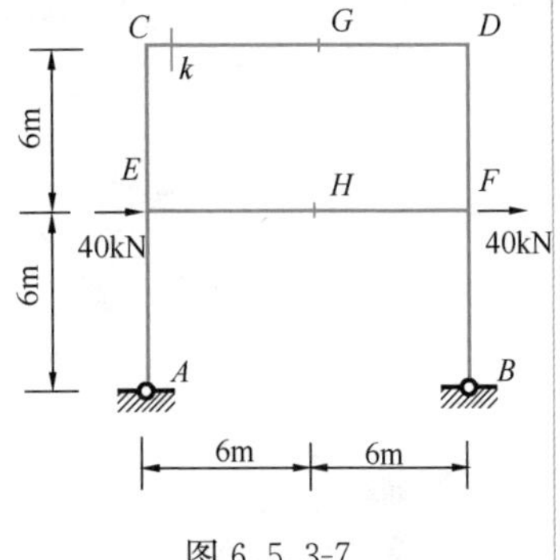

图 6.5.3-7

【解答】 对称结构、反对称荷载，取基本结构，见图 6.5.3-8（a），除 G 处的 $X_1 \neq 0$，其余约束力均为零（$X_2 = X_3 = X_4 = 0$）。作 $\overline{M}_1$、M_P 图，见图 6.5.3-8（b）、（c）。

$$\delta_{11} = \frac{1}{EI} \times 2 \times \left(\frac{1}{2} \times 6 \times 6 \times \frac{2 \times 6}{3} \times 2 + 6 \times 6 \times 6\right) = \frac{720}{EI}$$

$$\Delta_{1P} = \frac{1}{EI} \times 2 \times \left(\frac{1}{2} \times 6 \times 6 \times \frac{2 \times 240}{3}\right) = \frac{5760}{EI}$$

$$\delta_{11} X_1 + \Delta_{1P} = 0\text{，则：} X_1 = -8\text{kN}$$

$$M_k = \overline{M}_1 X_1 + M_P = 6 \times (-8) = -48\text{kN} \cdot \text{m（内侧受拉）}$$

应选（D）项。

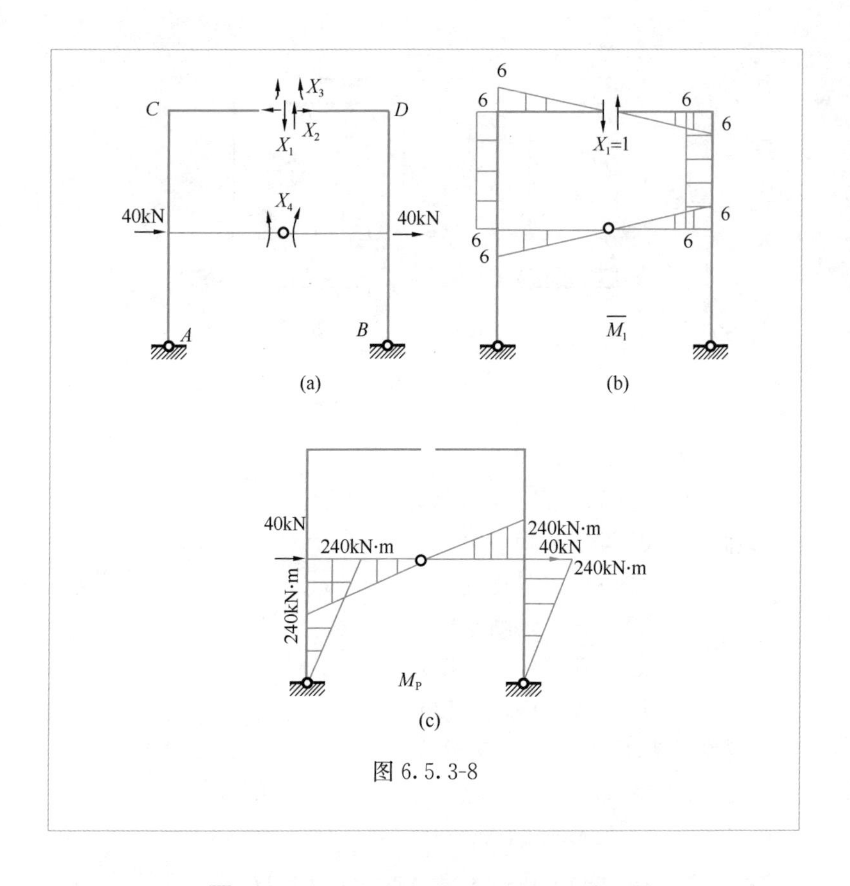

图 6.5.3-8

第六节　超静定结构的位移法

一、位移法

1. 位移法的基本概念

在位移法中，将结构的刚结点的角位移和独立的结点线位移作为基本未知量。其中，角位移数等于刚结点的数目。对于刚架独立的结点线位移，如果杆件的弯曲变形是微小的，且忽略其轴向变形，则刚架独立的结点线位移数就是刚架铰结图的自由度数。而刚架铰结图就是将刚架的刚结点（包括固定支座）都改为铰结点后形成的体系。这种处理方法也称为“铰代结点，增设链杆”法。

在结构的结点角位移和独立的结点线位移处增设控制转角和线位移的附加约束，使结构的各杆成为互不相关的单杆体系，称为原结构的位移法基本结构。

位移法基本体系，指位移法基本结构在各结点位线（角位移、结点线位移）、外荷载（有时还有温度变化、支座位移等）作用下的体系。

在位移法中，用附加刚臂约束结点角位移，用附加链杆约束结点线位移，原结构就成为三类基本的超静定杆件所组成的体系。这三类基本的超静定杆件是指：

（1）两端固定的等截面直杆；

（2）一端固定一端铰支的等截面直杆；

（3）一端固定一端滑动的等截面直杆。

2. 等截面直杆刚度方程

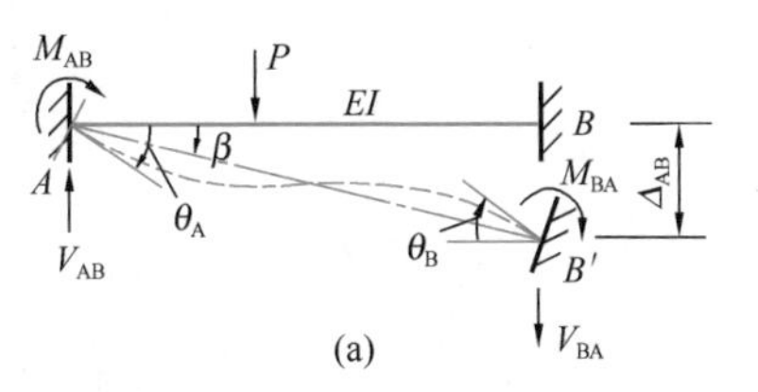

(a)

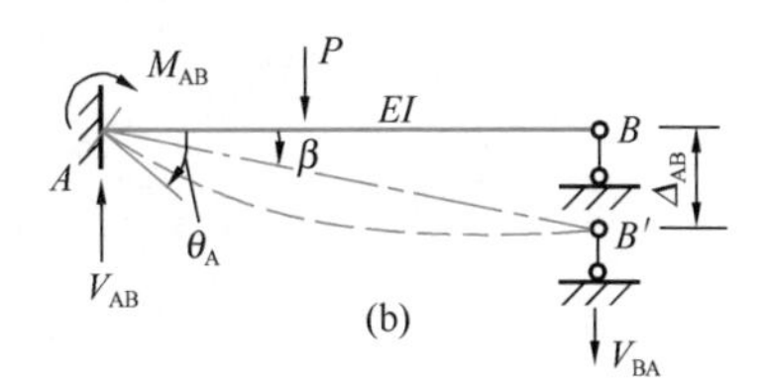

(b)

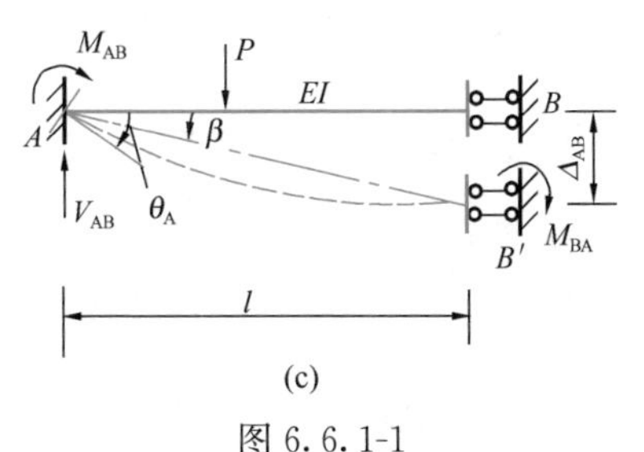

(c)

图 6.6.1-1

杆件的转角位移方程（刚度方程）表示杆件两端的杆端力与杆端位移之间的关系式。

如图 6.6.1-1 所示，设线刚度 $i=EI/l$，杆端截面转角 θ_A、θ_B，弦转角 $\beta=\Delta_{AB}/l$，杆端弯矩 M_{AB}、M_{BA}、固端弯矩 M_{AB}^F、M_{BA}^F 均以顺时针（↓）转动为正。杆端剪力 V_{AB}、V_{BA}、固端剪力 V_{AB}^F、V_{BA}^F 均以绕隔离体顺时针（↓）转动为正。

（1）两端固定的平面等截面直杆［图 6.6.1-1（a）］

$$M_{AB} = 4i\theta_A + 2i\theta_B - 6i\frac{\Delta_{AB}}{l} + M_{AB}^F$$

$$M_{BA} = 2i\theta_A + 4i\theta_B - 6i\frac{\Delta_{AB}}{l} + M_{BA}^F$$

$$V_{AB} = -\frac{6i}{l}\theta_A - \frac{6i}{l}\theta_B + \frac{12i}{l^2}\Delta_{AB} + V_{AB}^F$$

$$V_{BA} = -\frac{6i}{l}\theta_A - \frac{6i}{l}\theta_B + \frac{12i}{l^2}\Delta_{AB} + V_{BA}^F$$

（2）一端固定另一端铰支的平面等截面直杆［图 6.6.1-1（b）］

$$M_{AB} = 3i\theta_A - 3i\frac{\Delta_{AB}}{l} + M_{AB}^F$$

$$M_{BA} = 0$$

$$V_{AB} = -\frac{3i}{l}\theta_A + \frac{3i}{l^2}\Delta_{AB} + V_{AB}^F$$

$$V_{BA} = -\frac{3i}{l}\theta_A + \frac{3i}{l^2}\Delta_{AB} + V_{BA}^F$$

（3）一端固定另一端定向（滑动）支座的平面等截面直杆［图 6.6.1-1（c）］

$$M_{AB} = i\theta_A + M_{AB}^F$$

$$M_{BA} = -i\theta_A + M_{BA}^F$$

$$V_{AB} = V_{AB}^F$$

$$V_{BA} = 0$$

上述式子中，含有 θ_A、θ_B、Δ_{AB}的各项分别代表该项杆端位移引起的杆端弯矩和杆端剪力，其前面的系数 $4i$、$3i$、$2i$、$\frac{6i}{l}$、$\frac{12i}{l^2}$ 等称为杆件的刚度系数，它们只与杆件的长度、支座形式和抗弯刚度 EI 有关。

固端弯矩、固端剪力为由位移、荷载产生的杆端弯矩、杆端剪力。常见位移、荷载产生的固端弯矩和固端剪力，见第七章第一节。

3. 位移法典型方程

对有 n 个未知量的结构，位移法典型方程为：

$$K_{11}\Delta_1 + K_{12}\Delta_2 + \cdots + K_{1n}\Delta_n + R_{1p} + R_{1t} + R_{1c} = 0$$

$$K_{21}\Delta_1 + K_{22}\Delta_2 + \cdots + K_{2n}\Delta_n + R_{2p} + R_{2t} + R_{2c} = 0$$

$$\vdots$$

$$K_{n1}\Delta_1 + K_{n2}\Delta_2 + \cdots + K_{nn}\Delta_n + R_{np} + R_{nt} + R_{nc} = 0$$

式中 Δ_i 为结点位移未知量（$i = 1,2,\cdots,n$）；K_{ij} 为基本结构仅由于 $\Delta_j = 1$（$j = 1, 2, \cdots, n$）在附加约束之中产生的约束力，为基本结构的刚度系数；R_{ip}、R_{it}、R_{ic} 分别为基本结构仅由荷载、温度变化、支座位移作用，在附加约束之中产生的约束力，为位移法典型方程的自由项。

位移法典型方程中，第一个方程表示：基本结构在 n 个未知结点位移、荷载、温度变化、支座位移等共同作用下，第一个附加约束中的约束力等于零。其余各式的意义可按此类推。可见，位移法典型方程表示静力平衡方程。

位移法不仅可以计算超静定结构的内力，也可以计算静定结构的内力。

位移法典型方程中的系数 K_{ii} 称为主系数，恒为正值。系数 K_{ij}（$i \neq j$）称为副系数，可为正值、负值或零，并且 $K_{ij} = K_{ji}$；各自由项的值可为正、负或零。

系数和自由项都是附加约束中的反力，都可按上述各自的定义利用各杆的刚度系数、固端弯矩、固端剪力由平衡条件求出。

4. 结构的最后内力计算

求出各未知结点位移 Δ_i 后，由叠加原理可得：

$$M = \overline{M}_1\Delta_1 + \overline{M}_2\Delta_2 + \cdots + \overline{M}_n\Delta_n + M_p + M_t + M_c$$

$$V = \overline{V}_1\Delta_1 + \overline{V}_2\Delta_2 + \cdots + \overline{V}_n\Delta_n + V_p + V_t + V_c$$

$$N = \overline{N}_1\Delta_1 + \overline{N}_2\Delta_2 + \cdots + \overline{N}_n\Delta_n + N_p + N_t + N_c$$

式中 $\overline{M}_i$、$\overline{V}_i$、$\overline{N}_i$ 分别为由 $\Delta_i = 1$ 引起的基本结构的弯矩、剪力、轴力；M_p、M_t、M_c、V_p、V_t、V_c、N_p、N_t、N_c 分别为基本结构由荷载、温度变化、支座位移引起的弯矩、剪力、轴力。

二、超静定结构的特性

超静定结构的特性如下：

（1）同时满足超静定结构的平衡条件、变形协调条件和物理条件的超静定结构内力的解是唯一真实的解。

（2）超静定结构在荷载作用下的内力与各杆 EA、EI 的相对比值有关，而与各杆 EA、EI 的绝对值无关，但在非荷载（如温度变化、杆件制造误差、支座位移等）作用下会产生内力，这种内力与各杆 EA、EI 的绝对值有关，并且成正比。

（3）超静定结构的内力分布比静定结构均匀，刚度和稳定性都有所提高。

【例 6.6.2-1】如图 6.6.2-1 所示连续梁，各杆 EI 为常数，确定 k 截面的弯矩（kN・m）为下列何项？

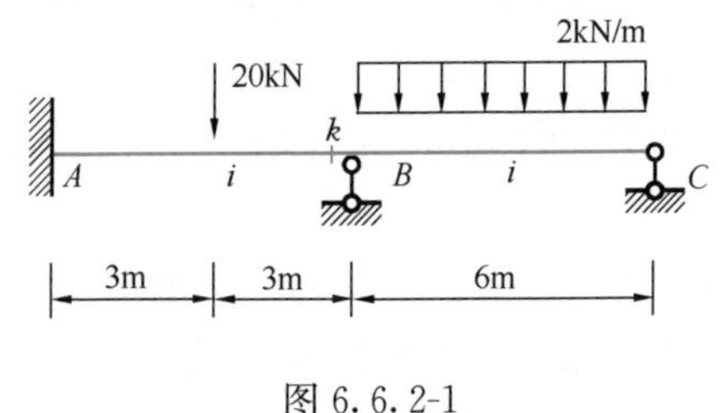

图 6.6.2-1

（A）8　　（B）10

（C）12　　（D）16

【解答】用位移法计算，取基本结构，见图 6.6.2-2（a），作出 $\overline{M}_1$、M_P 弯矩图，分别见图 6.6.2-2（b）、（c）。

$$K_{11} = 4i + 3i = 7i,\ R_{1P} = \frac{1}{8} \times 20 \times 6 + \left(-\frac{1}{8} \times 2 \times 6^2\right)$$

$$= 15 + (-9) = 6\text{kN} \cdot \text{m}$$

$$K_{11}\Delta_1 + R_{1P} = 0$$

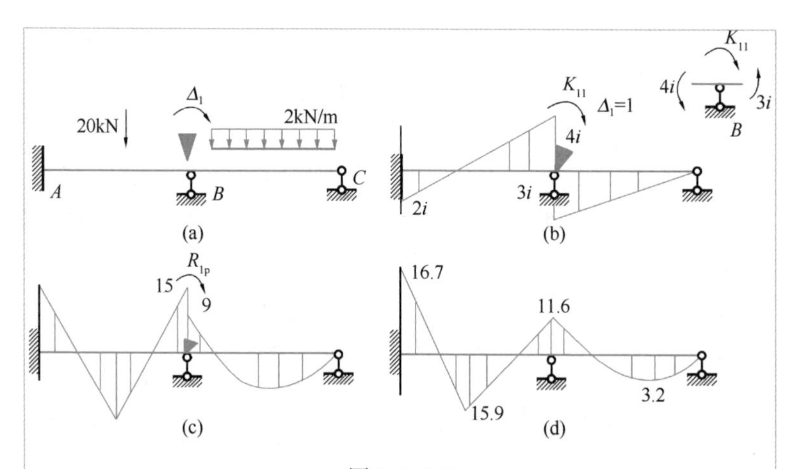

图 6.6.2-2

(a) 基本结构；(b)$\overline{M}_1$ 图；(c)M_P；(d)M 图

$$7i\Delta_1+6=0\text{，即：}\Delta_1=-\frac{6}{7i}$$

$$M_k=\overline{M}_1\Delta_1+M_{1P}=4i\cdot\left(-\frac{6}{7i}\right)+15=11.57\text{kN}\cdot\text{m}$$

应选（C）项。

思考： 该连续梁的弯矩图，见图 6.6.2-2（d）。

【例 6.6.2-2】 如图 6.6.2-3 所示刚架，各杆 EI 为常数，确定 k 截面的弯矩为下列何项？

(A) −80（↑）

(B) −70（↑）

(C) −60（↑）

(D) −50（↑）

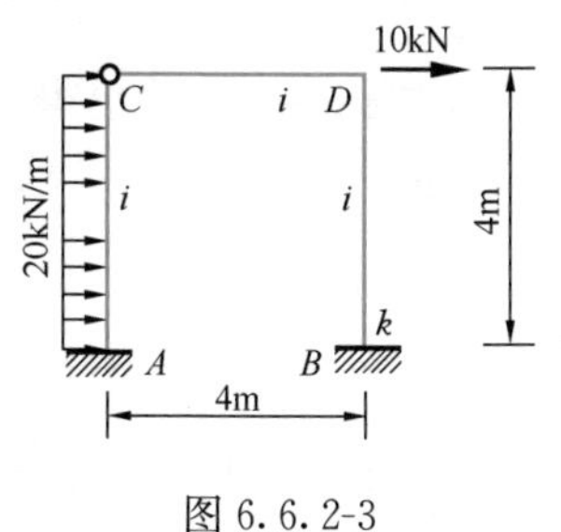

图 6.6.2-3

【解答】 用位移法计算，取基本结构，见图 6.6.2-4（a），作出 $\overline{M}_1$、$\overline{M}_2$、M_P 弯矩图，分别见图 6.6.2-4（b）、（c）、（d）。

位移法方程为：

$$K_{11}\Delta_1 + K_{12}\Delta_2 + R_{1P} = 0$$

$$K_{21}\Delta_1 + K_{22}\Delta_2 + R_{2P} = 0$$

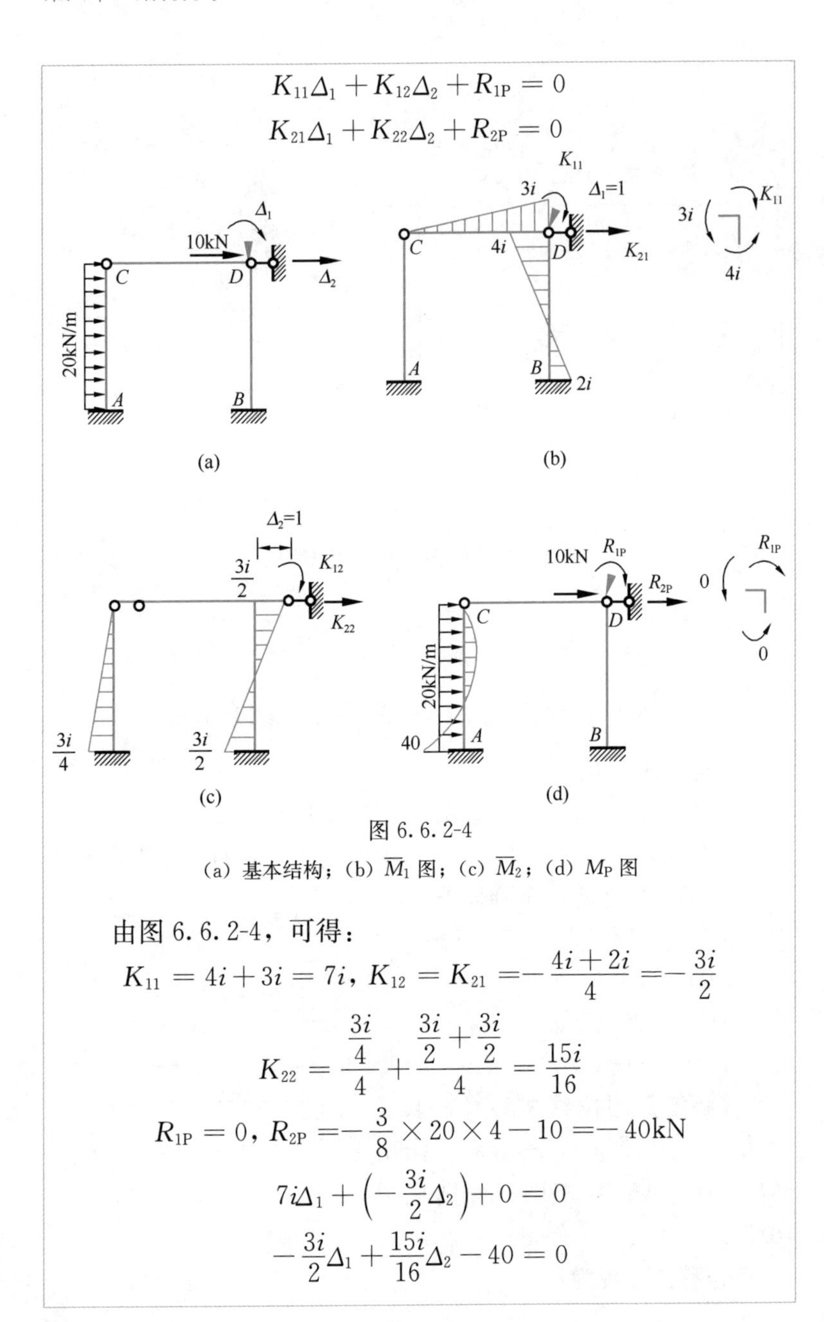

图 6.6.2-4

(a) 基本结构；(b) $\overline{M}_1$ 图；(c) $\overline{M}_2$；(d) M_P 图

由图 6.6.2-4，可得：

$$K_{11} = 4i + 3i = 7i，K_{12} = K_{21} = -\frac{4i+2i}{4} = -\frac{3i}{2}$$

$$K_{22} = \frac{\frac{3i}{4}}{4} + \frac{\frac{3i}{2}+\frac{3i}{2}}{4} = \frac{15i}{16}$$

$$R_{1P} = 0，R_{2P} = -\frac{3}{8}\times 20\times 4 - 10 = -40\text{kN}$$

$$7i\Delta_1 + \left(-\frac{3i}{2}\Delta_2\right) + 0 = 0$$

$$-\frac{3i}{2}\Delta_1 + \frac{15i}{16}\Delta_2 - 40 = 0$$

可得：$\Delta_1=\dfrac{320}{23i}$，$\Delta_2=\dfrac{4480}{69i}$

$$M_k=\overline{M}_1\Delta_1+\overline{M}_2\Delta_2+M_P=2i\cdot\frac{320}{23i}+\left(-\frac{3i}{2}\right)\cdot\frac{4480}{69i}+0$$

$$=-69.57\text{kN}\cdot\text{m}(\uparrow)$$

应选（B）项。

第七章

建筑结构计算

第一节　竖向荷载作用下结构内力计算

一、杆件刚度

1. 杆件的线刚度（i）和转动刚度（S）

等截面直杆单位长度的抗弯刚度称为线刚度（i）。杆件的线刚度（i）定义为：

$$i=\frac{EI}{l}$$

转动刚度（S），指使杆端产生单位转角所需施加的力矩。杆件的转动刚度（S）反映了杆端对转动的抵抗能力，如图7.1.1-1所示。

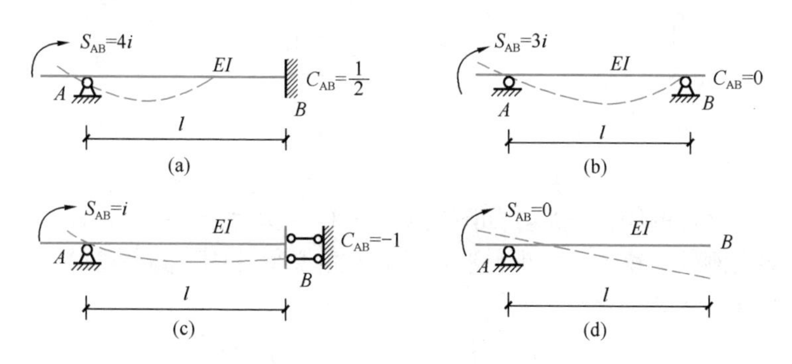

图7.1.1-1　杆件的转动刚度

（1）当远端B为固定支座时，AB杆A点的转动刚度为：

$$S_{AB}=4i=4EI/l$$

（2）当远端B为铰支座时，AB杆A点的转动刚度为：

$$S_{AB}=3i=3EI/l$$

（3）当远端B为滑动支座时，AB杆A点的转动刚度为：

$$S_{AB}=i=EI/l$$

（4）当远端B为自由端时，AB杆A点的转动刚度为：

$$S_{AB}=0$$

2. 杆件的侧向刚度

使柱顶产生单位水平位移(Δ)时柱顶所施加的水平力(V),称为柱的侧向刚度(D'):

$$D' = \frac{V}{\Delta}$$

如图 7.1.1-2 所示,两立柱的侧向刚度分别为:

(1) 两端固定时,$D'=\frac{12i}{h^2}=\frac{12EI}{h^3}$

(2) 下端固定,上端简支时,$D'=\frac{3i}{h^2}=\frac{3EI}{h^3}$

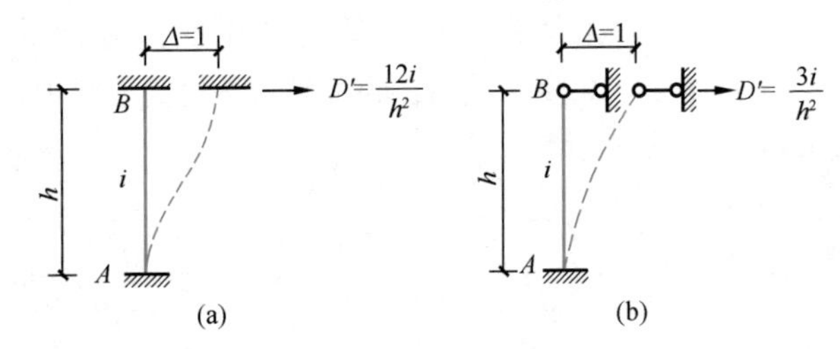

图 7.1.1-2

杆件的刚度叠加,如图 7.1.1-3 (a) 所示,一组平行柱,上端由刚性横梁连接,即并联,其各柱的总侧移刚度为各柱的侧向刚度之和,即:

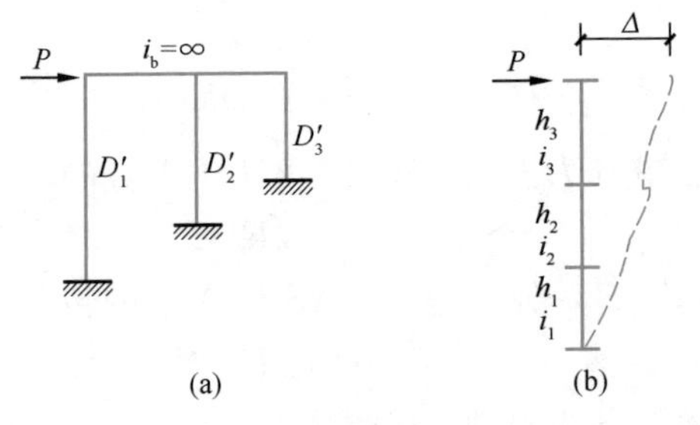

图 7.1.1-3

(a) 并联;(b) 串联

$$D'_{总}=D'_1+D'_2+D'_3$$

杆件的柔度叠加,如图 7.1.1-3 (b) 所示,一组柱彼此串联，假设各柱两端转角均为零。柱顶点作用水平力 P，则各柱剪力都等于 P，串联各柱的总侧移为各柱侧移之和，即：

$$\Delta=\Delta_1+\Delta_2+\Delta_3=\frac{P}{D'_1}+\frac{P}{D'_2}+\frac{P}{D'_3}=P\left(\frac{1}{D'_1}+\frac{1}{D'_2}+\frac{1}{D'_3}\right)$$

故串联各柱的总侧向刚度（$D'_{总}$）为：

$$D'_{总}=\frac{P}{\Delta}=\frac{1}{\frac{1}{D'_1}+\frac{1}{D'_2}+\frac{1}{D'_3}}=\frac{1}{\Sigma\frac{1}{D'_i}}$$

利用上述并联柱、串联柱的概念，可方便地计算复式刚架的构件刚度。

二、力矩分配法

常用结构在竖向荷载作用下的内力计算，一般采用力矩分配法和分层法。

1. 力矩分配法的三要素：转动刚度、弯矩分配系数和弯矩传递系数

(1) 转动刚度

正如前面所讲，由杆件的转动刚度的定义知，杆件转动刚度 S_{AB} 表示 AB 杆的 A 端抵抗转动的能力，其值在图 7.1.1-1 已确定。

结点转动刚度 $\sum\limits_{(A)} S_{AK}$，它表示汇交于刚结点 A 所有单元杆件在 A 端的转动刚度之和，如图 7.1.2-1 所示。

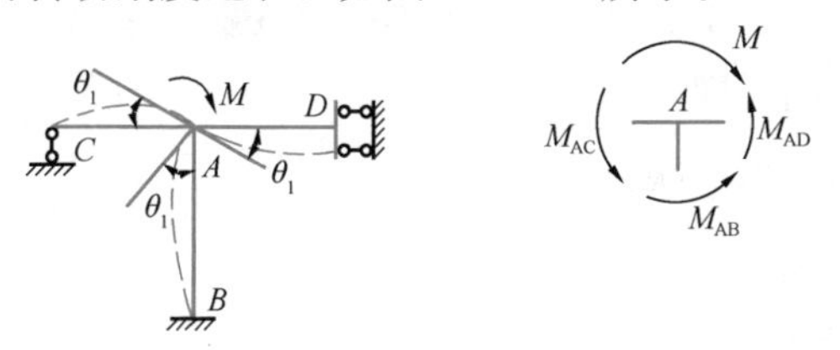

图 7.1.2-1

(2) 分配系数 μ

任意杆端截面的弯矩分配系数 μ_{AK}：

$$\mu_{AK}=\frac{S_{AK}}{\sum\limits_{(A)} S_{AK}}，且 \sum\limits_{(A)}\mu_{AK}=1$$

任意杆端截面的分配弯矩：$M_{AK}^{\mu}=\mu_{AK}M_j$

式中，M_j 为节点处所受的外力矩。

对于图 7.1.2-1 中，各杆端的弯矩分配系数分别为：

AB 杆：$\mu_{AB}=\dfrac{S_{AB}}{S_{AB}+S_{AC}+S_{AD}}=\dfrac{4i_{AB}}{4i_{AB}+3i_{AC}+i_{AD}}$

AC 杆：$\mu_{AC}=\dfrac{S_{AC}}{S_{AB}+S_{AC}+S_{AD}}=\dfrac{3i_{AC}}{4i_{AB}+3i_{AC}+i_{AD}}$

AD 杆：$\mu_{AD}=\dfrac{S_{AD}}{S_{AB}+S_{AC}+S_{AD}}=\dfrac{4i_{AD}}{4i_{AB}+3i_{AC}+i_{AD}}$

显然有：$\mu_{AB}+\mu_{AC}+\mu_{AD}=1$，即：$\sum\limits_{A}\mu_{AK}=1$

各杆端分配的弯矩分别为：

AB 杆：　　　$M_{AB}=\mu_{AB}\cdot M$

AC 杆：　　　$M_{AC}=\mu_{AC}\cdot M$

AD 杆：　　　$M_{AD}=\mu_{AD}\cdot M$

（3）弯矩传递系数

弯矩传递系数 C_{AB} 表示 AB 杆 A 端转动 θ 角时，B 端（远端）的弯矩 M_{BA} 与 A 端（近端）的弯矩 M_{AB} 之比，即：

$$C_{AB}=\frac{M_{BA}}{M_{AB}}$$

如前图 7.1.1-1 所示，对于不同的远端支承情况，相应的传递系数也不同，即：

远端为固定支座：$C_{AB}=\dfrac{1}{2}$

远端为铰支座：$C_{AB}=0$

远端为滑动支座：$C_{AB}=-1$

杆端截面的传递弯矩为：

$$M_{KA}^{C}=C_{AK}M_{AK}^{\mu}$$

2. 等截面单跨超静定梁的固端内力

由杆端位移及各种荷载情况产生的等截面单跨超静定梁的固端弯矩、固端剪力，见表 7.1.2-1。查表时，需注意的是：

等截面单跨超静定梁固端弯矩和剪力　　　　表 7.1.2-1

图号	简　图	弯矩图（绘在受拉边缘）	杆端弯矩		杆端剪力	
			M_{AB}	M_{BA}	V_{AB}	V_{BA}
1	A, B, $\varphi_a=1$, l	M_{AB}^f, M_{BA}^f, V_{AB}, V_{BA}	$4i_{AB}=S_{AB}$	$2i_{AB}$	$-\frac{6i_{AB}}{l}$	$-\frac{6i_{AB}}{l}$
2	A, B, $\Delta=1$, l	M_{AB}^f, M_{BA}^f, V_{AB}, V_{BA}	$-\frac{6i_{AB}}{l}$	$-\frac{6i_{AB}}{l}$	$\frac{12i_{AB}}{l^2}$	$\frac{12i_{AB}}{l^2}$
3	A, B, $\varphi_a=1$, l	M_{AB}^f, V_{AB}, V_{BA}	$3i_{AB}=S_{AB}$	0	$-\frac{3i_{AB}}{l}$	$-\frac{3i_{AB}}{l}$
4	A, B, $\Delta=1$, l	M_{AB}^f, V_{AB}, V_{BA}	$-\frac{3i_{AB}}{l}$	0	$\frac{3i_{AB}}{l^2}$	$\frac{3i_{AB}}{l^2}$
5	A, B, $\varphi_a=1$, l	M_{AB}^f, M_{BA}^f	$i_{AB}=S_{AB}$	$-i_{AB}$	0	0
6	A, B, P, a, b, l	M_{AB}^f, M_{BA}^f, V_{AB}, V_{BA}	$-\frac{Pab^2}{l^2}$ 当 $a=b$ $-\frac{Pl}{8}$	$\frac{Pa^2b}{l^2}$ 当 $a=b$ $\frac{Pl}{8}$	$\frac{Pb^2}{l^2}\left(1+\frac{2a}{l}\right)$ 当 $a=b$ $\frac{P}{2}$	$-\frac{Pa^2}{l^2}\left(1+\frac{2b}{l}\right)$ 当 $a=b$ $-\frac{P}{2}$

续表

图号	简　图	弯矩图（绘在受拉边缘）	杆端弯矩		杆端剪力	
			M_{AB}	M_{BA}	V_{AB}	V_{BA}
7	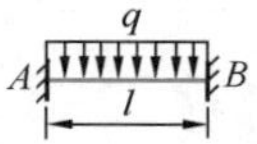	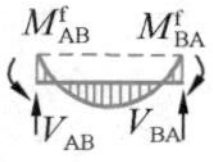	$-\frac{ql^2}{12}$	$\frac{ql^2}{12}$	$\frac{ql}{2}$	$-\frac{ql}{2}$
8	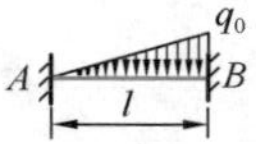	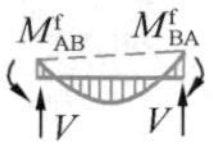	$-\frac{q_0 l^2}{30}$	$\frac{q_0 l^2}{20}$	$\frac{3q_0 l}{20}$	$-\frac{7q_0 l}{20}$
9	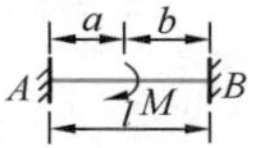	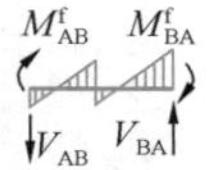	$\frac{Mb}{l^2}\times(2l-3b)$	$\frac{Ma}{l^2}\times(2l-3a)$	$-\frac{6ab}{l^3}m$	$-\frac{6ab}{l^3}m$
10	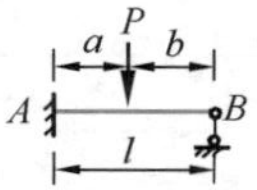	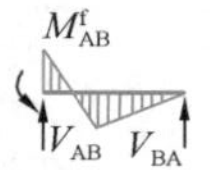	$-\frac{Pb(l^2-b^2)}{2l^2}$ 当 $a=b$ $\frac{3PL}{16}$	0	$\frac{Pb(3l^2-b^2)}{2l^3}$ 当 $a=b$ $\frac{11P}{16}$	$-\frac{Pa^2(3l-a)}{2l^3}$ 当 $a=b$ $-\frac{5P}{16}$
11	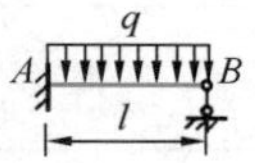	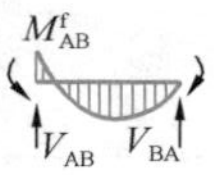	$-\frac{ql^2}{8}$	0	$\frac{5ql}{8}$	$-\frac{3ql}{8}$

续表

图号	简图	弯矩图（绘在受拉边缘）	杆端弯矩		杆端剪力	
			M_{AB}	M_{BA}	V_{AB}	V_{BA}
12	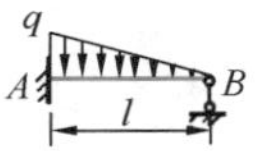 q A B l	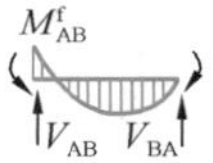 M^f_{AB} V_{AB} V_{BA}	$-\frac{ql^2}{15}$	0	$\frac{2ql}{5}$	$-\frac{ql}{10}$
13	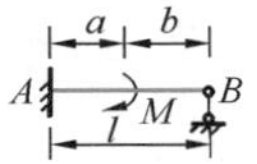 a b A M B l	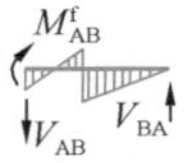 M^f_{AB} V_{AB} V_{BA}	$\frac{M(l^2-3b^2)}{2l^2}$	0	$-\frac{3M(l^2-b^2)}{2l^3}$	$-\frac{3M(l^2-b^2)}{2l^3}$
14	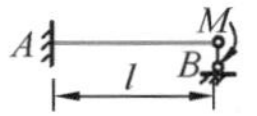 A M B l	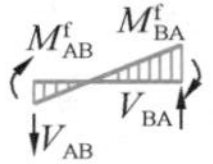 M^f_{AB} M^f_{BA} V_{BA} V_{AB}	$\frac{M}{2}$	M	$-\frac{3M}{2l}$	$-\frac{3M}{2l}$
15	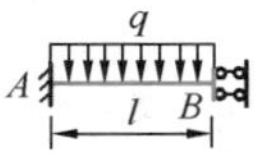 q A B l	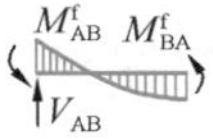 M^f_{AB} M^f_{BA} V_{AB}	$-\frac{ql^2}{3}$	$-\frac{ql^2}{6}$	ql	0
16	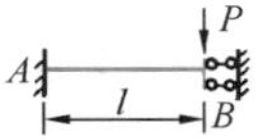 P A B l	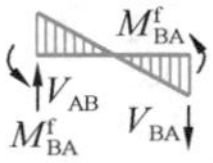 M^f_{BA} V_{AB} M^f_{BA} V_{BA}	$-\frac{Pl}{2}$	$-\frac{Pl}{2}$	P	P

注：杆端弯矩栏中的符号是根据以顺时针为正的规定而加上去的；剪力符号规定同前。

（1）杆端弯矩以顺时针为正，剪力以使其所在截面顺时针转动为正。

（2）杆端转角以顺时针为正，杆端相对线位移以使其旋转角顺时针为正，反之为负。当杆端位移为负时，相应的杆端弯矩也要改变符号。

3. 力矩分配法计算

力矩分配法计算时，其计算过程为：锁住结点→放松结点→弯矩叠加。

其要点是：先固定结点，求得荷载作用下各杆的固端弯矩，然后松开结点，将结点上的不平衡弯矩分配于各杆近端，同时求出远端的传递弯矩；再叠加各杆端的固端弯矩、分配弯矩、传递弯矩，即可得实际的杆端弯矩。

力矩分配法适用于只有结点角位移的连续梁和无侧移刚架。

【例 7.1.2-1】 如图 7.1.2-2 所示连续梁。

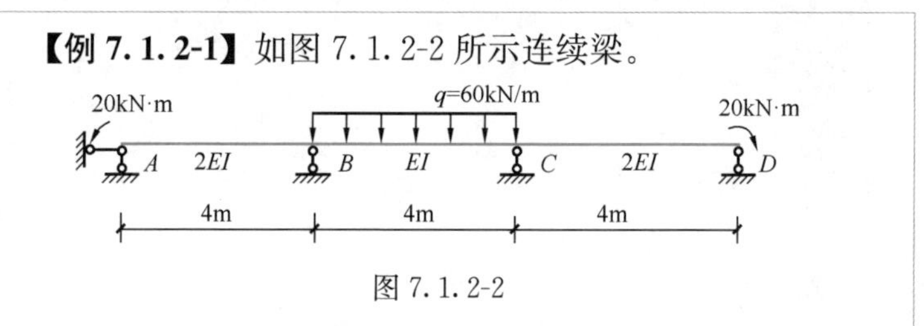

图 7.1.2-2

试问： 绘制该连续梁的弯矩图。

【解答】 因结构对称、荷载对称，取对称结构的一半进行计算，如图 7.1.2-3（a）所示。

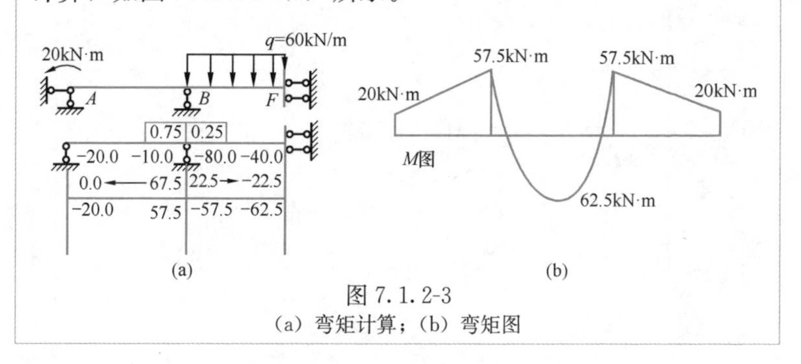

图 7.1.2-3

（a）弯矩计算；（b）弯矩图

（1）相对线刚度，令 $EI=1$

$$i_{AB}=\frac{2EI}{4}=\frac{1}{2},\quad i_{BF}=\frac{EI}{2}=\frac{1}{2}$$

（2）转动刚度和分配系数

$$S_{BA}=3i_{AB}=3\times\frac{1}{2},\quad S_{BF}=i_{BF}=\frac{1}{2}$$

$$\mu_{BA}=\frac{3i_{AB}}{3i_{AB}+i_{BF}}=\frac{3\times\frac{1}{2}}{3\times\frac{1}{2}+\frac{1}{2}}=0.75$$

$$\mu_{BF}=\frac{i_{BF}}{3i_{AB}+i_{BF}}=\frac{\frac{1}{2}}{3\times\frac{1}{2}+\frac{1}{2}}=0.25$$

复核：$\mu_{BA}+\mu_{BF}=0.75+0.25=1$，满足。

（3）固端弯矩

将节点 B 锁住，查表 7.1.2-1 知：

$$M_{BF}^{F}=-\frac{ql^2}{3}=-\frac{60\times2^2}{3}=-80\text{kN}\cdot\text{m}$$

$$M_{FB}^{F}=-\frac{ql^2}{6}=-\frac{60\times2^2}{6}=-40\text{kN}\cdot\text{m}$$

作用在节点 A 的力矩 M_A 引起杆端弯矩 $M_{AB}^{F}=-20\text{kN}\cdot\text{m}$，引起 BA 端的固端弯矩 $M_{BA}^{F}=-10\text{kN}\cdot\text{m}$。

（4）分配弯矩、传递弯矩

放松节点 B，计算分配弯矩（分配弯矩与节点约束力矩等值反号）：

$$M_{BA}^{\mu}=\mu_{BA}\cdot\left(-\sum M_{BK}^{F}\right)=0.75\times[-(-10-80)]$$
$$=67.5\text{kN}\cdot\text{m}$$

$$M_{BF}^{\mu}=0.25\times[-(-10-80)]=22.5\text{kN}\cdot\text{m}$$

计算传递弯矩：

$$M_{FB}^{C}=C_{BF}\cdot M_{BF}^{\mu}=(-1)\times22.5=-22.5\text{kN}\cdot\text{m}$$

$$M_{AB}^{C}=C_{BA}\cdot M_{BA}^{\mu}=0\times67.5=0$$

（5）叠加

$$M_{AB}=M_{AB}^{F}+M_{AB}^{C}=-20+0=-20\text{kN}\cdot\text{m}$$

$$M_{BA}=M_{BA}^{F}+M_{BA}^{\mu}=-10+67.5=57.5\text{kN}\cdot\text{m}$$

$$M_{BF}=M_{BF}^{F}+M_{BF}^{\mu}=-80+22.5=-57.5\text{kN}\cdot\text{m}$$

$$M_{FB}=M_{FB}^{F}+M_{FB}^{C}=-40-22.5=-62.5\text{kN}\cdot\text{m}$$

绘制该连续梁的弯矩图如图 7.1.2-3（b）所示。

【例 7.1.2-2】用力矩分配法求图 7.1.2-4 所示连续梁的弯矩图。

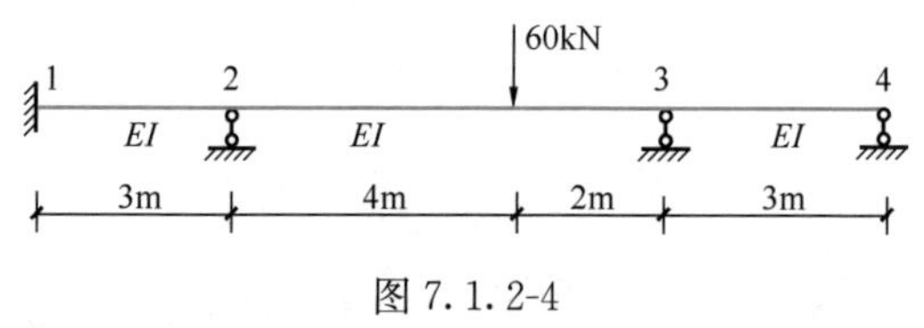

图 7.1.2-4

【解答】（1）计算各杆的线刚度

令 $EI=1$，各杆相对线刚度为：

$$i_{12}=\frac{EI}{l}=\frac{1}{3}, \quad i_{23}=\frac{EI}{l}=\frac{1}{6}, \quad i_{34}=\frac{EI}{l}=\frac{1}{3}$$

（2）求节点 2、3 的分配系数

$$\mu_{21}=\frac{4i_{12}}{4i_{12}+4i_{23}}=\frac{4\times\frac{1}{3}}{4\times\frac{1}{3}+4\times\frac{1}{6}}=0.67$$

$$\mu_{23}=\frac{4i_{23}}{4i_{12}+4i_{23}}=\frac{4\times\frac{1}{6}}{4\times\frac{1}{3}+4\times\frac{1}{6}}=0.33$$

$$\mu_{32}=\frac{4i_{23}}{4i_{23}+3i_{34}}=\frac{4\times\frac{1}{6}}{4\times\frac{1}{6}+3\times\frac{1}{3}}=0.4$$

$$\mu_{34}=\frac{3i_{34}}{4i_{23}+3i_{34}}=\frac{3\times\frac{1}{3}}{4\times\frac{1}{6}+3\times\frac{1}{3}}=0.6$$

（3）求固端弯矩

锁住内部节点2、3，查表7.1.2-1可知：

$$M_{23}^{F}=-\frac{Pab^2}{l^2}=-\frac{60\times4\times2^2}{6^2}=-26.7\text{kN}\cdot\text{m}$$

$$M_{32}^{F}=\frac{Pa^2b}{l^2}=\frac{60\times4^2\times2}{6^2}=53.3\text{kN}\cdot\text{m}$$

（4）计算分配弯矩和传递弯矩

1）松开节点3

因节点3的固端弯矩较大，为加快收敛速度，故先松开节点3，其分配弯矩为：

$$M_{32}^{\mu}=\mu_{32}\cdot(-\sum M_{3K}^{F})=0.4\times(-53.3)=-21.32\text{kN}\cdot\text{m}$$

$$M_{34}^{\mu}=\mu_{34}\cdot(-\sum M_{3K}^{F})=0.6\times(-53.3)=-31.98\text{kN}\cdot\text{m}$$

如图7.1.2-5所示，写在第二行节点3竖线两边，在其下面画一横线。需注意的是，分配弯矩与节点约束力矩等值反号。

剩下的传递弯矩：

$$M_{23}^{C}=C_{32}M_{32}^{\mu}=\frac{1}{2}\times(-21.32)=-10.66\text{kN}\cdot\text{m}$$

如图7.1.2-5所示，在分配弯矩与传递弯矩之间画一箭头线，表示传递方向。因杆34远端4为铰支座，其传递系数为零，故不需要传递。

2）松开节点2，重新锁住节点3

此时，节点2的固端弯矩除原有的$-26.7\text{kN}\cdot\text{m}$外，还增加了从节点3传来的弯矩$-10.66\text{kN}\cdot\text{m}$，合计$-37.36\text{kN}\cdot\text{m}$，节点2的分配弯矩为：

$$\begin{aligned}M_{21}^{\mu}&=\mu_{21}\cdot[-(\sum M_{2K}^{F}+M_{23}^{C})]\\&=0.67\times[-(-26.7-10.66)]=25.03\text{kN}\cdot\text{m}\end{aligned}$$

$$M_{23}^{\mu}=0.33\times[-(-26.7-10.66)]=12.33\text{kN}\cdot\text{m}$$

同样，将它们写在节点2竖线两边，下画横线，表示节点2转角恢复。

传递弯矩：$M_{12}^{C}=\frac{1}{2}\times 25.03=12.52\text{kN}\cdot\text{m}$

$$M_{32}^{C}=\frac{1}{2}\times 12.33=6.17\text{kN}\cdot\text{m}$$

分别把它写在第三行，两个远端下面，并在它与分配弯矩之间画上箭头线。至此，完成了弯矩分配的第一个循环。

3）回到节点 3，开始第二次循环

此时作用于节点 3 上的传递弯矩 6.17kN・m，表明假想刚臂对节点 3 作用着一个约束力矩，数值为 6.17kN・m，这也说明原结构上节点 3 的转角尚待继续恢复。于是重新松开节点 3，即相当于在节点 3 上加一个不平衡弯矩（−6.17kN・m），然后进行杆端的弯矩分配和弯矩传递，并将节点 2 重新锁住，这样导致第二次分配与传递，第三次分配与传递等等反复计算的程序。

如图 7.1.2-5 所示，本题在三次传递后，节点约束力矩已小至 0.04kN・m，计算即可终止。将各杆端下面的数字分别求和，即得各杆实际弯矩，写在横线下各杆端相应的位置上。

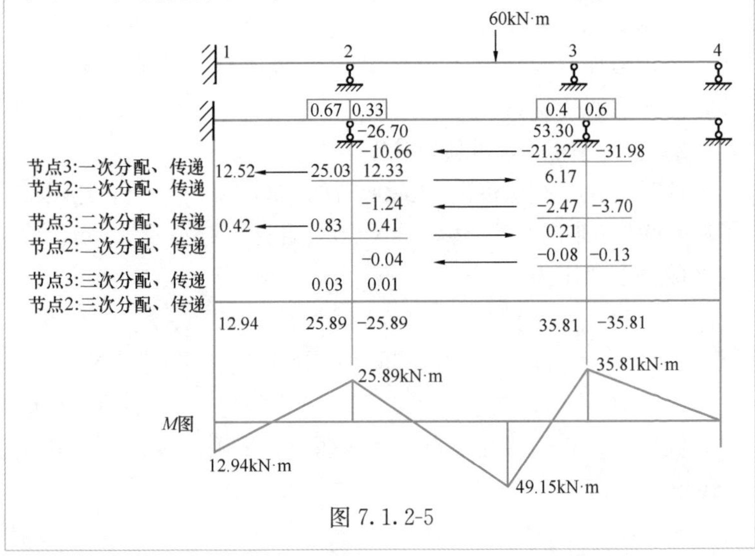

图 7.1.2-5

需注意的是，竖线两边的实际弯矩必须等值反号，否则表明计算有误。

（5）用叠加法作弯矩图

弯矩图画于表格下面横坐标上，图上节点位置对准表格的相应节点竖线。弯矩图如图 7.1.2-5 所示。

三、分层法

在进行竖向荷载作用下的多层多跨框架结构的内力分析及计算时，作如下假定：

（1）多层多跨框架在竖向荷载作用下的侧移很小可忽略不计，可近似地按无侧移框架进行分析，即由此可用力矩分配法进行计算。

（2）作用在某一层框架梁上的竖向荷载只对本楼层的梁以及与本层梁相连的框架柱产生弯矩和剪力，而对其他楼层的框架梁和隔层的框架柱都不产生弯矩和剪力。

由上述假定，框架结构如图 7.1.3-1 所示，在竖向荷载作用下，可按图中所示的各个开口刚架单元进行计算。这里，各个开口刚架的上、下端均为固定支座，而实际上，除底层柱的下端外，其他各层柱端均有转角产生，即上、下层梁对柱端的转动约束并不是绝对固接，应为介于铰支承与固定支承之间的弹性支承，为了改进由此所引起的误差，按图 7.1.3-1 计算简图进行计算时，应作如下修正：

（1）除底层以外其他各层柱的线刚度均乘以 0.9 的折减系数。

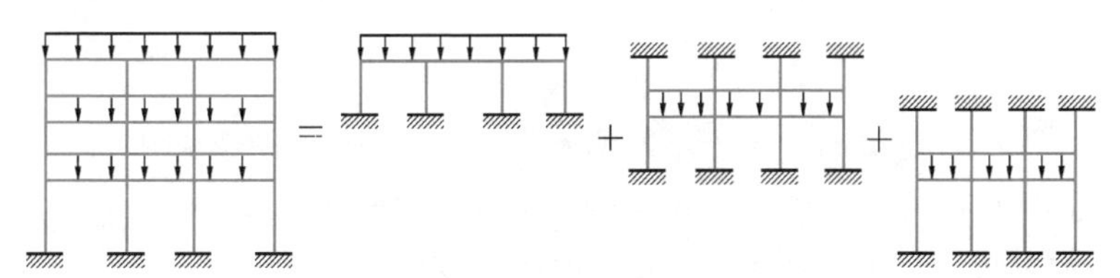

图 7.1.3-1　分层法计算简图

（2）除底层以外其他各层柱的弯矩传递系数取为 1/3。

由此以来，可方便地采用力矩分配法求得图 7.1.3-1 中各开口刚架中的结构内力，然后将相邻两个开口刚架中同层同柱号的柱内力叠加，作为原框架结构柱子的内力。而分层法计算所得的各层梁的内力，即为原框架结构中相应楼层梁的内力。

由分层法计算所得的框架节点处的弯矩之和常常不等于零，这是由于分层法计算单元与实际结构不符所带来的误差。若提高精度，可对节点，特别是边节点不平衡弯矩再作一次分配，但不传递，予以修正。

【例 7.1.3-1】 如图 7.1.3-2（a）某 5 层办公楼为装配式钢筋混凝土框架结构，其中间一榀框架计算简图如图 7.1.3-2（b）所示，已知 1～5 层所有柱截面均为 500mm×600mm，所有纵向梁（x 向）截面均为 250mm×500mm，所有横向梁（y 向）截面均为 250mm×700mm，所有柱、梁的混凝土强度均为 C40。

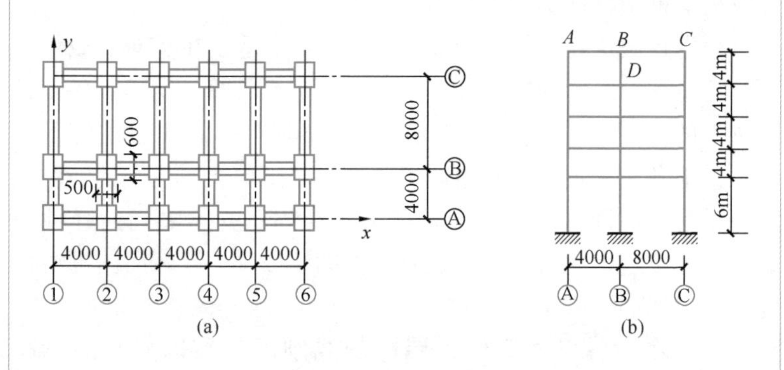

图 7.1.3-2

（a）平面布置简图；（b）中间框架计算简图

试问：

（1）当平面框架在竖向荷载作用下，用分层法作简化计算时，顶层框架计算用力矩分配法求顶层梁的弯矩时，其弯矩分配系数 μ_{BA} 和 μ_{BC}，与下列何项数值最接近？

(A) 0.36；0.18

(B) 0.18；0.36

(C) 0.46；0.18

(D) 0.36；0.48

(2) 假定该办公楼为10层现浇钢筋混凝土框架结构，其平面布置及梁柱截面尺寸、混凝土强度均不变，其中间一榀框架计算简图如图 7.1.3-3 (a) 所示，用分层法简化计算时，第九层框架计算简图如图 7.1.3-3 (b) 所示，用力矩分配法求顶层梁的弯矩时，其弯矩分配系数 μ_{BA} 和 μ_{BC}，与下列何项数值最接近?

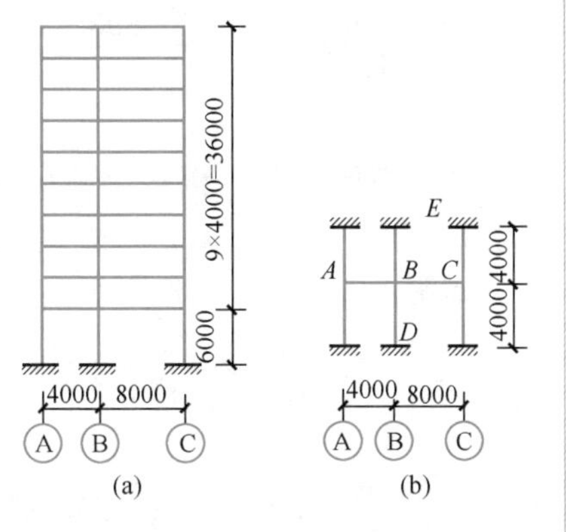

图 7.1.3-3

(A) 0.36；0.18　　(B) 0.18；0.36

(C) 0.46；0.23　　(D) 0.24；0.12

【解答】(1) 多层装配式建筑，梁线刚度

$$i_{BA}=\frac{EI_b}{l}=\frac{\frac{1}{12}\times 250\times 700^3}{4}\cdot E=1.786\times 10^9 E$$

$$i_{BC}=\frac{EI_b}{l}=\frac{\frac{1}{12}\times 250\times 700^3}{8}\cdot E=0.893\times 10^9 E$$

分层法，顶层柱线刚度应乘以 0.9：

$$i_{BD}=\frac{0.9EI_c}{l}=\frac{0.9\times\frac{1}{12}\times 500\times 600^3}{4}\cdot E=2.025\times 10^9 E$$

$$\mu_{BA}=\frac{i_{BA}}{i_{BA}+i_{BC}+i_{BD}}=\frac{1.786\times 10^9}{1.786\times 10^9+0.893\times 10^9+2.025\times 10^9}$$
$$=0.3797$$

$$\mu_{BC}=\frac{0.893\times10^9}{1.786\times10^9+0.893\times10^9+2.025\times10^9}=0.1898$$

应选（A）项。

（2）高层建筑，根据《高层建筑混凝土结构技术规程》JGJ 3—2010 中第 5.2.2 条规定，中榀框架横梁两侧与板现浇，横梁刚度增大系数取为 2.0。

$$i_{BA}=\frac{2EI_b}{l}=\frac{2\times\frac{1}{12}\times250\times700^3}{4}E=3.573\times10^9E$$

$$i_{BC}=\frac{2EI_b}{l}=\frac{2\times\frac{1}{12}\times250\times700^3}{8}E=1.786\times10^9E$$

分层法，除底层柱外其他层柱线刚度应乘以 0.9：

$$i_{BD}=i_{BE}=\frac{0.9EI_c}{l}=\frac{0.9\times\frac{1}{12}\times500\times600^3}{4}\cdot E=2.025\times10^9E$$

弯矩分配系数：

$$\mu_{BA}=\frac{i_{BA}}{i_{BA}+i_{BD}+i_{BC}+i_{BE}}$$

$$=\frac{3.573\times10^9}{(3.573+1.786+2.025+2.025)\times10^9}$$

$$=0.3797$$

$$\mu_{BC}=\frac{1.786\times10^9}{(3.573+1.786+2.025+2.025)\times10^9}=0.1898$$

应选（A）项。

【例 7.1.3-2】某两层两跨现浇钢筋混凝土框架结构，其中间一榀框架计算简图，如图 7.1.3-4 所示，C30 混凝土。梁截面尺寸均为 300mm×600mm，柱截面尺寸均为 600mm×600mm。

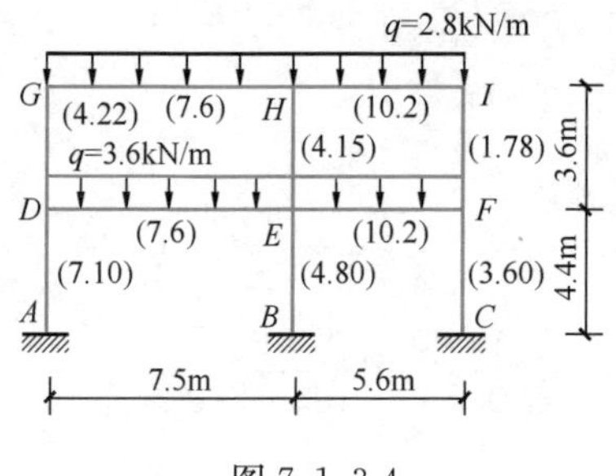

图 7.1.3-4

试问：

（1）节点 E 处横梁 ED 和柱 EB 的弯矩分配系数 μ_{ED} 和 μ_{EB}，与下列何项数值最接近？

（A）0.11；0.36　　（B）0.17；0.29

（C）0.18；0.42　　（D）0.18；0.29

（2）如图 7.1.3-4 所示，括弧号内数值表示每杆的相对线刚度，已考虑了横梁的刚度增大系数。梁 GH 的 G 端支座弯矩 M_{GH}（kN·m），与下列何项数值最接近？

（A）−4.18　　（B）−4.78

（C）−5.16　　（D）−5.82

（3）题目条件同（2），顶层柱 GD 柱底 D 的弯矩 M_{DG}（kN·m），与下列何项数值最接近？

（A）5.02　　（B）5.28

（C）5.62　　（D）5.88

【解答】（1）现浇框架，中间横梁的刚度增大系数取为 2.0，则：

$$i_{ED}=\frac{2EI_b}{l}=\frac{2\times\frac{1}{12}\times300\times600^3}{7.5}\cdot E=14.40\times10^8E$$

$$i_{EF}=\frac{2EI_b}{l}=\frac{2\times\frac{1}{12}\times300\times600^3}{5.6}\cdot E=19.29\times10^8E$$

分层法，顶层柱线刚度应乘以 0.9：

$$i_{EH}=\frac{0.9EI_c}{l}=\frac{0.9\times\frac{1}{12}\times600^4}{3.6}\cdot E=27.00\times10^8E$$

$$i_{EB}=\frac{EI_c}{l}=\frac{\frac{1}{12}\times600^4}{4.4}\cdot E=24.55\times10^8E$$

弯矩分配系数：

$$\mu_{ED}=\frac{i_{ED}}{i_{ED}+i_{EF}+i_{EB}+i_{EH}}$$

$$=\frac{14.40\times10^8}{(14.40+19.29+27.0+24.55)\times10^8}$$

$$=0.169$$

$$\mu_{EB}=\frac{24.55\times10^8}{(14.40+19.29+27.0+24.55)\times10^8}=0.288$$

所以应选（B）项。

（2）力矩分配法计算，如图 7.1.3-5 所示。

顶层梁固端弯矩：

$$M_{FC}^{F}=\frac{1}{12}ql_1^2=\frac{1}{12}\times2.8\times7.5^2=13.13\text{kN}\cdot\text{m}$$

$$M_{IH}^{F}=\frac{1}{12}ql_2^2=\frac{1}{12}\times2.8\times5.6^2=7.32\text{kN}\cdot\text{m}$$

顶层各节点分配系数，顶层柱线刚度应乘以 0.9；顶层柱弯矩传递系数为 1/3。

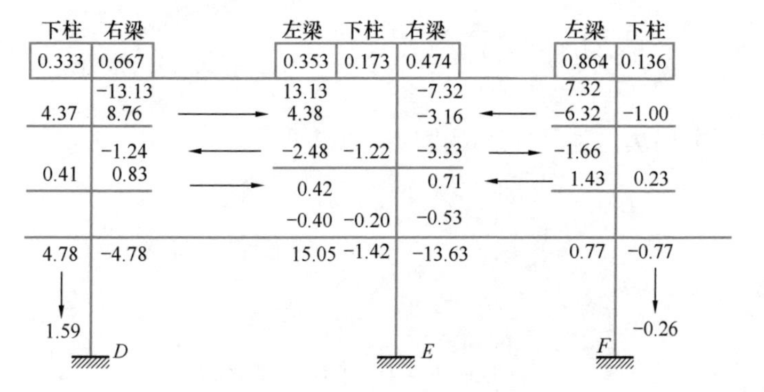

图 7.1.3-5　顶层框架计算

节点 G：　$\mu_{GD}=\dfrac{4.22\times0.9}{4.22\times0.9+7.6}=0.333$

$$\mu_{GH}=\frac{7.6}{4.22\times0.9+7.6}=0.667$$

节点 H：$\mu_{HG}=\dfrac{7.6}{7.6+10.2+4.15\times0.9}=0.353$

$$\mu_{HI}=\frac{10.2}{7.6+10.2+4.15\times0.9}=0.474$$

$$\mu_{HE}=\frac{4.15\times0.9}{7.6+10.2+4.15\times0.9}=0.173$$

节点 I：　$\mu_{IH}=\dfrac{10.2}{10.2+1.78\times0.9}=0.864$

$$\mu_{IF}=\frac{1.78\times0.9}{10.2+1.78\times0.9}=0.136$$

如图 7.1.3-5 所示计算结果，$M_{GH}=-4.78\text{kN}\cdot\text{m}$，所以应选（B）项。

（3）顶层柱 GD 柱底 D 的弯矩 M_{DG} 由顶层、底层框架的弯矩值叠加得到。由图 7.1.3-5 知，顶层框架传给柱底 D 的弯矩值为 1.59kN·m。

底层框架计算，如图 7.1.3-6 所示。

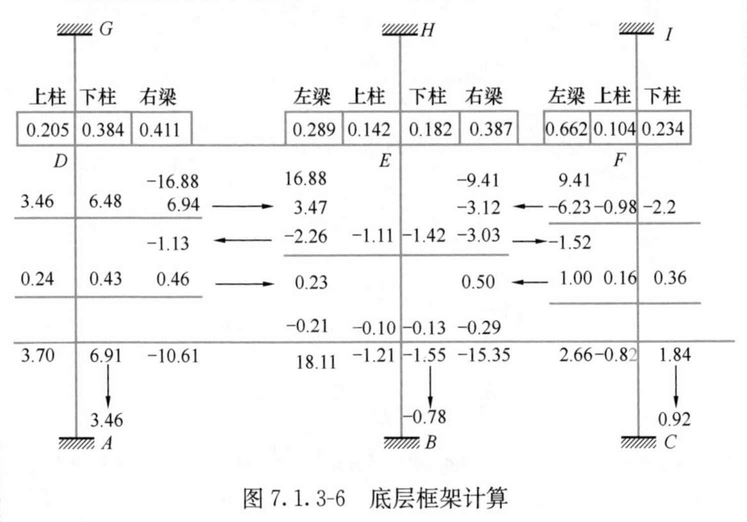

图 7.1.3-6　底层框架计算

梁固端弯矩：$M_{ED}^{F}=\frac{1}{12}ql_1^2=\frac{1}{12}\times3.6\times7.5^2=16.88\text{kN}\cdot\text{m}$

$$M_{FE}^{F}=\frac{1}{12}ql_2^2=\frac{1}{12}\times3.6\times5.6^2=9.41\text{kN}\cdot\text{m}$$

各节点弯矩分配系数：

节点 D：$\mu_{DA}=\frac{7.10}{7.10+7.6+4.22\times0.9}=0.384$

$$\mu_{DG}=\frac{4.22\times0.9}{7.10+7.6+4.22\times0.9}=0.205$$

$$\mu_{DE}=\frac{7.6}{7.10+7.6+4.22\times0.9}=0.411$$

节点 E：　$\mu_{ED}=\frac{7.6}{7.6+10.2+4.15\times0.9+4.8}=0.289$

$$\mu_{EF}=\frac{10.2}{7.6+10.2+4.15\times0.9+4.8}=0.387$$

$$\mu_{EH}=\frac{4.15\times0.9}{7.6+10.2+4.15\times0.9+4.8}=0.142$$

$$\mu_{EB}=\frac{4.80}{7.6+10.2+4.15\times0.9+4.8}=0.182$$

节点 F：　$\mu_{FE}=\frac{10.2}{10.2+1.78\times0.9+3.6}=0.662$

$$\mu_{FI}=\frac{1.78\times0.9}{10.2+1.78\times0.9+3.6}=0.104$$

$$\mu_{FC}=\frac{3.6}{10.2+1.78\times0.9+3.6}=0.234$$

由图 7.1.3-6 计算结果知，上柱 DG 柱底弯矩为 3.70kN・m。

$$M_{DG}=1.59+3.70=5.29\text{kN}\cdot\text{m}$$

所以应选（B）项。

【例 7.1.3-3】某十层教学楼，采用全现浇钢筋混凝土框架结构，在重力荷载代表值作用下，其中间一榀框架的计算简图如图 7.1.3-7 所示。柱的混凝土强度等级为 C30，梁与板的混凝土强度等级为 C20，梁、柱的纵向钢筋采用 HRB400 级钢筋。

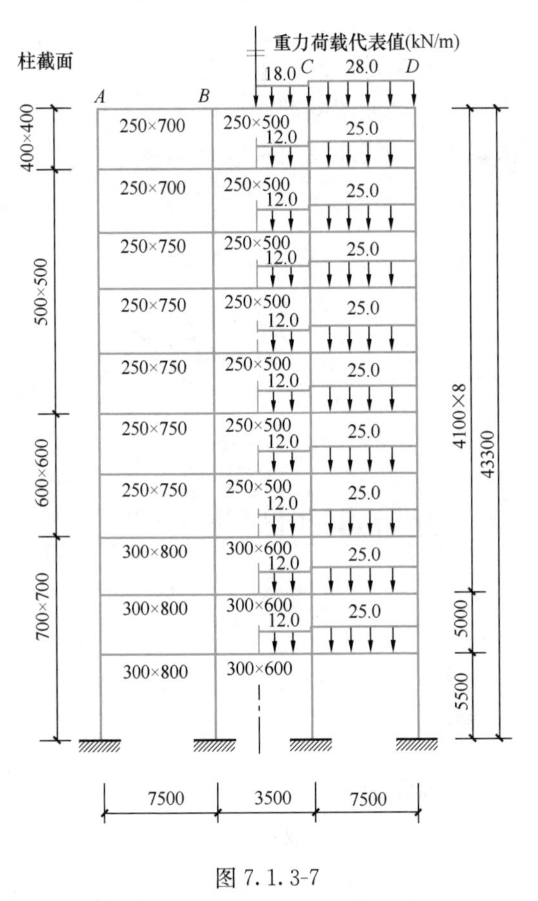

图 7.1.3-7

试问：在重力荷载代表值作用下，用分层法计算顶层横梁的中间支座弯矩 M_{BA}（kN·m），其值与下列何项数值最接近？

(A) 93.0　　　　(B) 95.7

(C) 98.2　　　　(D) 103.6

【解答】因结构对称、荷载对称，对原结构一半进行计算，如图 7.1.3-8 所示。

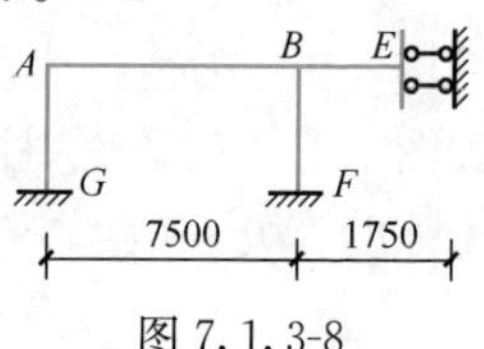

图 7.1.3-8

高层建筑，根据《高层建筑混凝土结构技术规程》5.2.2 条规定，现浇楼面，中榀框架，楼面梁刚度增大系数取 2.0。

分层法，顶层柱线刚度应乘以 0.9。

C30 梁，$E_c = 3.0 \times 10^4 \text{N/mm}^2$；

C40 柱，$E_c = 3.25 \times 10^4 \text{N/mm}^2$。

$$i_{BA} = \frac{2EI_b}{l} = \frac{2 \times 3 \times 10^4 \times \frac{1}{12} \times 250 \times 700^3}{7500} = 5.72 \times 10^{10} \text{N} \cdot \text{mm}$$

$$i_{BE} = \frac{2EI_b}{l} = \frac{2 \times 3 \times 10^4 \times \frac{1}{12} \times 250 \times 500^3}{1750} = 8.93 \times 10^{10} \text{N} \cdot \text{mm}$$

柱：$$i_{AG} = i_{BF} = \frac{0.9EI_c}{l} = \frac{0.9 \times 3.25 \times 10^4 \times \frac{1}{12} \times 400^4}{4100} = 1.52 \times 10^{10} \text{N} \cdot \text{mm}$$

对节点 B，其弯矩分配系数：

$$\mu_{BA} = \frac{4 \times 5.72 \times 10^{10}}{(4 \times 5.72 + 4 \times 1.52 + 8.93) \times 10^{10}} = 0.60$$

$$\mu_{BE} = \frac{8.93 \times 10^{10}}{(4 \times 5.72 + 4 \times 1.52 + 8.93) \times 10^{10}} = 0.24$$

$$\mu_{BF}=\frac{4\times1.52\times10^{10}}{(4\times5.72+4\times1.52+8.93)\times10^{10}}=0.16$$

对节点 A，其弯矩分配系数：

$$\mu_{AB}=\frac{4\times5.72\times10^{10}}{(4\times5.72+4\times1.52)\times10^{10}}=0.79$$

$$\mu_{AG}=\frac{4\times1.52\times10^{10}}{(4\times5.72+4\times1.52)\times10^{10}}=0.21$$

梁固端弯矩：

$$M_{BA}^{F}=-M_{AB}^{F}=\frac{1}{12}\times28\times7.5^{2}=131.25\text{kN}\cdot\text{m}$$

$$M_{BC}^{F}=-\frac{1}{12}\times18\times3.5^{2}=-18.38\text{kN}\cdot\text{m}$$

如图 7.1.3-9 所示计算梁端弯矩标准值，$M_{BA}=93.0\text{kN}\cdot\text{m}$

应选（A）项。

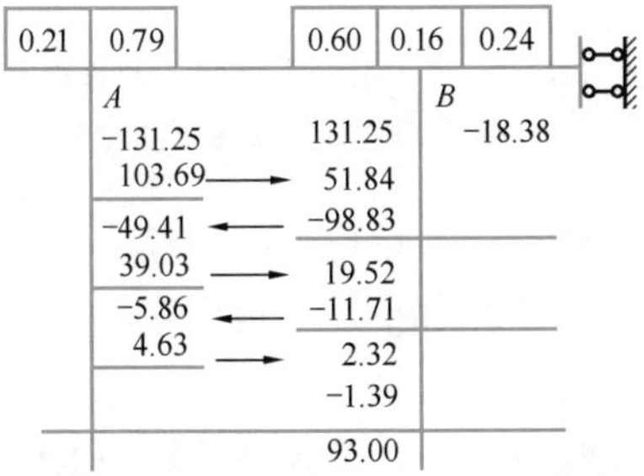

0.21	0.79	0.60	0.16	0.24
	A		B	
	-131.25	131.25		-18.38
	103.69 →	51.84		
	-49.41 ←	-98.83		
	39.03 →	19.52		
	-5.86 ←	-11.71		
	4.63 →	2.32		
		-1.39		
		93.00		

图 7.1.3-9

第二节　水平荷载作用下结构内力与变形计算

水平荷载作用下，框架和排架结构的内力计算一般采用反弯点法、D 值法（或改进反弯点法）和剪力分配法。

一、反弯点法

风或地震作用对框架结构的水平作用，一般都可简化为作用于框架节点上的水平力。由精确法分析可知，框架结构在节点水平力作用下定性的弯矩图如图 7.2.1-1(a) 所示，各杆的弯矩图都呈直线形，是一般都有一个反弯点，其变形图如图 7.2.1-1(b) 所示。当忽略梁的轴向变形时，同一层内的各节点具有相同的侧向位移，同一层内的各柱具有相同的层间位移。

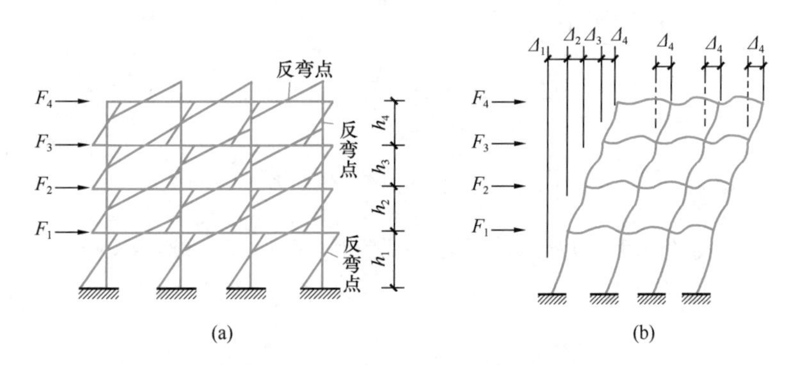

图 7.2.1-1　框架在水平力作用下的弯矩和变形

（a）弯矩图；（b）变形图

为确定各柱内的剪力及反弯点的位置，作如下假定：

（1）假定各柱上下端都不发生角位移，即认为梁的线刚度与柱的线刚度之比为无限大。

（2）假定除底层柱以外，其余各层柱的上、下端节点转角均相同，即除底层柱外，其余各层柱的反弯点位于层高的中点；对于底层柱，则假定其反弯点位于距支座$\frac{2}{3}$层高处。

（3）梁端弯矩可由节点弯矩平衡条件求出不平衡弯矩，再按节点左右梁的线刚度进行分配。

当梁的线刚度与柱的线刚度之比超过 3 时，上述假定所引起的误差能够满足工程设计的精度要求。

设框架结构共有 n 层，每层内有 m 个柱子，如图 7.2.1-2 所示，将框架沿第 j 层各柱的反弯点处切开，代以剪力和轴力，则由水平力平衡条件有：

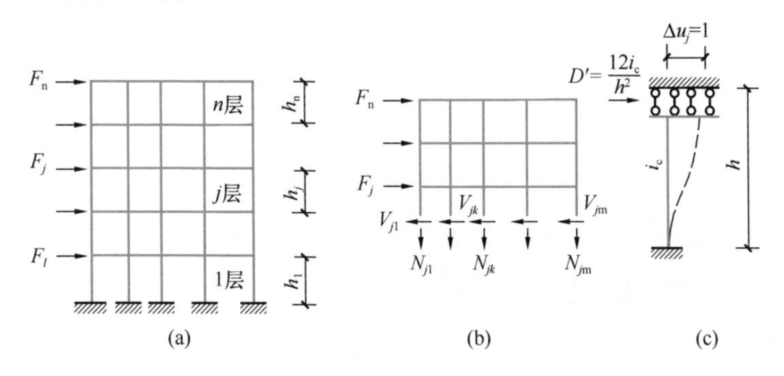

图 7.2.1-2　反弯点法计算简图

$$V_j = \sum_{i=j}^{n} F_i$$

$$V_j = \sum_{k=1}^{m} V_{jk} = V_{j1} + V_{j2} + \cdots + V_{jk} + \cdots + V_{jm}$$

(7.2.1-1)

式中　F_i——作用在楼层 i 的水平力；

V_j——框架结构在第 j 层所承受的层间总剪力；

V_{jk}——第 j 层第 k 柱所承受的剪力；

m——第 j 层内的柱子数；

n——楼层数。

由上述假定（1）知，水平力作用下，j 楼层框架柱 k 的变形如图 7.2.1-2(c) 所示，由结构力学可知，柱内的剪力为：

$$V_{jk} = D'_{jk} \Delta u_j , D'_{jk} = \frac{12 i_{jk}}{h_j^2} \qquad (7.2.1\text{-}2)$$

式中　i_{jk}——第 j 层第 k 柱的线刚度；

Δu_j——框架第 j 层的层间侧向位移；

D'_{jk}——第 j 层第 k 柱的侧向刚度。

由于忽略梁的轴向变形，则第 j 层的各柱具有相同的层间侧向位移 Δu_j，由式（7.2.1-1）、式（7.2.1-2）可得：

$$\Delta u_j = \frac{V_j}{\sum_{k=1}^{m} \frac{12 i_{jk}}{h_j^2}}$$

$$V_{jk} = \frac{i_{jk}}{\sum_{k=1}^{m} i_{jk}} V_j$$

求得各柱所承受的剪力 V_{jk} 后，由上述假定（2）可求出各柱的杆端弯矩，对于底层柱有：

$$M_{c,1k}^{t} = V_{1k} \cdot \frac{h_1}{3}；\ M_{c,1k}^{b} = V_{1k} \cdot \frac{2h_1}{3}$$

对于上部其他各层柱有：

$$M_{c,jk}^{t} = M_{c,jk}^{b} = V_{jk} \cdot \frac{h_j}{2}$$

求出柱端弯矩后，由图 7.2.1-3 所示的节点弯矩平衡条件并根据上述假定（3），即可求出梁端弯矩：

$$M_b^l = \frac{i_b^l}{i_b^l + i_b^r}\ (M_c^t + M_c^b)$$

$$M_b^r = \frac{i_b^r}{i_b^l + i_b^r}\ (M_c^t + M_c^b)$$

式中　M_c^b、M_c^t——分别为节点处柱上下端弯矩（图 7.2.1-3）。

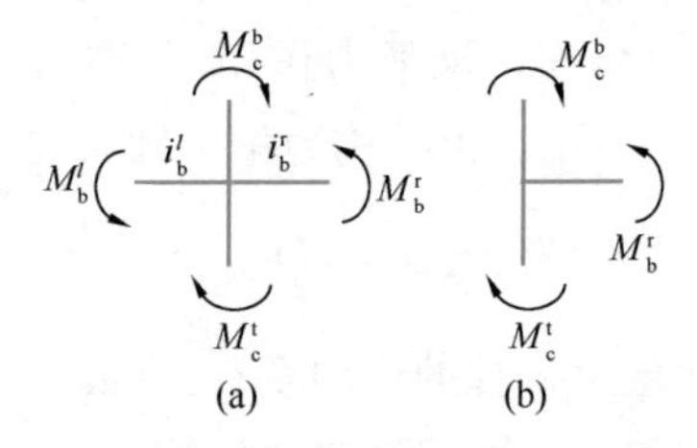

图 7.2.1-3

最后以各个梁为脱离体，将梁的左右端弯矩之和除以该梁的跨长，便得梁内剪力。自上而下逐层叠加节点左右的梁端剪力，即可得到柱内轴向力。

【例 7.2.1-1】 有一现浇钢筋混凝土框架结构，其中一榀框架受水平荷载作用，如图 7.2.1-4 所示，括号内数值为各柱和梁的相对线刚度。已知梁的线刚度与柱的线刚度之比大于3，用反弯点法求解杆件内力。

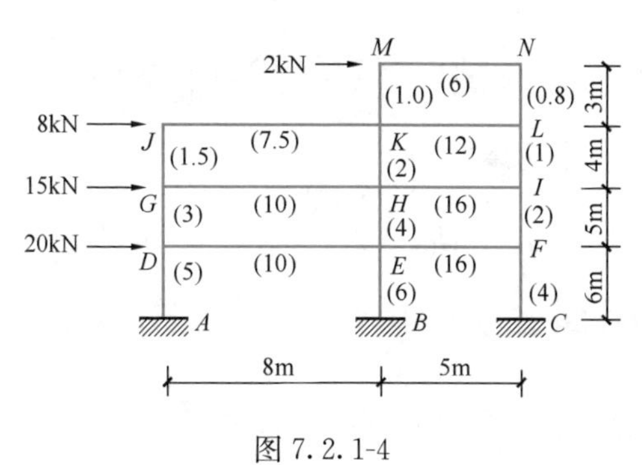

图 7.2.1-4

试问：

(1) 已知梁 DE 的 $M_{ED}=24.50\text{kN}\cdot\text{m}$，则梁 DE 的梁端剪力 V_D（kN），与下列何项数值最接近？

(A) 9.4　　(B) 20.8

(C) 6.8　　(D) 5.7

(2) 假定 M_{ED} 未知，则梁 EF 的梁端弯矩 M_{EF}（$\text{kN}\cdot\text{m}$），与下列何项数值最接近？

(A) 63.8　　(B) 24.5

(C) 36.0　　(D) 39.3

【解答】(1) 楼层剪力

底层 V_1：　$V_1=2+8+15+20=45\text{kN}$

第二层 V_2：　$V_2=2+8+15=25\text{kN}$

节点 D 处弯矩，先确定柱子剪力 V_{DG}、V_{DA}：

$$V_{DG}=\frac{3}{3+4+2}V_2=\frac{25}{3}=8.33\text{kN}$$

$$V_{DA}=\frac{5}{5+6+4}V_1=\frac{5}{15}\times 45=15\text{kN}$$

$$M_{DG}=V_{DG}\cdot\frac{h_2}{2}=8.33\times 2.5=20.83\text{kN}\cdot\text{m}$$

$$M_{DA}=V_{DA}\cdot\frac{h_1}{3}=15\times\frac{6}{3}=30\text{kN}\cdot\text{m}$$

根据结点平衡条件知：

$$M_{DE}=M_{DG}+M_{DA}=20.83+30=50.83\text{kN}\cdot\text{m}$$

节点 D 的梁端反力 V_D 为：

$$V_D=\frac{M_{DE}+M_{ED}}{l}=\frac{50.83+24.50}{8}=9.42\text{kN}$$

应选（A）项。

（2）节点 E 处的柱的剪力，如图 7.2.1-5 所示。

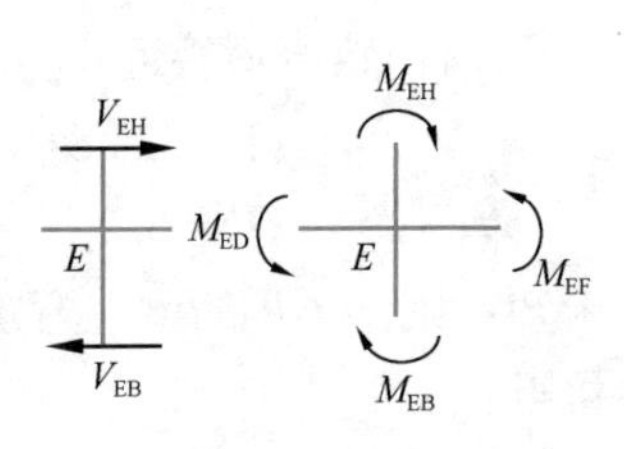

图 7.2.1-5

$$V_{EH}=\frac{4}{3+4+2}V_2=\frac{4}{9}\times 25=11.11\text{kN}$$

$$V_{EB}=\frac{6}{5+6+4}V_1=\frac{6}{15}\times 45=18\text{kN}$$

$$M_{EH}=V_{EH} \cdot \frac{h_2}{2}=11.11\times\frac{5}{2}=27.78\text{kN} \cdot \text{m}$$

$$M_{EB}=V_{EB} \cdot \frac{h_1}{3}=18\times\frac{6}{3}=36\text{kN} \cdot \text{m}$$

由节点平衡条件知：

$$M_{EF}=\frac{16}{10+16} \cdot (M_{EH}+M_{EB})=\frac{16}{26}\times(27.78+36)$$

$$=39.25\text{kN} \cdot \text{m}$$

应选（D）项。

二、*D* 值法

1. 改进后的柱侧向刚度 D

柱的侧向刚度 D，指当柱上下端产生单位相对横向位移时，柱所承受的剪力，即对于框架结构中第 j 层第 k 柱有：

$$D_{jk}=\frac{V_{jk}}{\Delta u_j}$$

为求中间柱 AB 的 D_{jk}，作如下假定：

（1）柱 AB 及与其上下相邻柱的线刚度均为 i_c。

（2）柱 AB 及与其上下相邻柱的层间水平位移均为 Δu_j。

（3）柱 AB 两端节点及与其上下左右相邻的各个节点的转角均为 θ。

（4）与柱 AB 相交的横梁的线刚度分别为 i_1、i_2、i_3、i_4。

框架受力后，中间柱 AB 及相邻各杆件的变形，可视为是上下层的相对层间位移 Δu_j 和各节点的转角 θ 的叠加；再根据柱 AB 的节点 A、节点 B 的力矩平衡条件，推导出下述公式（具体过程略）：

$$V_{jk}=\alpha_c\frac{12i_c}{h_j^2}\Delta u_j=\frac{\overline{K}}{2+\overline{K}}\frac{12i_c}{h_j^2}\Delta u_j, \alpha_c=\frac{\overline{K}}{2+\overline{K}}$$

$$D_{jk}=\alpha_c\frac{12i_c}{h_j^2}$$

求出框架柱侧向刚度 D 值后，与反弯点法相似，由同一层内各柱的层间位移相等的条件，把层间剪力 V_j 按下式分配给该层的各柱：

$$V_{jk}=\frac{D_{jk}}{\sum_{k=1}^{m}D_{jk}}V_j$$

式中 D_{jk}——第 j 层第 k 柱的侧向刚度值，或抗推刚度；

m——第 j 层框架柱数；

V_j——第 j 层框架柱所承受的层间总剪力。

框架柱的侧向刚度降低系数 α_c 及相应的 $\overline{K}$ 值的计算公式，见表 7.2.2-1。

不同情况下 α_c 和 $\overline{K}$ 的计算公式 **表 7.2.2-1**

楼层		简图	$\overline{K}$	α_c
一般层		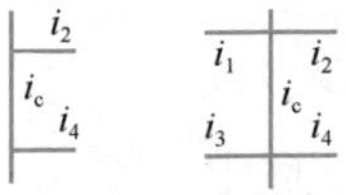 i_2，i_c，i_4；i_1，i_2，i_c，i_3，i_4	$\overline{K}=\frac{i_1+i_2+i_3+i_4}{2i_c}$	$\alpha_c=\frac{\overline{K}}{2+\overline{K}}$
底层	固接	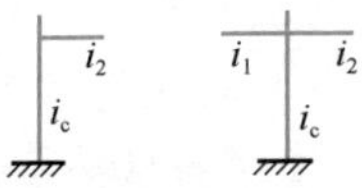 i_2，i_c；i_1，i_2，i_c	$\overline{K}=\frac{i_1+i_2}{i_c}$	$\alpha_c=\frac{0.5+\overline{K}}{2+\overline{K}}$
	铰接	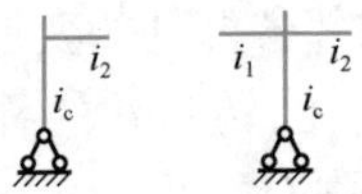 i_2，i_c；i_1，i_2，i_c	$\overline{K}=\frac{i_1+i_2}{i_c}$	$\alpha_c=\frac{0.5\overline{K}}{1+2\overline{K}}$
	铰接有连梁	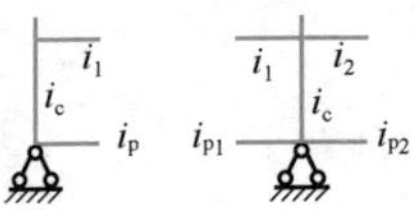 i_1，i_c，i_p；i_1，i_2，i_c，i_{p1}，i_{p2}	$\overline{K}=\frac{i_1+i_2+i_{p1}+i_{p2}}{2i_c}$	$\alpha_c=\frac{\overline{K}}{2+\overline{K}}$

注：边柱情况下，式中 i_1、i_3 或 i_{p1} 取 0 值。

2. 修正后的柱反弯点高度

影响柱反弯点高度的因素有：水平荷载的形式；梁柱线刚度之比；结构总层数及该柱所在的层数；柱上下横梁线刚度比；上层层高的变化；下层层高的变化等。

反弯点高度比 y，指反弯点到柱底距离与柱高度的比值。根据上述影响因素，反弯点高度比 y 的计算为：

$$y=y_0+y_1+y_2+y_3$$

式中　y_0——标准反弯点高度比；

y_1——考虑上下梁刚度不同时反弯点高度的修正值；

y_2、y_3——上层、下层层高有变化时反弯点高度变化的修正值。

(1) 标准反弯点高度比 y_0

标准反弯点高度比 y_0，它是在假定框架横梁的线刚度、柱的线刚度和层高沿框架高度保持不变的情况下通过理论推导求得的。为方便工程设计，已把标准反弯点高度比 y_0 的值制成表格。在均布水平荷载下的 y_0 值见表 7.2.2-2（仅列出部分）；在倒三角形分布荷载下的 y_0 值见表 7.2.2-3（仅列出部分）。根据该框架总层数 m、该层所在楼层 i、梁柱线刚度之比 K 值（K 值计算见表 7.2.2-1），可从表中查得 y_0。

(2) 上下梁线刚度变化时的反弯点高度比修正值 y_1

当上下梁线刚度比 I 发生变化时，即：

当 $i_1+i_2<i_3+i_4$ 时，$I=\dfrac{i_1+i_2}{i_3+i_4}$，反弯点上移，查表 7.2.2-4 可得 y_1；

当 $i_1+i_2>i_3+i_4$ 时，$I=\dfrac{i_3+i_4}{i_1+i_2}$，反弯点下移，查表 7.2.2-4 可得 y_1，并冠以负号；

对于底层柱，不考虑修正值 y_1，取 $y_1=0$。

规则框架承受均布水平力作用时标准反弯点的高度比 y_0 值 表 7.2.2-2

n	j \ K	0.1	0.2	0.3	0.4	0.5	0.6	0.7	0.8	0.9	1.0	2.0	3.0	4.0	5.0
1	1	0.80	0.75	0.70	0.65	0.65	0.60	0.60	0.60	0.60	0.55	0.55	0.55	0.55	0.55
2	2	0.45	0.40	0.35	0.35	0.35	0.35	0.40	0.40	0.40	0.40	0.45	0.45	0.45	0.45
	1	0.95	0.80	0.70	0.75	0.65	0.65	0.65	0.60	0.60	0.60	0.55	0.55	0.55	0.50
3	3	0.15	0.20	0.20	0.25	0.30	0.30	0.30	0.35	0.35	0.35	0.40	0.45	0.45	0.45
	2	0.55	0.50	0.45	0.45	0.45	0.45	0.45	0.45	0.45	0.45	0.45	0.50	0.50	0.50
	1	1.00	0.85	0.80	0.75	0.70	0.70	0.65	0.65	0.65	0.60	0.55	0.55	0.55	0.55
4	4	−0.05	0.05	0.15	0.20	0.25	0.30	0.30	0.35	0.35	0.35	0.40	0.45	0.45	0.45
	3	0.25	0.30	0.30	0.35	0.35	0.40	0.40	0.40	0.40	0.45	0.45	0.50	0.50	0.50
	2	0.65	0.55	0.50	0.50	0.45	0.45	0.45	0.45	0.45	0.45	0.50	0.50	0.50	0.50
	1	1.10	0.90	0.80	0.75	0.70	0.70	0.65	0.65	0.65	0.60	0.55	0.55	0.55	0.55

注：

i_1	i_2
	i
i_3	i_4

$$K=\frac{i_1+i_2+i_3+i_4}{2i}$$

规则框架承受倒三角形分布水平力作用时标准反弯点的高度比 y_0 值　　表 7.2.2-3

n	j \ K	0.1	0.2	0.3	0.4	0.5	0.6	0.7	0.8	0.9	1.0	2.0	3.0	4.0	5.0
1	1	0.80	0.75	0.70	0.65	0.65	0.60	0.60	0.60	0.60	0.55	0.55	0.55	0.55	0.55
2	2	0.50	0.45	0.40	0.40	0.40	0.40	0.40	0.40	0.40	0.45	0.45	0.45	0.45	0.50
	1	1.00	0.85	0.75	0.70	0.70	0.65	0.65	0.65	0.60	0.60	0.55	0.55	0.55	0.55
3	3	0.25	0.25	0.25	0.30	0.30	0.35	0.35	0.35	0.40	0.40	0.45	0.45	0.45	0.50
	2	0.60	0.50	0.50	0.50	0.50	0.45	0.45	0.45	0.45	0.45	0.50	0.50	0.50	0.50
	1	1.15	0.90	0.80	0.75	0.75	0.70	0.70	0.65	0.65	0.65	0.60	0.55	0.55	0.55
4	4	0.10	0.15	0.20	0.25	0.30	0.30	0.35	0.35	0.35	0.40	0.45	0.45	0.45	0.45
	3	0.35	0.35	0.35	0.40	0.40	0.40	0.40	0.45	0.45	0.45	0.45	0.50	0.50	0.50
	2	0.70	0.60	0.55	0.50	0.50	0.50	0.50	0.50	0.50	0.50	0.50	0.50	0.50	0.50
	1	1.20	0.95	0.85	0.80	0.75	0.70	0.70	0.70	0.65	0.65	0.55	0.55	0.55	0.55

上下层横梁线刚度比对 y_0 的修正值 y_1　　**表 7.2.2-4**

K / I	0.1	0.2	0.3	0.4	0.5	0.6	0.7	0.8	0.9	1.0	2.0	3.0	4.0	5.0
0.4	0.55	0.40	0.30	0.25	0.20	0.20	0.20	0.15	0.15	0.15	0.05	0.05	0.05	0.05
0.5	0.45	0.30	0.20	0.20	0.15	0.15	0.15	0.10	0.10	0.10	0.05	0.05	0.05	0.05
0.6	0.30	0.20	0.15	0.15	0.10	0.10	0.10	0.10	0.05	0.05	0.05	0.05	0	0
0.7	0.20	0.15	0.10	0.10	0.10	0.10	0.05	0.05	0.05	0.05	0.05	0	0	0
0.8	0.15	0.10	0.05	0.05	0.05	0.05	0.05	0.05	0.05	0	0	0	0	0
0.9	0.05	0.05	0.05	0.05	0	0	0	0	0	0	0	0	0	0

注：

i_1　i_2
i
i_3　i_4

$I=\dfrac{i_1+i_2}{i_3+i_4}$，当 $i_1+i_2>i_3+i_4$ 时，取 $I=\dfrac{i_3+i_4}{i_1+i_2}$，同时在查得的 y_1 值前加负号“－”。

$K=\dfrac{i_1+i_2+i_3+i_4}{2i}$

（3）上下层高度变化时的反弯点高度比修正值 y_2 和 y_3

上层层高与本层层高之比 α_2：$\alpha_2=\dfrac{h_{上}}{h}$

查表 7.2.2-5（仅列出部分）可得修正值 y_2。当 $\alpha_2>1$ 时，y_2 为正值，反弯点上移；当 $\alpha_2<1$ 时，α_2 为负值，反弯点下移。

下层层高与本层层高之比 α_3：$\alpha_3=\dfrac{h_{下}}{h}$

同样，查表 7.2.2-5（仅列出部分）可得修正值 y_3。当 $\alpha_3>1$ 时，y_3 为负值，反弯点下移；当$\alpha_3<1$ 时，y_3 为正值，反弯点上移。

上下层高变化对 y_0 的修正值 y_2 和 y_3　　**表 7.2.2-5**

α_2	K / α_3	0.1	0.2	0.3	0.4	0.5	0.6	0.7
2.0		0.25	0.15	0.15	0.10	0.10	0.10	0.10
1.8		0.20	0.15	0.10	0.10	0.10	0.05	0.05
1.6	0.4	0.15	0.10	0.10	0.05	0.05	0.05	0.05
1.4	0.6	0.10	0.05	0.05	0.05	0.05	0.05	0.05

续表

α_2	K / α_3	0.1	0.2	0.3	0.4	0.5	0.6	0.7
1.2	0.8	0.05	0.05	0.05	0.0	0.0	0.0	0.0
1.0	1.0	0.0	0.0	0.0	0.0	0.0	0.0	0.0
0.8	1.2	−0.05	−0.05	−0.05	0.0	0.0	0.0	0.0
0.6	1.4	−0.10	−0.05	−0.05	−0.05	−0.05	−0.05	−0.05
0.4	1.6	−0.15	−0.10	−0.10	−0.05	−0.05	−0.05	−0.05
	1.8	−0.20	−0.15	−0.10	−0.10	−0.10	−0.05	−0.05
	2.0	−0.25	−0.15	−0.15	−0.10	−0.10	−0.10	−0.10

注：

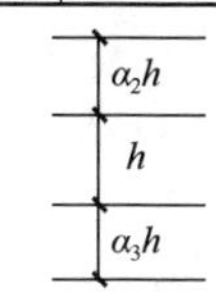

y_2——按照 K 及 α_2 求得，上层较高时为正值；

y_3——按照 K 及 α_3 求得。

综上所述，经过各项修正后，柱底至反弯点的高度 yh 为：

$$yh=(y_0+y_1+y_2+y_3)h$$

3. 框架结构侧移计算及限值

（1）侧移的近似计算

第 j 层框架层间水平位移 Δu_j 为：

$$\Delta u_j=\frac{V_j}{\sum_{k=1}^{m}D_{jk}}$$

框架顶点的总水平位移 u 应为各层层间位移之和，即：

$$u=\Delta u_1+\cdots+\Delta u_j+\cdots+\Delta u_n=\sum_{j=1}^{n}\Delta u_j$$

注意：上述求得的框架结构侧向水平位移只是由梁、柱弯曲变形所产生的变形量，而未考虑梁、柱的轴向变形和截面剪切变形所产生的结构侧移。但对一般的多层框架结构，上述计算的框架侧移已能满足工程设计的精度要求。

（2）弹性层间位移限值

$$\frac{\Delta u}{h}\leqslant[\theta_e]$$

式中　Δu——按弹性方法计算所得的楼层层间水平位移；

h——层高；

$[\theta_e]$——弹性层间位移角限值，《建筑抗震设计规范》GB 50011—2010 中第 5.5.1 条、《高层建筑混凝土结构技术规程》JGJ 3—2010 中第 3.7.3 条，均规定钢筋混凝土框架结构为 1/550。

4. 框架柱的剪力分配

框架柱的剪力分配，作如下假定：

(1) 忽略在水平力作用下柱的轴向变形，柱的剪力只与水平位移有关。

(2) 梁的轴向变形很小，忽略其轴向变形，认为同一楼层处柱端位移相等。

由此，可推导出第 j 层第 k 柱的剪力 V_{jk} 为：

$$V_{jk} = \frac{D_{jk}}{\sum_{k=1}^{m} D_{jk}} V_j$$

式中　V_j——第 j 层框架柱的总剪力；

m——第 j 层框架柱数。

【例 7.2.2-1】 某 6 层现浇钢筋混凝土框架结构，其计算简图如图 7.2.2-1 所示。边跨梁、中间跨梁、边柱及中柱各自的线刚度，依次分别为 i_{b1}、i_{b2}、i_{c1} 和 i_{c2}（单位为 10^{10} N·mm），且在各层间不变。

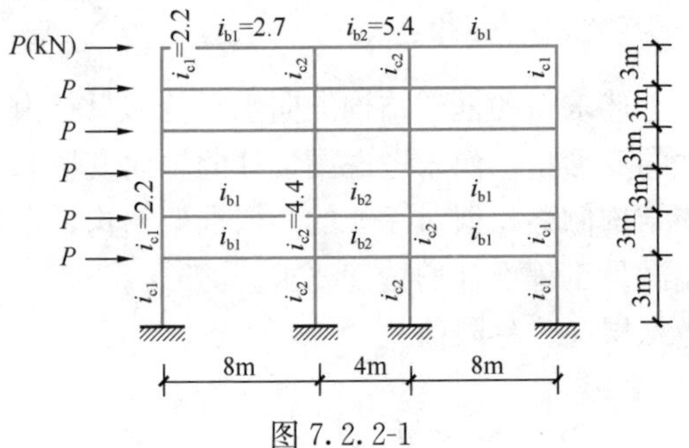

图 7.2.2-1

试问：

（1）采用 D 值法计算在图示水平荷载作用下的框架内力。假定第 2 层中柱的侧向刚度（抗推刚度）$D_{2中}=2.108\times\frac{12\times10^7}{h^2}$kN/mm（式中 h 为楼层层高）。第 2 层每个边柱分配的剪力 $V_{边}$（kN），与下列何项数值最接近？

（A）0.7P　　（B）1.4P

（C）1.9P　　（D）2.8P

（2）用 D 值法计算在水平荷载作用下的框架水平侧移。假定在图示水平荷载作用下，顶层的层间相对侧移值 $\Delta_6=0.0127P$（mm），已求得底层总侧向刚度 $\Sigma D_1=102.84$kN/mm。在图示水平荷载作用下，顶层（屋顶）的绝对侧移值 δ_6（mm），与下列何项数值最为接近？

（A）0.06P　　（B）0.12P

（C）0.20P　　（D）0.25P

【解答】（1）抗推刚度：$D=\alpha_c\frac{12i_c}{h^2}$

一般层的边柱：$\overline{K}_{2边}=\frac{i_{b1}+i_{b1}}{2i_{c1}}=\frac{2.7+2.7}{2\times2.2}=1.227$

$$\alpha_{2边}=\frac{\overline{K}_{2边}}{2+\overline{K}_{2边}}=\frac{1.227}{2+1.227}=0.38$$

则：

$$D_{2边}=0.38\times\frac{12\times2.2}{h^2}\times10^7=0.836\times\frac{12}{h^2}\times10^7\text{kN/mm}$$

$$V_{2边}=\frac{D_{2边}}{\Sigma D_{2j}}V_j=\frac{0.836\times\frac{12}{h^2}\times10^7}{2\times(0.836+2.108)\times\frac{12}{h^2}\times10^7}\times5P$$

$$=0.7099P$$

应选（A）项。

（2）除底层外，由题目条件知，第 2 层～第 6 层各层侧向刚度$\sum D_i$相同，又$\Delta_i=\dfrac{\sum P_i}{\sum D_i}$，则：

$$\delta_6=\sum_{i=1}^{6}\Delta_i=\frac{P}{\sum D_6}(1+2+3+4+5)+\frac{6P}{\sum D_1}=15\times\Delta_6+\frac{6P}{\sum D_1}$$

又由条件知，$\Delta_6=0.0127P$，$\sum D_1=102.84\text{kN/mm}$

$$\delta_6=15\times0.0127P+\frac{6P}{102.84}=0.2488P\ (\text{mm})$$

应选（D）项。

【例 7.2.2-2】某三层现浇钢筋混凝土框架结构，其中间一榀框架的几何尺寸及受力如图 7.2.2-2 所示，图中括号内的数值为梁、柱杆件的相对线刚度值。

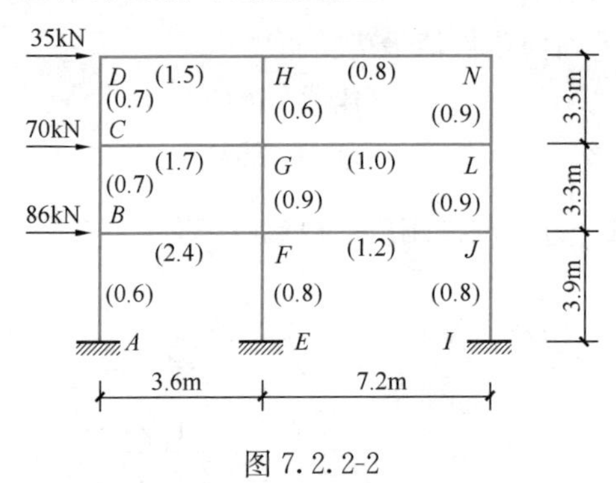

图 7.2.2-2

试问：

（1）底层中柱 EF 的 D_{EF} 值（相对值），二层边柱 BC 的 D_{BC} 值（相对值），与下列何项数值最接近？

（A）0.486；0.458　　（B）0.243；0.916

（C）0.458；0.486　　（D）0.243；0.486

（2）已知二层柱 JL 的 D_{JL} 值（相对值）为 0.376，柱 FG 的 D_{FG} 值（相对值）为 0.631，则柱 JL 承受的剪力 V_{2JL}（kN），与下列何项数值最接近？

(A) 25.0　　　　(B) 27.0

(C) 32.0　　　　(D) 37.0

(3) 已知上柱 HG 反弯点高度位置 $y=y_0+y_1+y_2+y_3=0.45$，承受剪力 $V_{3HG}=14.0\text{kN}$，下柱 GF 反弯点高度位置 $y=0.50$，承受的剪力 $V_{2GF}=46.0\text{kN}$，则梁 GL 的梁端弯矩 M_{GL}（kN·m），与下列何项数值最为接近？

(A) 26.8　　　　(B) 31.2

(C) 35.8　　　　(D) 38.4

(4) 已知各楼层的侧向刚度 D 值的总和分别为：$\Sigma D_3=1.16\times10^5\text{N/mm}$，$\Sigma D_2=1.46\times10^5\text{N/mm}$，$\Sigma D_1=1.20\times10^5\text{N/mm}$，由杆件弯曲变形产生的顶层柱顶点位移 u（mm），与下列何项数值最为接近？

(A) 2.613　　　　(B) 2.214

(C) 1.816　　　　(D) 1.517

【解答】(1) 底层中柱 EF：

$$\overline{K}=\frac{i_1+i_2}{i_c}=\frac{2.4+1.2}{0.8}=4.5$$

$$\alpha_c=\frac{0.5+\overline{K}}{2+\overline{K}}=\frac{0.5+4.5}{2+4.5}=0.769$$

$$D_{EF}=\alpha_c\frac{12i_c}{h^2}=0.769\times\frac{12\times0.8}{3.9^2}=0.485$$

第二层边柱 BC：

$$\overline{K}=\frac{i_2+i_4}{2i_c}=\frac{1.7+2.4}{2\times0.7}=2.929$$

$$\alpha_c=\frac{\overline{K}}{2+\overline{K}}=\frac{2.929}{2+2.929}=0.594$$

$$D_{BC}=\alpha_c\frac{12i_1}{h^2}=0.594\times\frac{12\times0.7}{3.3^2}=0.458$$

应选 (A) 项。

（2）由条件知：$D_{FG}=0.631$，$D_{JL}=0.376$ 和 $D_{BC}=0.458$（已求得）

楼层总剪力：$V_2=35+70=105\text{kN}$

柱剪力：$V_{2TL}=\frac{D_{JL}}{\Sigma D_{2j}}V_2=\frac{0.376}{0.376+0.631+0.458}\times 105=26.95\text{kN}$

应选（B）项。

（3）上柱 HG 的底端 G 弯矩：$M_{GH}=yh_3\cdot V_{3HG}=0.45\times 3.3\times 14.0=20.79\text{kN}\cdot\text{m}$

下柱 FG 的上端 G 弯矩：$M_{GF}=(1-y)\ h_2\cdot V_{2GF}=(1-0.5)\times 3.3\times 46.0=75.9\text{kN}\cdot\text{m}$

梁 GL 的 G 端弯矩 M_{GL}：

$$M_{GL}=\frac{1.0}{1.0+1.7}(M_{GH}+M_{GF})$$

$$=\frac{1.0}{2.7}\times(20.19+75.9)$$

$$=35.59\text{kN}\cdot\text{m}$$

应选（C）项。

（4）$u=\Delta_1+\Delta_2+\Delta_3=\frac{V_1}{\Sigma D_1}+\frac{V_2}{\Sigma D_2}+\frac{V_3}{\Sigma D_3}$

$$=\frac{35\times 10^3}{1.16\times 10^5}+\frac{(35+70)\times 10^3}{1.46\times 10^5}+\frac{(35+70+86)\times 10^3}{1.20\times 10^5}$$

$$=0.3017+0.7192+1.5917=2.6126\text{mm}$$

应选（A）项。

三、排架计算

本节所讲的排架计算是指横向平面排架而言，一般简称为排架。排架计算内容为：确定计算简图、荷载计算、柱控制截面的内力分析和内力组合。必要时，还应验算排架的水平位移值。

为简化计算，对排架计算作了如下假定：

（1）柱下端固接于基础顶面，上端与屋面梁或屋架铰接。

（2）屋面梁式屋架没有轴向变形。

1. 排架的计算单元

由相邻柱距的中心线截出的一个典型区段，称为排架的计算单元，如图 7.2.3-1 中的斜线部分所示。除吊车荷载等移动荷载以外，斜线部分就是排架的负荷范围，或称荷载从属面积。

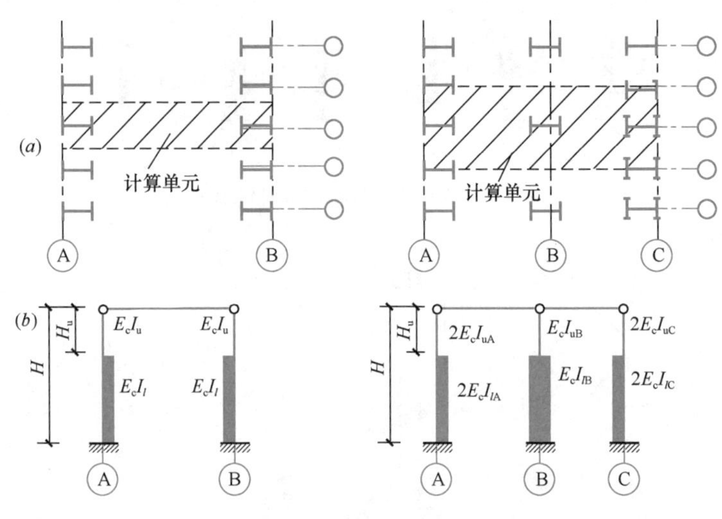

图 7.2.3-1　排架的计算单元和计算简图

2. 用剪力分配法计算等高排架

从排架计算的观点来看，柱顶水平位移相等的排架，称为等高排架。等高排架有柱顶标高相同的，以及柱顶标高虽不同但柱顶由倾斜横梁贯通相连的两种，如图 7.2.3-2(a)、(b) 所示，均可按等高排架计算。

计算等高排架的一种简便方法——剪力分配法。

由结构力学知，当单位水平力作用在单阶悬臂柱顶时，见图 7.2.3-3，柱顶水平位移为：

$$\Delta u=\frac{H^3}{3E_\mathrm{c}I_l}\left[1+\lambda^3\left(\frac{1}{n}-1\right)\right]=\frac{H^3}{C_0E_\mathrm{c}I_l}$$

式中，$\lambda=\frac{H_\mathrm{u}}{H}$，$n=\frac{I_\mathrm{u}}{I_l}$，$C_0=\frac{3}{1+\lambda^3\left(\frac{1}{n}-1\right)}$，$C_0$ 可由单阶柱柱顶反力与水平位移系数值图表查得；H_u 和 H 分别为上部柱高和柱的总高，I_u、I_l 分别为上、下部柱的截面惯性矩。

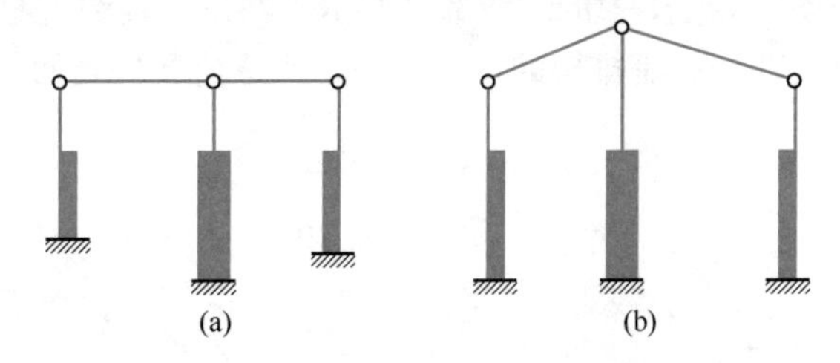

图 7.2.3-2　属于按等高排架计算的两种情况

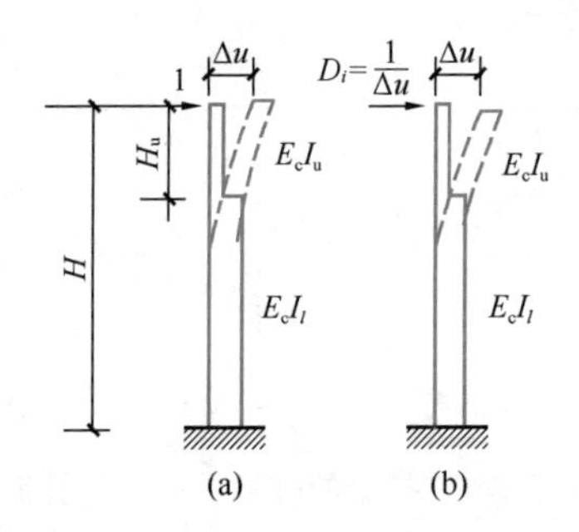

图 7.2.3-3　单阶悬臂柱的抗剪刚度

显然，要使柱顶产生单位水平位移，则需在柱顶施加$\frac{1}{\Delta u}$的水平力。令 $D_i=\frac{1}{\Delta u}$，则 D_i 反映了柱抵抗侧移的能力，一般称 D_i 为柱的抗剪刚度或侧向刚度。

（1）柱顶作用水平集中力时的剪力分配

如图 7.2.3-4 所示，设有 n 根柱，任一柱 i 的抗剪刚度为

D_i。根据各柱顶水平位移 u_i 均相等，即为 u，以及力平衡条件，可得：

$$V_i = D_i u_i = D_i u$$

$$P = V_1 + V_2 + \cdots + V_i + \cdots + V_n = \sum_{i=1}^{n} V_i$$

可推出如下计算公式：

$$V_i = \frac{D_i}{\sum_{i=1}^{n} D_i} P = \eta_i P, \eta_i = \frac{D_i}{\sum_{i=1}^{n} D_i}$$

式中，η_i 称为柱 i 的剪力分配系数，其值等于柱 i 自身的抗剪刚度与所有柱（包括其本身）总的抗剪刚度之比。

由所求得的剪力值可算出柱底部杆端弯矩：

$$M_i = V_i h_i$$

当排架柱为等截面柱时，如图 7.2.3-5 所示，各柱的抗剪刚度为：

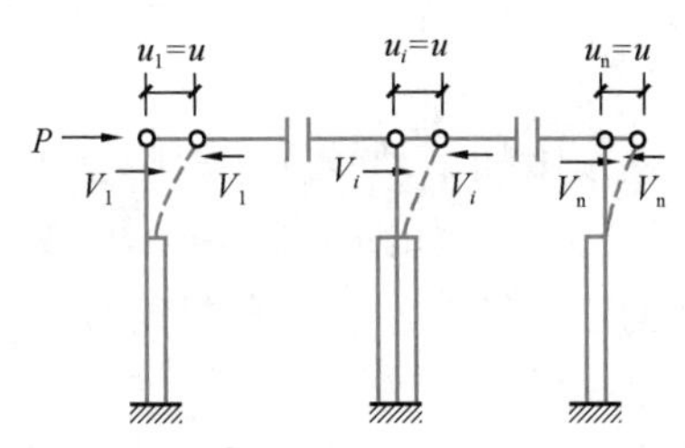

图 7.2.3-4　柱顶作用水平集中力时的剪力分配

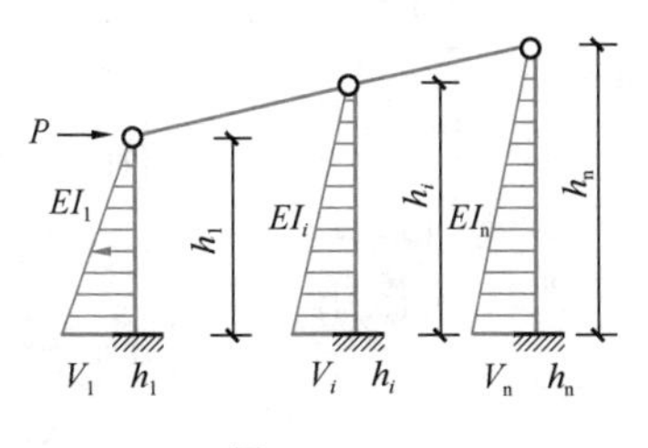

图 7.2.3-5

$$D_i=\frac{3i_i}{h_i^2}=\frac{3EI_i}{h_i^3}$$

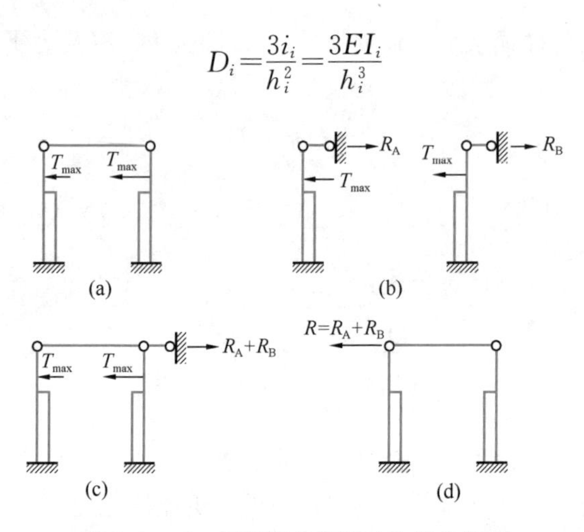

图 7.2.3-6　任意荷载作用时的剪力分配

（2）任意荷载作用时的剪力分配

当排架上有任意荷载作用时，如图 7.2.3-6 所示，为了能利用上述剪力分配系数进行计算，可把计算过程分为如下三个步骤：

1）先在排架柱顶附加不动铰支座以阻止水平位移，并求出不动铰支座的水平反力 R，如图 7.2.3-6(b）或（c）所示。

2）拆除附加的不动铰支座，在此排架柱顶加上反向作用的 R，如图 7.2.3-6(d）所示。

3）将上述两个状态叠加，以恢复原状，即叠加上述两个步骤中求出的内力即为排架的实际内力。

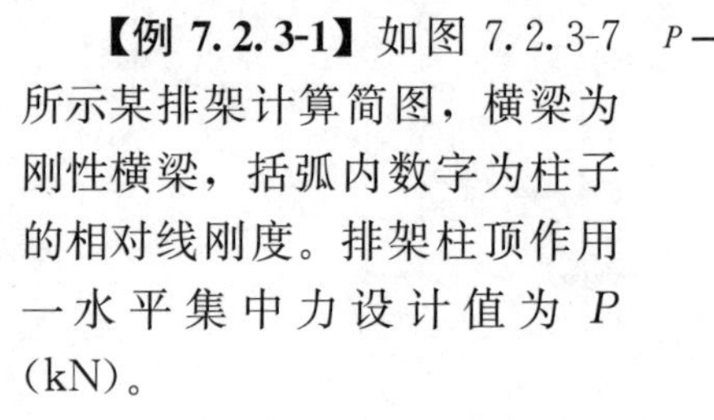

【例 7.2.3-1】 如图 7.2.3-7 所示某排架计算简图，横梁为刚性横梁，括弧内数字为柱子的相对线刚度。排架柱顶作用一水平集中力设计值为 P（kN）。

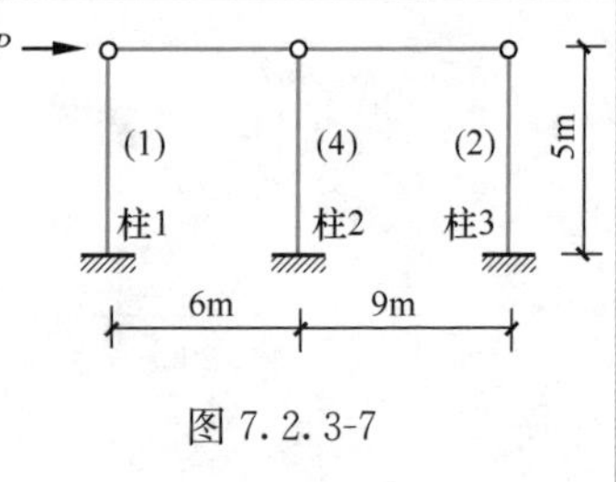

图 7.2.3-7

试问：

(1) 边柱 1 的柱底弯矩值（kN・m），与下列何项数值最为接近？

(A) $0.715P$　　(B) $1.430P$

(C) $2.860P$　　(D) $3.426P$

(2) 中柱 2 的柱底弯矩值（kN・m），与下列何项数值最为接近？

(A) $0.715P$　　(B) $1.430P$

(C) $2.860P$　　(D) $3.426P$

【解答】(1) 柱子抗剪刚度

边柱 1：　$D_1=\frac{3i_1}{h_1^2}=\frac{3\times1}{5^2}=0.12$

中柱 2：　$D_2=\frac{3\times4}{5^2}=0.48$

边柱 3：　$D_3=\frac{3\times2}{5^2}=0.24$

$$\eta_1=\frac{D_1}{\sum D_i}=\frac{0.12}{0.12+0.48+0.24}=0.143$$

$$V_1=\eta_1 P=0.143P$$

$$M_1=V_1h_1=0.143P\times5=0.715P\ (\text{kN}\cdot\text{m})$$

应选（A）项。

(2)　$\eta_2=\frac{D_2}{\sum D_i}=\frac{0.48}{0.12+0.48+0.24}=0.571$

$V_2=\eta_2 P=0.571P$

$M_2=V_2h_2=0.571P\times5=2.855P$

应选（C）项。

【例 7.2.3-2】 如图 7.2.3-8 所示某排架计算简图，边柱分别作用水平集中力 P（kN）、$0.8P$（kN）。

试问：

（1）边柱 DA 的柱底弯矩值（kN·m），与下列何项数值最接近？

（A）$0.33PL$

（B）$0.31PL$

（C）$0.29PL$

（D）$0.28PL$

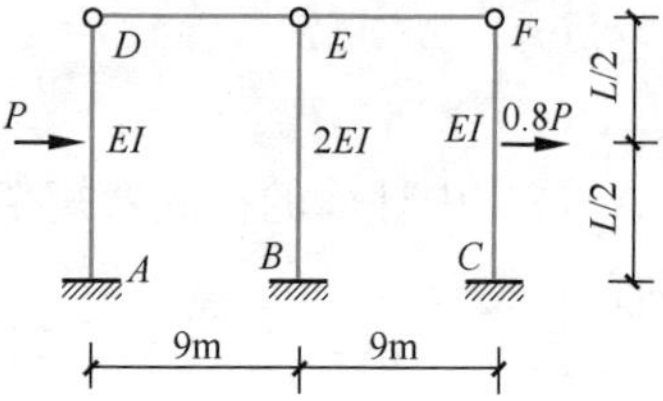

图 7.2.3-8

（2）边柱 FC 的柱底弯矩值（kN·m），与下列何项数值最接近？

（A）$0.33PL$　　（B）$0.31PL$

（C）$0.29PL$　　（D）$0.28PL$

【解答】（1）在节点 F 处附加一支杆，如图 7.2.3-9(a) 所示。

固端剪力：

$$V_{DA}^{F}=-\frac{5P}{16}；\ V_{FC}^{F}=-\frac{5\times 0.8P}{16}=-\frac{4P}{16}$$

由横梁平衡条件知：$R=-(V_{DA}^{F}+V_{FC}^{F})=\frac{5P}{16}+\frac{4P}{16}=\frac{9P}{16}$

将 R 反向加在横梁上，如图 7.2.3-9（b）所示。各柱柱顶的剪力分配系数：

$$\eta_{DA}=\frac{3\dfrac{EI}{l^3}}{\dfrac{3EI}{l^3}+\dfrac{3\times 2EI}{l^3}+\dfrac{3EI}{l^3}}=\frac{1}{4}$$

同理，$\eta_{EB}=\frac{1}{2}$，$\eta_{FC}=\frac{1}{4}$

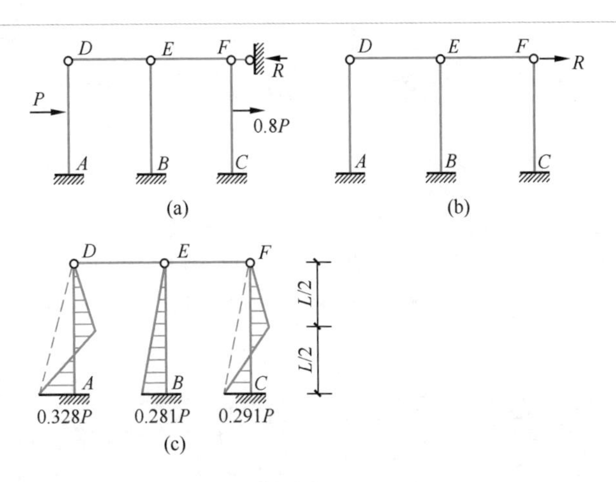

图 7.2.3-9

柱顶剪力分配为：$V_{DA}=\eta_{DA}\cdot R=\frac{1}{4}\times\frac{9}{16}P$

$$V_{EB}=\eta_{EB}R=\frac{1}{2}\times\frac{9}{16}P$$

$$V_{FC}=\eta_{FC}R=\frac{1}{4}\times\frac{9}{16}P$$

叠加确定柱顶实际剪力值：

$$V_{DA}=\frac{1}{4}\times\frac{9}{16}P-\frac{5P}{16}=-0.172P$$

$$V_{FC}=\frac{1}{4}\times\frac{9P}{16}-\frac{4P}{16}=-0.109P$$

边柱 DA 的柱底弯矩值为：

$$M_{AD}=P\cdot\frac{L}{2}-0.172P\cdot L=0.328PL\ (\mathrm{kN\cdot m})$$

应选（A）项。

（2）边柱 FC 的柱底弯矩值为：

$$M_{CF}=0.8P\cdot\frac{L}{2}-0.109P\cdot L=0.291PL\ (\mathrm{kN\cdot m})$$

应选（C）项。

第三节　钢结构计算

一、双向受弯檩条内力计算

1. 单跨简支檩条计算（x-x 轴作为强轴）

如图 7.3.1-1 所示，槽钢、H 型钢檩条，承受线荷载 q（kN/m），其相应的檩条内力、支座反力，见表 7.3.1-1。

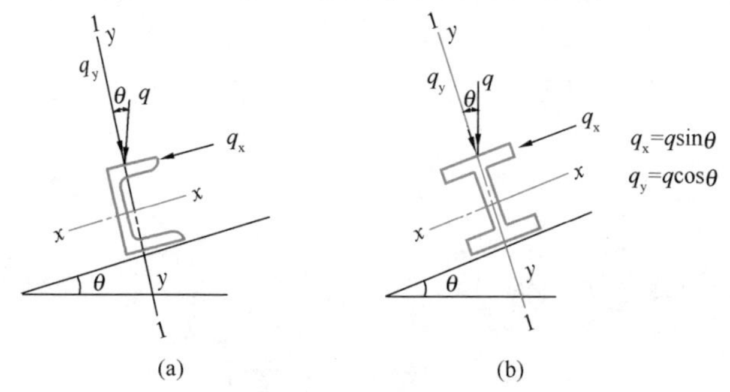

图 7.3.1-1　槽钢、H 型钢檩条（x-x 轴作为强轴）

单跨简支檩条（与图 7.3.1-1 对应）　　　　**表 7.3.1-1**

拉条设置	q_y 作用下	q_x 作用下
无拉条	$\frac{1}{8}q_yl^2$；支座反力 $\frac{1}{2}q_yl$，$\frac{1}{2}q_yl$；跨度 l	$\frac{1}{8}q_xl^2$；支座反力 $\frac{1}{2}q_xl$，$\frac{1}{2}q_xl$；跨度 l
跨中点有1根拉条		$-\frac{1}{8}q_x(\frac{l}{2})^2=-\frac{1}{32}q_xl^2$；支座反力 $\frac{3}{16}q_xl$，$\frac{5}{8}q_xl$，$\frac{3}{16}q_xl$；跨度 $\frac{l}{2}$，$\frac{l}{2}$

续表

拉条设置	q_y 作用下	q_x 作用下
跨内有2根拉条	$\frac{1}{9}q_y l^2$　$\frac{1}{8}q_y l^2$　$\frac{1}{9}q_y l^2$ $\frac{1}{2}q_y l$　$\frac{1}{2}q_y l$ $\frac{l}{3}$　$\frac{l}{3}$　$\frac{l}{3}$	$-\frac{1}{90}q_x l^2$　$-\frac{1}{90}q_x l^2$ $\frac{1}{360}q_x l^2$ $\frac{2}{15}q_x l$　$\frac{11}{30}q_x l$　$\frac{11}{30}q_x l$　$\frac{2}{15}q_x l$ $\frac{l}{3}$　$\frac{l}{3}$　$\frac{l}{3}$

注：跨内有 2 根拉条，当 $q_x<\frac{5}{3}q_y$ 时，强度计算采用跨中弯矩；当 $q_x>\frac{5}{3}q_y$ 时，强度计算采用跨度 1/3 处的弯矩。

2. 单跨简支檩条计算（y-y 轴作为强轴）

如图 7.3.1-2 所示，槽钢、H 型钢檩条，承受线荷载 q（kN/m），其相应的檩条内力、支座反力，见表 7.3.1-2。

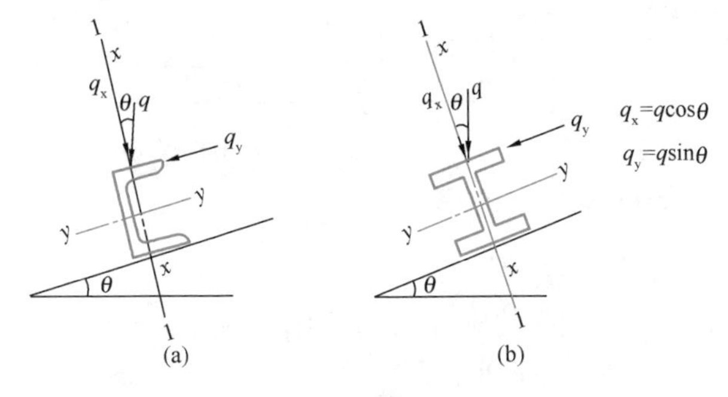

图 7.3.1-2　槽钢、H 型钢（y-y 轴作为强轴）

单跨简支檩条（与图 7.3.1-2 对应）　　　表 7.3.1-2

拉条设置	q_x 作用下	q_y 作用下
无拉条	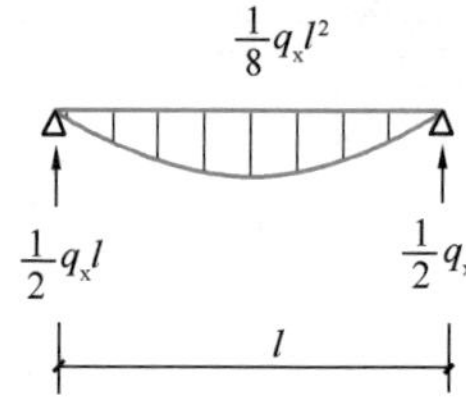 $\frac{1}{8}q_x l^2$；$\frac{1}{2}q_x l$，$\frac{1}{2}q_x l$；l	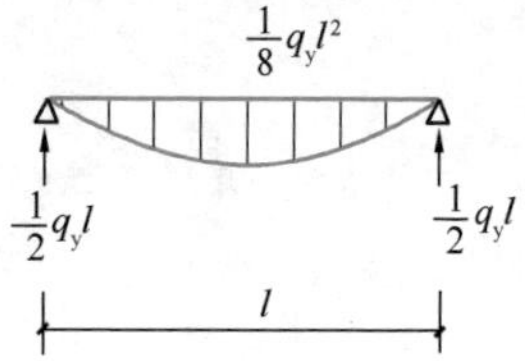 $\frac{1}{8}q_y l^2$；$\frac{1}{2}q_y l$，$\frac{1}{2}q_y l$；l
跨中点有1根拉条		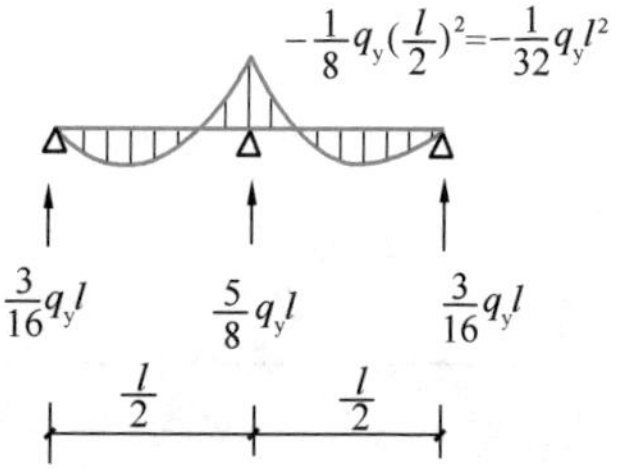 $-\frac{1}{8}q_y(\frac{l}{2})^2=-\frac{1}{32}q_y l^2$；$\frac{3}{16}q_y l$，$\frac{5}{8}q_y l$，$\frac{3}{16}q_y l$；$\frac{l}{2}$，$\frac{l}{2}$
跨内有2根拉条	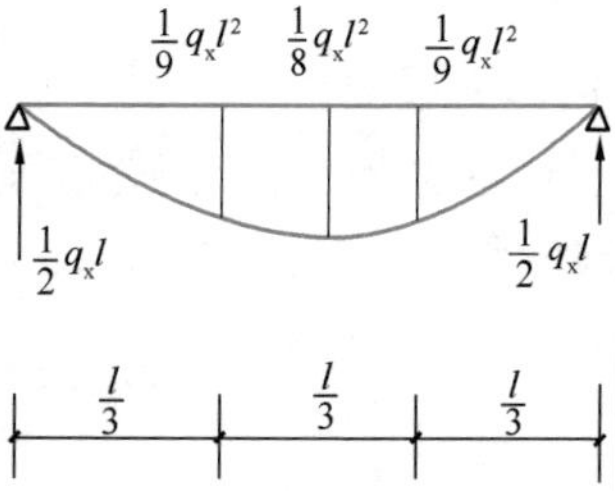 $\frac{1}{9}q_x l^2$，$\frac{1}{8}q_x l^2$，$\frac{1}{9}q_x l^2$；$\frac{1}{2}q_x l$，$\frac{1}{2}q_x l$；$\frac{l}{3}$，$\frac{l}{3}$，$\frac{l}{3}$	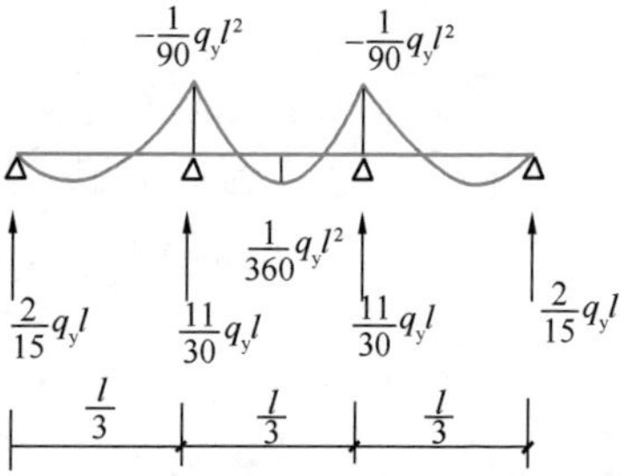 $-\frac{1}{90}q_y l^2$，$-\frac{1}{90}q_y l^2$；$\frac{1}{360}q_y l^2$；$\frac{2}{15}q_y l$，$\frac{11}{30}q_y l$，$\frac{11}{30}q_y l$，$\frac{2}{15}q_y l$；$\frac{l}{3}$，$\frac{l}{3}$，$\frac{l}{3}$

注：跨内有 2 根拉条，当 $q_y<\frac{5}{3}q_x$ 时，强度计算采用跨中弯矩；当 $q_y>\frac{5}{3}q_x$ 时，强度计算采用跨度 1/3 处的弯矩。

二、双向受弯槽钢檩条的应力

1. 简支槽钢檩条的应力（x-x 轴作为强轴）

槽钢如图 7.3.2-1 所示。

（1）简支槽钢檩条，无拉条，在 M_x（由 q_y 产生）、M_y（由 q_x 产生）作用下跨中中点处槽钢应力，如图 7.3.2-2 所示，其强

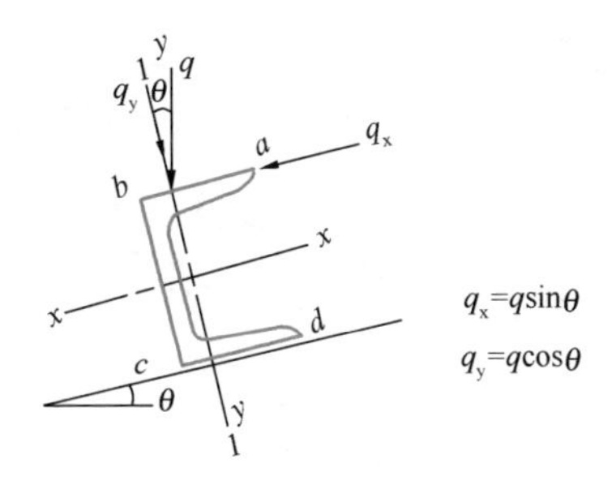

图 7.3.2-1　槽钢（x-x 轴作为强轴）

度计算为：

$$\frac{M_x}{\gamma_x W_{nx}}+\frac{M_y}{\gamma_y W_{ny}^{尖}}\leqslant f$$

$$\frac{M_x}{\gamma_x W_{nx}}+\frac{M_y}{\gamma_y W_{ny}^{背}}\leqslant f$$

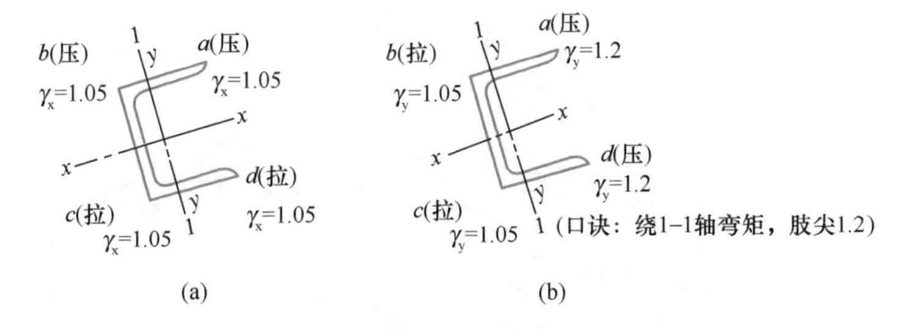

图 7.3.2-2　简支檩条无拉条

(a) $M_x=\frac{1}{8}q_y l^2$（正弯矩）；(b) $M_y=\frac{1}{8}q_x l^2$（正弯矩）

（2）简支槽钢檩条，跨中中点处有 1 根拉条，在 M_x（由 q_y 产生）、M_y（由 q_x 产生）作用下，拉条处槽钢应力，如图 7.3.2-3所示，其强度计算为：

$$\frac{M_x}{\gamma_x W_{nx}}+\frac{|M_y|}{\gamma_y W_{ny}^{尖}}\leqslant f$$

$$\frac{M_x}{\gamma_x W_{nx}}+\frac{|M_y|}{\gamma_y W_{ny}^{背}}\leqslant f$$

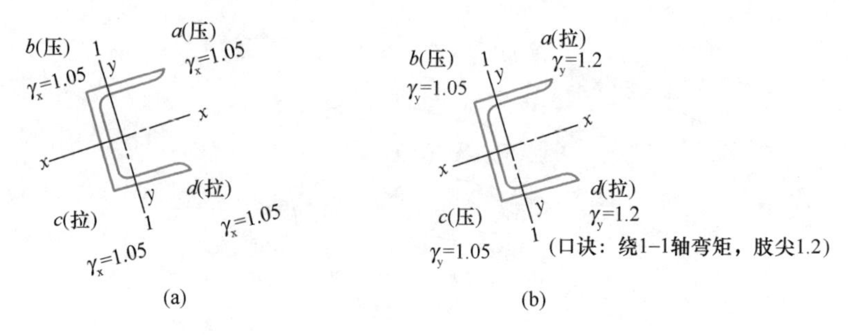

图 7.3.2-3　简支檩条跨中点设置 1 道拉条

(a) $M_x=\frac{1}{8}q_y l^2$（正弯矩）；(b) $M_y=-\frac{1}{32}q_x l^2$（负弯矩）

2. 简支槽钢檩条的应力（y-y 轴作为强轴）

槽钢如图 7.3.2-4 所示。

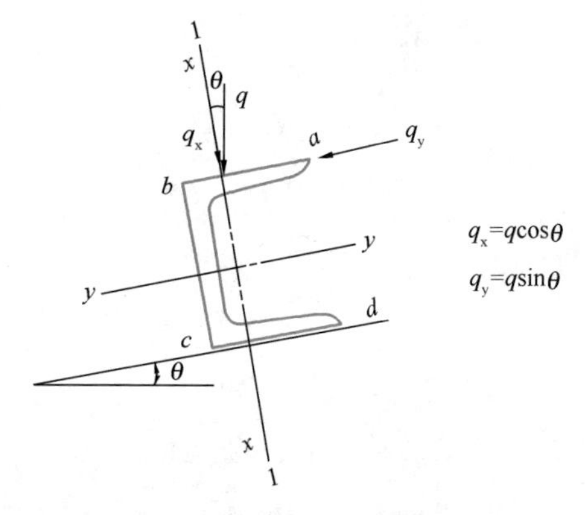

图 7.3.2-4　槽钢（y-y 轴作为强轴）

（1）简支槽钢檩条，无拉条，在 M_y（由 q_x 产生）、M_x（由 q_y 产生）作用下，跨中点处槽钢应力，如图 7.3.2-5 所示，其强度计算为：

$$\frac{M_y}{\gamma_y W_{ny}}+\frac{M_x}{\gamma_x W_{nx}^{尖}}\leqslant f$$

$$\frac{M_y}{\gamma_y W_{ny}}+\frac{M_x}{\gamma_x W_{nx}^{背}}\leqslant f$$

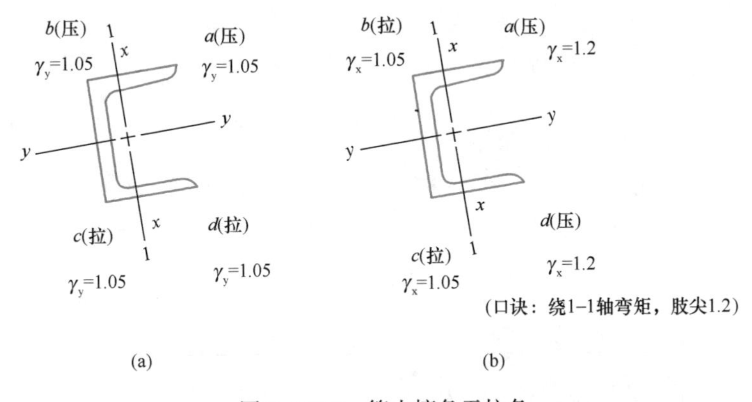

图 7.3.2-5　简支檩条无拉条

(a) $M_y=\frac{1}{8}q_x l^2$（正弯矩）；(b) $M_x=\frac{1}{8}q_y l^2$（正弯矩）

（2）简支槽钢檩条，跨中中点处有 1 根拉条，在 M_y（由 q_x 产生）、M_x（由 q_y 产生）作用下，拉条处槽钢应力，如图 7.3.2-6所示，其强度计算为：

$$\frac{M_y}{\gamma_y W_{ny}}+\frac{|M_x|}{\gamma_x W_{nx}^{尖}}\leqslant f$$

$$\frac{M_y}{\gamma_y W_{ny}}+\frac{|M_x|}{\gamma_x W_{nx}^{背}}\leqslant f$$

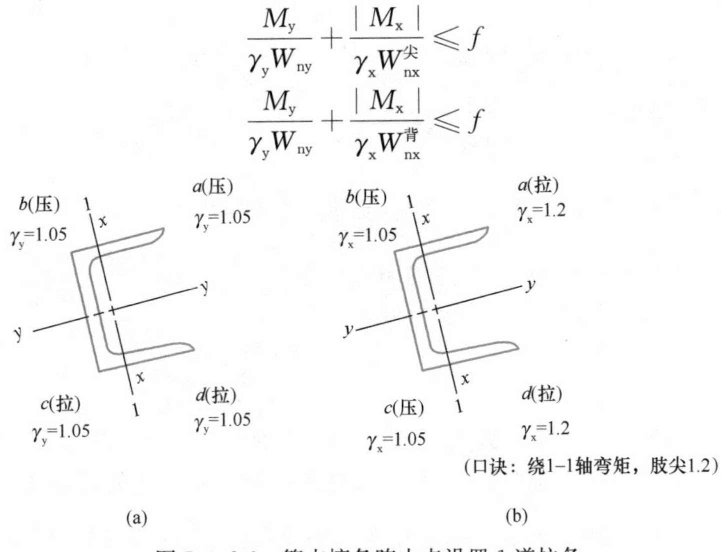

图 7.3.2-6　简支檩条跨中点设置 1 道拉条

(a) $M_y=\frac{1}{8}q_x l^2$（正弯矩）；(b) $M_x=-\frac{1}{32}q_y l^2$（负弯矩）

三、简支吊车梁跨中最大弯矩计算

如图 7.3.3-1 所示，吊车梁计算跨度为 l，3 个轮压合力为

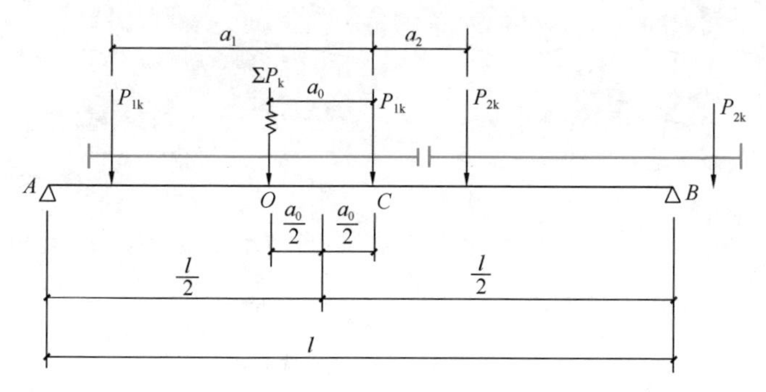

图 7.3.3-1　3 个车轮车轮合力作用线在梁中点左侧

ΣP_k，其作用点为 O，合力作用点与中间轮压的距离为 a_0。

$$R_A = (2P_{1k} + P_{2k})\frac{l_{BO}}{l_{AB}}$$

$$M_C = R_A l_{AC} - P_{1k}a_1 = (2P_{1k} + P_{2k})\frac{l_{BO}}{l_{AB}}l_{AC} - P_{1k}a_1$$

$$= (2P_{1k} + P_{2k})\frac{l_{BO}}{l_{AB}}(l_{CO} + l_{AB} - l_{BO}) - P_{1k}a_1$$

欲求 M_C 最大值，M_C 对 l_{BO} 求导，并令导数为 0，则：

$\frac{(2P_{1k} + P_{2k})}{l_{AB}}(l_{CO} + l_{AB} - 2l_{BO}) = 0$，即：

$$l_{BO} = \frac{l_{CO} + l_{AB}}{2}$$

结论：当轮压合力点 O 与 C 点之间的中点位于吊车梁跨中中点处时，吊车梁跨中 C 点处为最大弯矩。或表述为：将合力 ΣP_k 与中间轮压对称布置在吊车梁中点两侧时（即各自距中点处 $\frac{a_0}{2}$ 时），吊车梁跨中 C 点处为最大弯矩位置。

上述结论适用于 2 台相同型号吊车，也适用于 2 台不同型号吊车。

上述结论可推广到吊车梁上布置 4 个车轮时，吊车梁跨中最大弯矩的计算。

1. 吊车梁布置 3 个车轮

（1）合力$\sum P_k$作用线位于梁中点左侧（图 7.3.3-1）：

$$a_0=\frac{P_{1k}a_1-P_{2k}a_2}{\sum P_k}=\frac{P_{1k}a_1-P_{2k}a_2}{2P_{1k}+P_{2k}}$$

（2）当合力$\sum P_k$作用线位于梁中点右侧（图 7.3.3-2）：

$$a_0=\frac{P_{2k}a_2-P_{1k}a_1}{\sum P_k}=\frac{P_{2k}a_2-P_{1k}a_1}{P_{1k}+2P_{2k}}$$

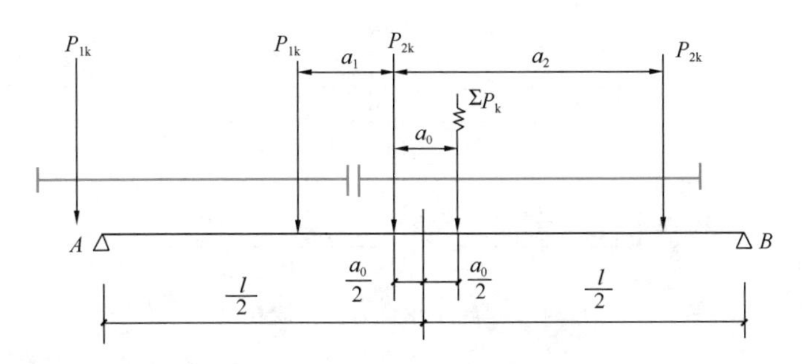

图 7.3.3-2 3 个车轮车轮合力作用线在梁中点右侧

2. 吊车梁布置 4 个车轮

（1）当合力$\sum P_k$作用线位于梁中点左侧（图 7.3.3-3）：

$$a_0=\frac{P_{1k}(a_1+2a_3)-P_{2k}a_2}{\sum P_k}=\frac{P_{1k}(a_1+2a_3)-P_{2k}a_2}{2(P_{1k}+P_{2k})}$$

（2）当合力 $\sum P_k$作用线位于梁中点右侧（图 7.3.3-4）：

$$a_0=\frac{P_{2k}(a_2+2a_3)-P_{1k}a_1}{\sum P_k}=\frac{P_{2k}(a_2+2a_3)-P_{1k}a_1}{2(P_{1k}+P_{2k})}$$

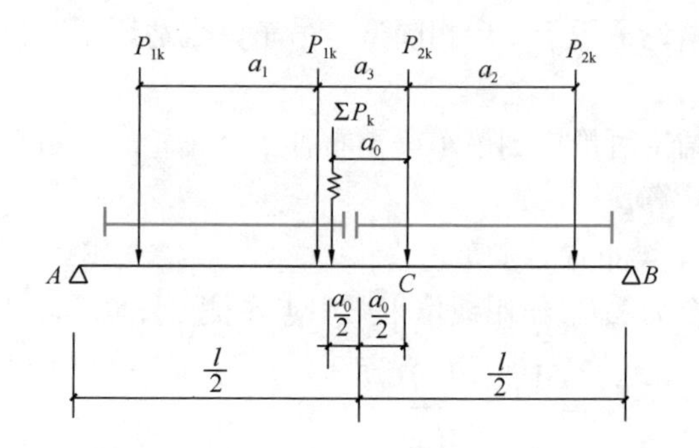

图 7.3.3-3　4 个车轮车轮合力作用线在梁中点左侧

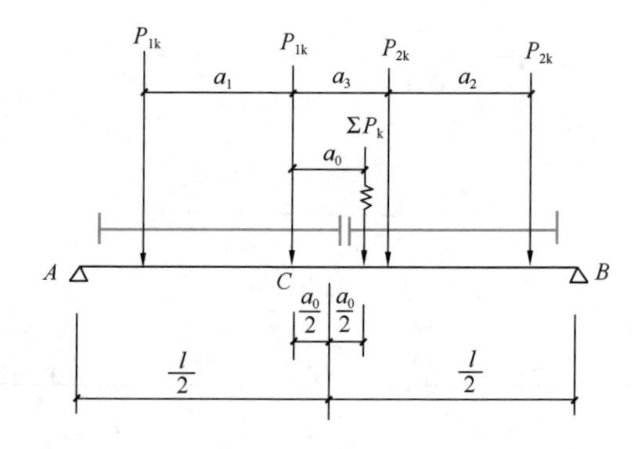

图 7.3.3-4　4 个车轮车轮合力作用线在梁中点右侧

四、吊车梁抗弯强度的计算

1. 吊车梁的截面组成

根据吊车梁所受荷载作用，对于吊车额定起重量 $Q \leqslant 30$t，跨度 $l \leqslant 6$m，工作级别为 A1～A5 的吊车梁，可采用加强上翼缘的方法，用来承受吊车的横向水平荷载，做成如图 7.3.4-1(a) 所示的单轴对称工字形截面。

当吊车额定起重量和吊车梁跨度再大时，常在吊车梁的上翼缘平面内设置制动梁或制动桁架，用以承受横向水平荷载。

(1) 如图 7.3.4-1(b) 为一边列柱上的吊车梁，它的制动梁由吊车梁的上翼缘、钢板和槽钢组成，即图中阴影线部分的截面。吊车梁主要承担竖向荷载的作用，它的上翼缘同时为制动梁的一个翼缘。

（2）图 7.3.4-1(c)、(d) 所示为设有制动桁架和辅助桁架的吊车梁，由两角钢和吊车梁的上翼缘构成制动桁架的两弦杆，中间连以角钢腹杆。图 7.3.4-1(e) 为中列柱上的两等高吊车梁，在其两上翼缘间可以直接连以腹杆组成制动桁架，也可以铺设钢板做成制动梁，如图 7.3.4-1(f) 所示。

制动结构不仅用以承受横向水平荷载，保证吊车梁的整体稳定，同时，可作为人行走道和检修平台。

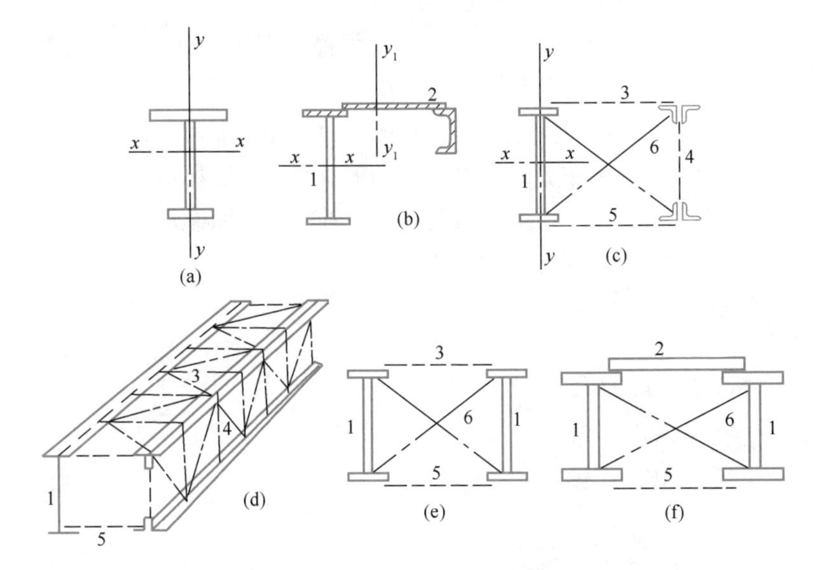

图 7.3.4-1　吊车梁及制动结构的组成

1—吊车梁；2—制动梁；3—制动桁架；4—辅助桁架；5—水平支撑；6—垂直支撑

2. 吊车梁抗弯强度的计算

假定竖向荷载由吊车梁承受，而横向水平荷载则由加强的吊车梁上翼缘、制动梁，或制动桁架承受，并忽略横向水平荷载所产生的偏心作用。

（1）无制动板的加强上翼缘的吊车梁（图 7.3.4-2）

A 点压应力最大：

$$\sigma_A=\frac{M_x}{W_{nx}^{上}}+\frac{M_y}{W_{ny}}\leqslant f$$

B 点拉应力最大：

$$\sigma_B=\frac{M_x}{W_{nx}^{下}}\leqslant f$$

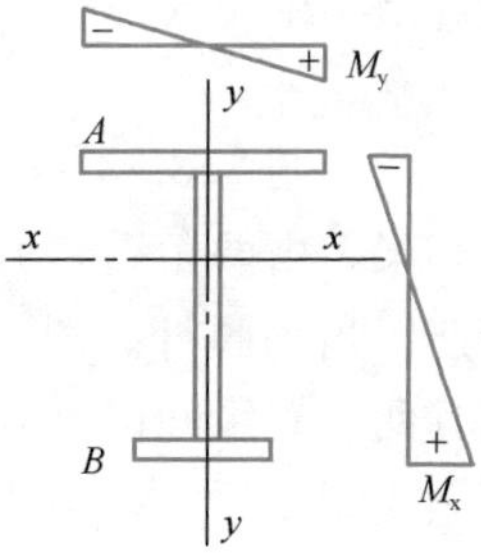

图 7.3.4-2

式中 M_x——竖向荷载所产生的最大弯矩设计值；

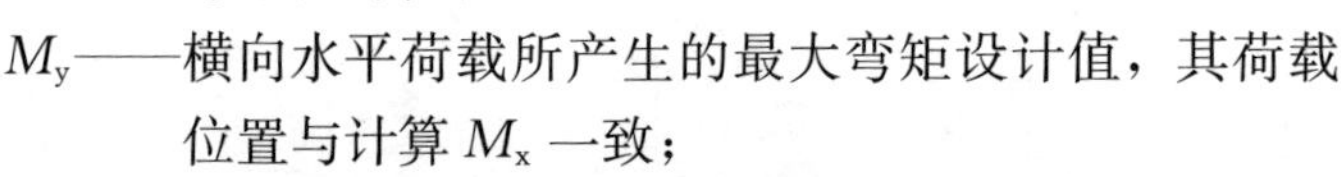

M_y——横向水平荷载所产生的最大弯矩设计值，其荷载位置与计算 M_x 一致；

$W_{nx}^{上}$——吊车梁截面对 x 轴的上翼缘净截面模量；

$W_{nx}^{下}$——吊车梁截面对 x 轴的下翼缘净截面模量；

W_{ny}——吊车梁上翼缘截面对 y 轴的净截面模量。

（2）有制动梁的吊车梁（图 7.3.4-3，吊车梁为单轴对称）

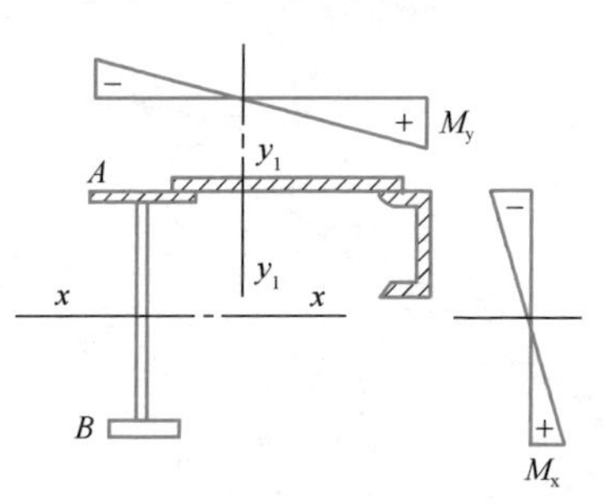

图 7.3.4-3

A 点压应力最大：

$$\sigma_A=\frac{M_x}{W_{nx}^{上}}+\frac{M_y}{W_{ny1}}\leqslant f$$

B 点拉应力最大：

$$\sigma_B=\frac{M_x}{W_{nx}^{下}}\leqslant f$$

式中 W_{ny1}——制动梁截面（图 7.3.4-3 中阴影线部分截面）对其形心轴 y_1 的净截面模量。

（3）有制动桁架的吊车梁（图 7.3.4-4，吊车梁为单轴对称）

A 点压应力最大：

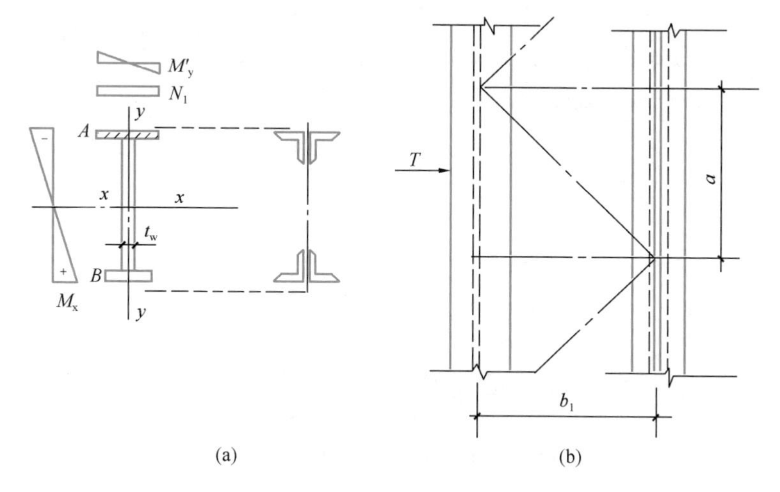

图 7.3.4-4　设有制动桁架的吊车梁

$$\sigma_A = \frac{M_x}{W_{nx}^{上}} + \frac{M'_y}{W_{ny}} + \frac{N_T}{A_n}$$

B 点拉应力最大：

$$\sigma_B = \frac{M_x}{W_{nx}^{下}}$$

式中　M'_y——吊车梁上翼缘作为制动桁架的弦杆，由横向水平荷载 T 所产生的局部弯矩，对轻、中级工作制吊车，$M'_y=Ta/4$；对重级工作制吊车，$M'_y=Ta/3$，a 为制动桁架的节间距离；

N_T——吊车梁上翼缘作为制动桁架的弦杆，由 M'_y 作用所产生的轴压力，$N_1=M'_y/b_1$；

A_n——一般取吊车梁上翼缘的净截面面积。

五、钢与混凝土组合梁的 I_{eq} 计算

1. 材料力学平行移轴公式运用

如图 7.3.5-1 所示：

y_1——A_1 截面形心到底面的距离；

y_2——A_2 截面形心到底面的距离；

d_c——A_1、A_2 截面形心之间的距离；

I_1——A_1 截面绕 x_1-x_1 轴的惯性矩；

I_2——A_2 截面绕 x_2-x_2 轴的惯性矩。

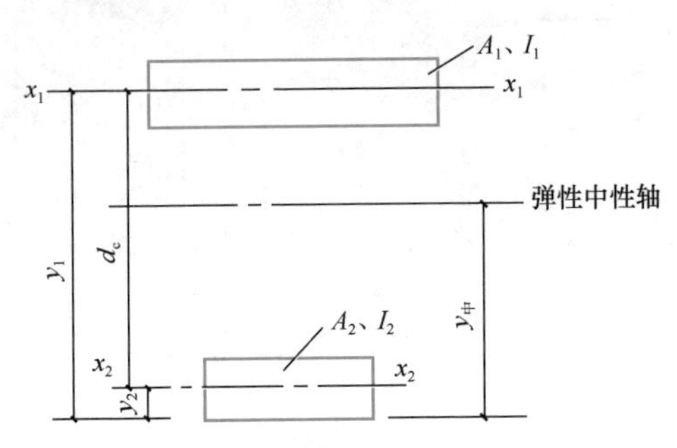

图 7.3.5-1　组合截面的惯性矩计算

组合截面对弹性中性轴的惯性矩 $I_{组}$ 为：

令：
$$\frac{1}{A_0}=\frac{1}{A_1}+\frac{1}{A_2}$$

即：
$$A_0=\frac{A_1A_2}{A_1+A_2}$$

$$I_{组}=I_1+I_2+A_0d_c^2$$

上式证明如下：

$$y_{中}=\frac{A_1y_1+A_2y_2}{A_1+A_2}$$

$$\begin{aligned}I_{组}&=I_1+I_2+A_1(y_1-y_{中})^2+A_2(y_{中}-y_2)^2\\&=I_1+I_2+A_1\left[\frac{A_2(y_1-y_2)}{A_1+A_2}\right]^2+A_2\left[\frac{A_1(y_1-y_2)}{A_1+A_2}\right]^2\\&=I_1+I_2+\frac{A_1A_2(A_2+A_1)(y_1-y_2)^2}{(A_1+A_2)^2}\\&=I_1+I_2+\frac{A_1A_2}{A_1+A_2}d_c^2\\&=I_1+I_2+A_0d_c^2\end{aligned}$$

2. 组合梁的 I_{eq} 的计算

根据《钢结构设计标准》GB 50017—2017（以下简称《钢标》）14.4 节规定：

（1）荷载的标准组合

混凝土翼板的厚度为 h_c，有效宽度为 b_e，将翼板等效为钢板，则有：$b_{eq}=\dfrac{b_e}{\alpha_E}$，$h_c$ 不变。

$$E_{eq}=I_0+A_0d_c^2$$

上式中，I_0、A_0 按《钢标》式（14.4.3-6）、式（14.4.3-4）采用。

（2）荷载的准永久组合

混凝土翼板截面尺寸为：$b_e\times h_c$，其等效为钢板，$b_{eq}=\dfrac{b_e}{2\alpha_E}$，$h_c$ 不变。

$$E_{eq}=I_0+A_0d_c^2$$

上式中，I_0、A_0 按《钢标》式（14.4.3-6）、式（14.4.3-4）采用，并用 $2\alpha_E$ 代替式中 α_E。

第四节　砌体结构计算

一、单层刚性方案房屋墙、柱的内力计算

单层刚性方案房屋的计算简图，如图 7.4.1-1 所示。

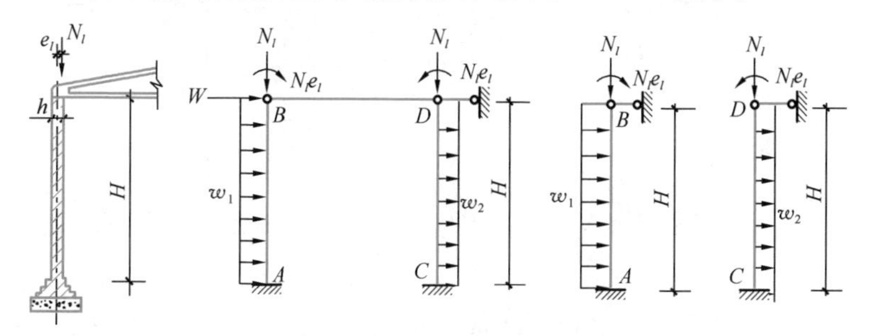

图 7.4.1-1　单层刚性方案房屋的计算简图

1. 竖向荷载作用

在通常情况下，屋架或屋面大梁传至墙体顶端集中力 N_l 的作用点，对墙体中心线有一个偏心距 e_l。因此，作用于墙体顶端的屋面荷载可视为由轴心压力 N_l 和弯矩 $M_l=N_le_l$ 组成，由此可计算出其内力为（图 7.4.1-2）：

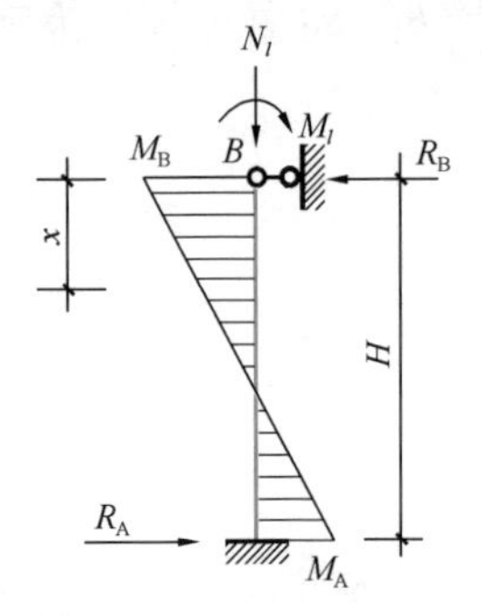

图 7.4.1-2　单层刚性方案房屋在竖向荷载作用下的内力图

$$R_A=-R_B=\frac{3M_l}{2H}$$

$$M_B=M_l$$

$$M_A=-\frac{M_l}{2}$$

$$M_x=M-\frac{3Mx}{2H}$$

上述式中，竖向荷载使柱外边纤维受拉的弯矩为正。

2. 风荷载作用

风荷载包括作用于墙面上和屋面上的风荷载。屋面上的风荷载（包括作用在女儿墙上的风荷载）一般简化为作用于墙、柱顶端的集中风荷载 W。对于刚性方案房屋，W 已通过屋盖直接传至横墙，再由横墙传至基础后传给地基，所以在纵墙上不产生内力。墙面风荷载为均布荷载，应考虑两种风向，迎风面为压力，背风面为吸力。在均布风荷载 w_1 作用下，墙体的内力为（图 7.4.1-3）：

$$R_B=\frac{3w_1H}{8}$$

$$R_A=\frac{5w_1H}{8}$$

$$M_A=\frac{w_1H^2}{8}$$

$$M_x=-\frac{w_1H}{8}x\left(3-4\frac{x}{H}\right)$$

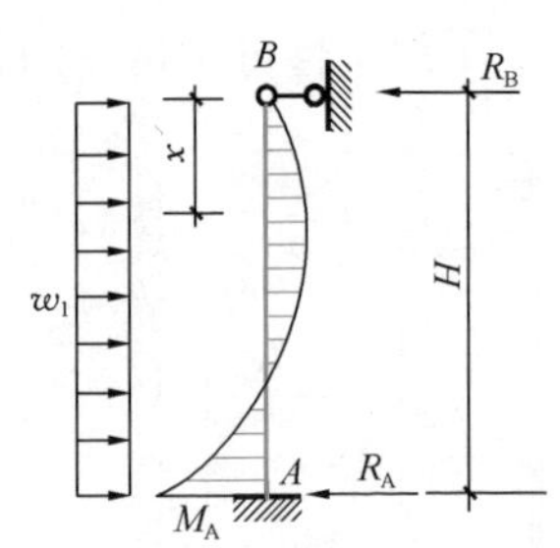

图 7.4.1-3　单层刚性方案房屋在风荷载作用下的内力图

令 $\frac{\partial M_x}{\partial x}=0$，即：$x=\frac{3}{8}H$，此时，$M_{max}=-\frac{9w_1H^2}{128}$

当计算 CD 柱时，取风荷载为 w_2，用 w_2 代替上述式中 w_1，可得到 CD 柱在风荷载作用下的内力。

二、单层弹性方案房屋墙、柱的内力计算

1. 竖向荷载作用

在竖向对称荷载作用下，两边墙（柱）的刚度相同，排架柱顶不发生侧移。因此，单层弹性方案房屋的内力计算与单层刚性方案房屋相同（图 7.4.2-1），内力为：

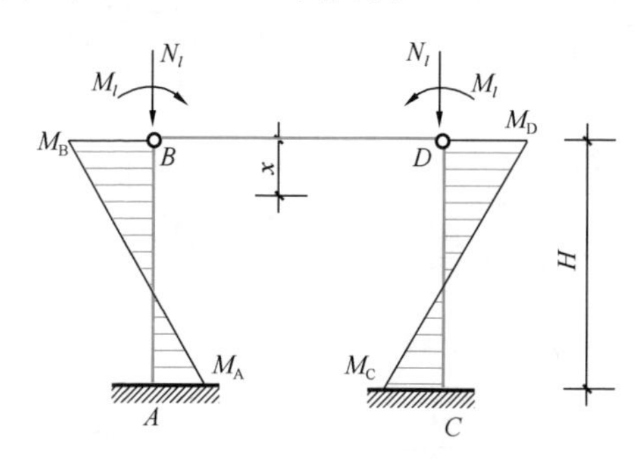

图 7.4.2-1　单层弹性方案房屋在竖向荷载作用下的内力

$$M_B=M_D=M_l$$

$$M_A=M_C=-\frac{M_l}{2}$$

$$M_x=M-\frac{3Mx}{2H}$$

2. 风荷载作用

在风荷载作用下，单层弹性方案房屋的计算简图，如图 7.4.2-2 所示，$R=W+\frac{3}{8}(w_1+w_2)H$，其柱底内力为：

$$V_A=\frac{W}{2}+\frac{13}{16}w_1H+\frac{3}{16}w_2H$$

$$V_C=\frac{W}{2}+\frac{3}{16}w_1H+\frac{13}{16}w_2H$$

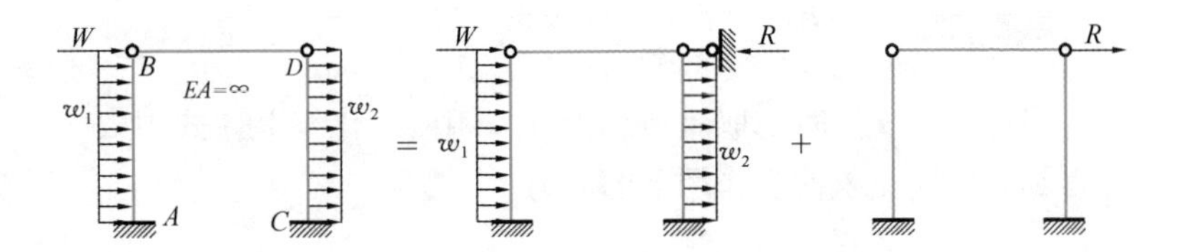

图 7.4.2-2　单层弹性方案房屋的计算简图

$$M_{\mathrm{A}}=\frac{WH}{2}+\frac{5}{16}w_1H^2+\frac{3}{16}w_2H^2$$

$$M_{\mathrm{c}}=-\frac{WH}{2}-\frac{3}{16}w_1H^2-\frac{5}{16}w_2H^2$$

柱顶剪力为：

$$V_{\mathrm{B}}=\frac{W}{2}-\frac{3}{16}w_1H+\frac{3}{16}w_2H$$

$$V_{\mathrm{D}}=\frac{W}{2}+\frac{3}{16}w_1H-\frac{3}{16}w_2H$$

上述式中，当左风时使柱外边纤维受拉的弯矩为正，顺时针方向的剪力为正。

三、单层刚弹性方案房屋墙、柱的内力计算

1. 竖向荷载作用

在竖向荷载作用下，单层刚弹性方案房屋墙、柱的内力计算与单层刚性方案或弹性方案房屋相同。

2. 风荷载作用

在风荷载作用下，单层刚弹性房屋墙、柱的计算简图如图 7.4.3-1所示。图 7.4.3-1(b) 所对应的内力如图 7.4.3-2(a) 所示，柱顶剪力 $V_{\mathrm{B}}^{\mathrm{I}}$、$V_{\mathrm{D}}^{\mathrm{I}}$ 的方向向左；图 7.4.3-1(c) 所对应的内力如图 7.4.3-2(b) 所示，柱顶剪力 $V_{\mathrm{B}}^{\mathrm{II}}$、$V_{\mathrm{D}}^{\mathrm{II}}$ 的方向向右。

由图 7.4.3-2(a)、(b)叠加得到墙、柱的内力，如图 7.4.3-2(c) 所示。

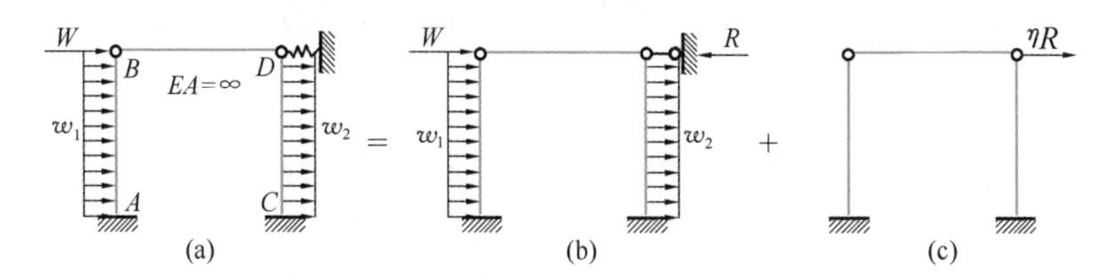

图 7.4.3-1　单层刚弹性方案房屋的计算简图

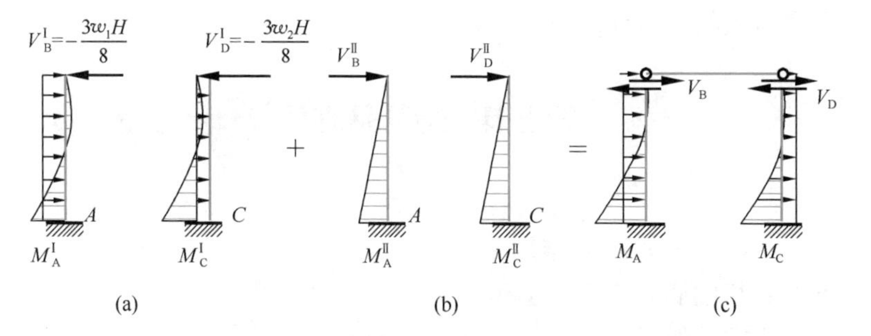

图 7.4.3-2　单层刚弹性方案房屋墙、柱内力分析

柱底内力为：

$$V_A=\frac{\eta W}{2}+\left(\frac{5}{8}+\frac{3\eta}{16}\right)w_1H+\frac{3\eta}{16}w_2H$$

$$V_C=\frac{\eta W}{2}+\frac{3\eta}{16}w_1H+\left(\frac{5}{8}+\frac{3\eta}{16}\right)w_2H$$

$$M_A=\frac{\eta WH}{2}+\left(\frac{1}{8}+\frac{3\eta}{16}\right)w_1H^2+\frac{3\eta}{16}w_2H^2$$

$$M_C=-\frac{\eta WH}{2}-\frac{3\eta}{16}w_1H^2-\left(\frac{1}{8}+\frac{3\eta}{16}\right)w_2H^2$$

柱顶剪力为：

$$V_B = V_B^{\mathrm{I}} + V_B^{\mathrm{II}} = -\frac{3w_1 H}{8} + \frac{\eta}{16}(8W + 3w_1 H + 3w_2 H)$$

$$V_D = V_D^{\mathrm{I}} + V_D^{\mathrm{II}} = -\frac{3w_2 H}{8} + \frac{\eta}{16}(8W + 3w_1 H + 3w_2 H)$$

弯矩、剪力的正负号规定同前述。

注意：当上述公式中 $\eta=1$ 时，其内力计算公式与单层弹性方案房屋的内力计算公式相同。

第五节　地基基础计算

一、柱下独立基础底板弯矩计算

在单向偏心荷载作用下，柱下独立基础底板受弯，其弯矩计算公式推导如下：

如图 7.5.1-1 所示，设 p_{jmax}、p_{jmin}相应于荷载的基本组合下的基础底面边缘最大、最小地基净反力设计值，p_j 为截面 Ⅰ-Ⅰ 处地基净反力设计值。

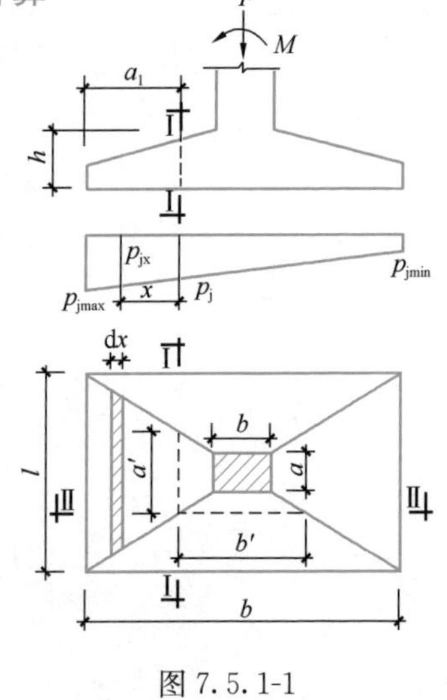

图 7.5.1-1

$$p_{jx} = p_j + \frac{p_{jmax} - p_j}{a_1}x$$

$$l_x = a' + \frac{l - a'}{a_1}x$$

$$M_{\mathrm{I\text{-}I}} = \int_0^{a_1} x p_{jx} l_x \mathrm{d}x$$

$$= \int_0^{a_1} x\left(p_j + \frac{p_{jmax} - p_j}{a_1}x\right)\left(a' + \frac{l - a'}{a_1}x\right)\mathrm{d}x$$

$$=\int_0^{a_1}\left[p_j a'x+\frac{p_j(l-a')}{a_1}x^2+\frac{(p_{jmax}-p_j)a'}{a_1}x^2\right.$$

$$\left.+\frac{(l-a')(p_{jmax}-p_j)}{a_1^2}x^3\right]dx$$

$$=\frac{1}{12}a_1^2[p_{jmax}(3l+a')+p_j(l+a')]$$

$$=\frac{1}{12}a_1^2[(2l+a')(p_{jmax}+p_j)+(p_{jmax}-p_j)l]$$

由 $p_{jmax}=p_{max}-\frac{G}{A}$，$p_j=p-\frac{G}{A}$，代入上式，则：

$$M_{\text{I-I}}=\frac{1}{12}a_1^2\left[(2l+a')\left(p_{max}+p-\frac{2G}{A}\right)+(p_{max}-p)l\right]$$

上式即为《建筑地基基础设计规范》GB 50007—2011 中的公式（8.2.11-1）。

二、筏形基础角柱下筏板剪力设计值计算

如图 7.5.2-1 所示，角柱截面尺寸为 $b_c\times h_c$，基底净反力为 p_j。根据《建筑地基基础设计规范》GB 50007—2011 第 8.4.10 条条文说明，应考虑 1.2 的增大系数。

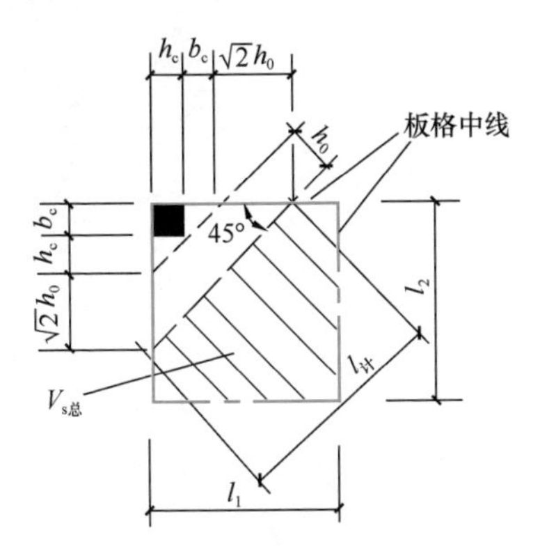

图 7.5.2-1　角柱下筏板剪力计算

$$l_{计} = \sqrt{2}(b_c + h_c) + 2h_0$$

$$A_{阴} = l_1 l_2 - \frac{1}{2}(h_c + b_c + \sqrt{2}h_0)^2$$

$$V_{s总} = 1.2 p_j A_{阴}$$

$$V_s = \frac{V_{s总}}{l_{计}} = \frac{1.2 p_j A_{阴}}{l_{计}}$$

第八章

桥梁结构计算

第一节 基本计算数据

一、桥梁设计车道数

《公路桥梁设计通用规范》JTG D60—2015 规定：

4.3.1

7 桥涵设计车道数应符合表 4.3.1-4 的规定。

表 4.3.1-4 桥涵设计车道数

桥面宽度 W（m）		桥涵设计车道数
车辆单向行驶时	车辆双向行驶时	
$W<7.0$		1
$7.0\leqslant W<10.5$	$6.0\leqslant W<14.0$	2
$10.5\leqslant W<14.0$		3
$14.0\leqslant W<17.5$	$14.0\leqslant W<21.0$	4
$17.5\leqslant W<21.0$		5
$21.0\leqslant W<24.5$	$21.0\leqslant W<28.0$	6
$24.5\leqslant W<28.0$		7
$28.0\leqslant W<31.5$	$28.0\leqslant W<35.0$	8

二、横向车道布载系数 $\xi_{横}$ 和纵向折减系数 $\xi_{纵}$

4.3.1

7 横桥向布置多车道汽车荷载时，应考虑汽车荷载的折减；布置一条车道汽车荷载时，应考虑汽车荷载的提高。横向车道布载系数应符合表 4.3.1-5 的规定。多车道布载的荷载效应不得小于两条车道布载的荷载效应。

表 4.3.1-5 横向车道布载系数

横向布载车道数（条）	1	2	3	4	5	6	7	8
横向车道布载系数	1.20	1.00	0.78	0.67	0.60	0.55	0.52	0.50

8 大跨径桥梁上的汽车荷载应考虑纵向折减。当桥梁计

算跨径大于 150m 时，应按表 4.3.1-6 规定的纵向折减系数进行折减。当为多跨连续结构时，整个结构应按最大的计算跨径考虑汽车荷载效应的纵向折减。

表 4.3.1-6　纵向折减系数

计算跨径 L_0（m）	纵向折减系数	计算跨径 L_0（m）	纵向折减系数
$150<L_0<400$	0.97	$800\leqslant L_0<1000$	0.94
$400\leqslant L_0<600$	0.96	$L_0\geqslant 1000$	0.93
$600\leqslant L_0<800$	0.95	—	—

第二节　简支梁桥结构计算

一、T 形简支梁桥的主梁内力计算

主梁某一截面处的弯矩标准值：

车道荷载：$M_p=(1+\mu)\xi_{横}\cdot\zeta_{纵}\cdot m_{cq}(P_k\cdot y_k+q_k\Omega)$

人群荷载：$M_r=m_{cr}\cdot q_r\Omega$

主梁某一截面处的剪力标准值：

车道荷载：$V_p=(1+\mu)\xi_{横}\cdot\zeta_{纵}\cdot m_{cq}(1.2P_k\cdot y_k+q_k\Omega)$

人群荷载：$V_r=m_{cr}\cdot q_r\Omega$

式中　μ——汽车荷载冲击系数；

$\xi_{横}$——多车道汽车荷载横向车道布载系数，但多车道汽车荷载横向车道布载后的荷载效应不得小于两条设计车道的荷载效应；仅布置一条车道汽车荷载时，取 $\zeta=1.2$；

$\zeta_{纵}$——大跨径桥梁上的汽车荷载的纵向折减系数；

m_{cq}、m_{cr}——相应的车道荷载、人群荷载的横向分布系数；

P_k、q_k——车道荷载的集中荷载标准值（kN）、均布荷载标准值（kN/m）；

q_r——人群均布荷载标准值（kN/m）；

y_k——相应的主梁内力影响线的纵坐标值；

Ω——相应的主梁内力影响线面积。

注意：弯矩影响线的 y_k、Ω 值与剪力影响线的 y_k、Ω 值是不同的内涵，两者是不相等的。

二、简支梁桥的内力影响线

1. 跨中中央处的弯矩影响线和剪力影响线

如图 8.2.2-1 所示，此时，车道荷载下的 M_p 也可直接按结构力学计算：

$$M_p = (1+\mu)\xi_{横} \cdot \zeta_{纵}\ m_{cq}\left(\frac{P_k l_0}{4}+\frac{1}{8}q_k l_0^2\right)$$

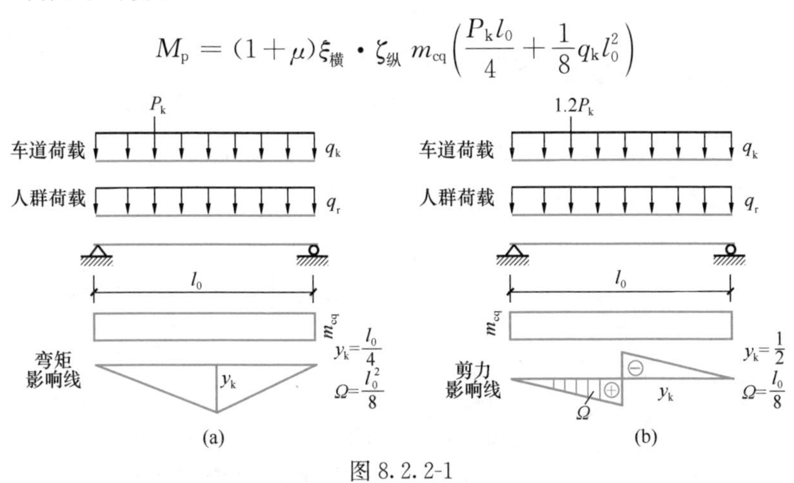

图 8.2.2-1

(a) 跨中中央处弯矩影响线；(b) 跨中中央处剪力影响线

2. 距支点$\frac{l_0}{4}$处的弯矩影响线和剪力影响线

距支点$\frac{l_0}{4}$处的弯矩影响线、剪力影响线，如图 8.2.2-2 所示。

3. 跨中任意截面处的弯矩影响线和剪力影响线

跨中任意截面 c 处的弯矩影响线、剪力影响线，如图 8.2.2-3 所示。

三、简支箱形梁桥的内力计算

简支箱形梁桥某一截面处的弯矩标准值和剪力标准值：

车道荷载：$M_p = n(1+\mu)\xi_{横} \cdot \xi_{纵} \cdot K(P_k y_k + q_k\Omega)$

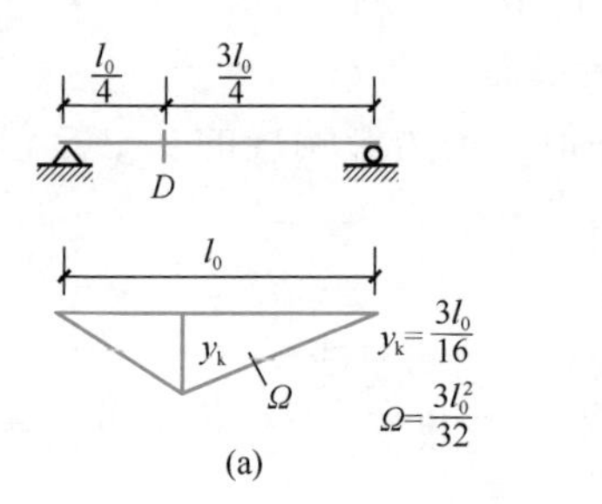

(a)

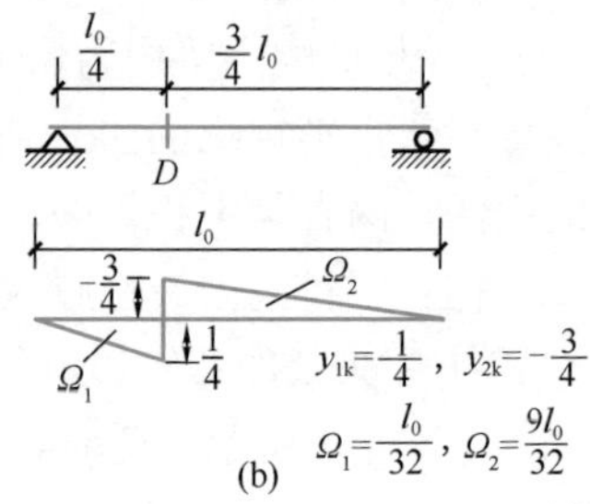

(b)

图 8.2.2-2

（a）$\frac{l_0}{4}$处弯矩影响线；（b）$\frac{l_0}{4}$处剪力影响线

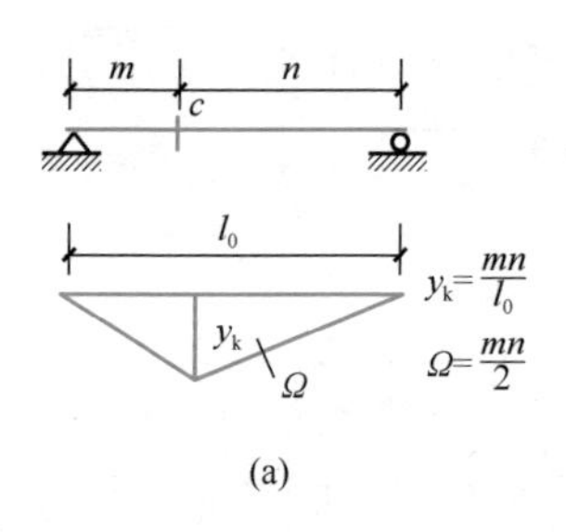

(a)

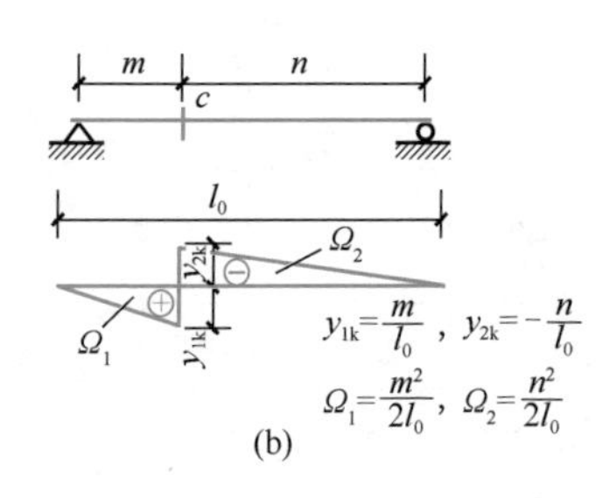

(b)

图 8.2.2-3

（a）任意截面 c 处弯矩影响线；（b）任意截面 c 处剪力影响线

$$V_p = n(1+\mu)\xi_{横}\cdot\xi_{纵}\cdot K(1.2P_k y_k + q_k\Omega)$$

式中　n——设计车道数；

K——扭转影响对箱梁内力的不均匀系数；

其他符号的定义同前面 T 形简支梁桥的主梁内力计算。

四、橡胶支座的剪切变形和抗推刚度的计算

《公路钢筋混凝土及预应力混凝土桥涵设计规范》JTG 3362—2018（以下简称《公桥混规》）中 8.7.3 条条文说明：

> **8.7.3**（条文说明）纵向力标准值 F_k，支座橡胶层总厚度 t_e，纵向力引起的剪切变形 Δ_l，支座剪变模量 G_e，支座平面毛面

积 A_g，支座剪切角正切值 $\tan\alpha$，其关系为 $\tan\alpha=\frac{\Delta_l}{t_e}=\frac{F_k}{A_gG_e}$，$\Delta_l$、$F_k$、$\tan\alpha$ 三者只要已知其中一值，即可求得其他值，如图 8-16 所示。

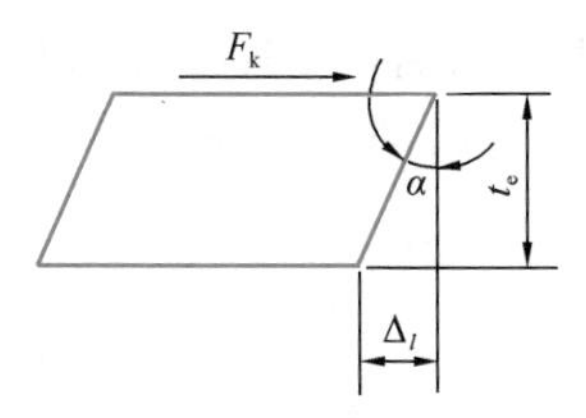

图 8-16　支座橡胶层剪切变形

可知，橡胶支座的抗推刚度 $K_{支}$：

$$K_{支}=\frac{F_k}{\Delta_l}=\frac{A_gG_e}{t_e}$$

五、柔性墩集成抗推刚度的计算

柔性墩集成抗推刚度是由支座的抗推刚度和墩台的抗推刚度集成的抗推刚度。

（1）墩台的抗推刚度，当桥墩柱下端固定在基础或承台顶面时：

$$K_i=\frac{1}{\delta_i}=\frac{3EI_i}{l_i^3}$$

式中　K_i——第 i 墩柱的抗推刚度，kN/m；

δ_i——第 i 墩柱顶单位水平力产生的水平位移，m/kN；

l_i——第 i 墩柱下端固接处到墩顶的高度，m；

I_i——第 i 墩柱横截面对形心轴的惯性矩，m^4。

（2）橡胶支座的抗推刚度

$$K_{支}=\frac{A_gG_e}{t_e}$$

式中　A_g——支座承压毛面积，mm^2；

G_e——橡胶的剪变模量，通常取为 1.0MPa；

t_e——橡胶层的总厚度，mm。

当桥墩台支座上有 n 个橡胶支座时，n 个橡胶支座刚度并联，则：

$$\sum K_{支}=nK_{支}$$

（3）墩柱与支座的集成抗推刚度（K_{zi}）的计算

若墩上有两排支座，两排支座的抗推刚度并联后，与墩柱的抗推刚度串联，串联后的刚度即为支座与桥墩联合的集成刚度。

$$K_{zi}=\frac{1}{\delta_{支i}+\delta_{墩i}}=\frac{1}{\dfrac{1}{K_{支i}}+\dfrac{1}{K_{墩i}}}$$

式中　K_{zi}——第 i 墩台集成抗推刚度，kN/m。

六、柔性墩的计算

柔性墩计算包括墩顶水平位移的计算和墩顶水平力的计算。

1. 墩顶水平位移的计算

纵向汽车荷载制动力、梁的温度变化和竖向荷载作用下梁长度变化等，都会引起墩顶的水平位移。

（1）纵向制动力引起的墩顶水平位移

各墩在纵向水平力作用下墩顶水平位移相等：

$$\Delta_{F_b}=\frac{F_{ibk}}{K_{zi}}=\frac{F_{bk}}{\sum K_{zi}}$$

式中　F_{bk}——一联或全桥承受的水平制动力，kN。

（2）梁的温度变化引起的墩顶水平位移

如图 8.2.6-1 所示，则：

第 i 墩的水平位移：$\Delta_{it}=(L_i-x_0)\cdot\alpha\cdot t$

第 i 墩的水平力：　$H_{it}=K_{zi}(L_i-x_0)\cdot\alpha\cdot t$

在温度作用下，各墩顶的水平力是自相平衡的，即各水平力之和必为零，即 $\sum H_{it}=0$，将 H_{it}代入，则：

$\sum\limits_{i=0}^{n}K_{zi}(L_i-x_0)\cdot\alpha\cdot t=0$，可得：

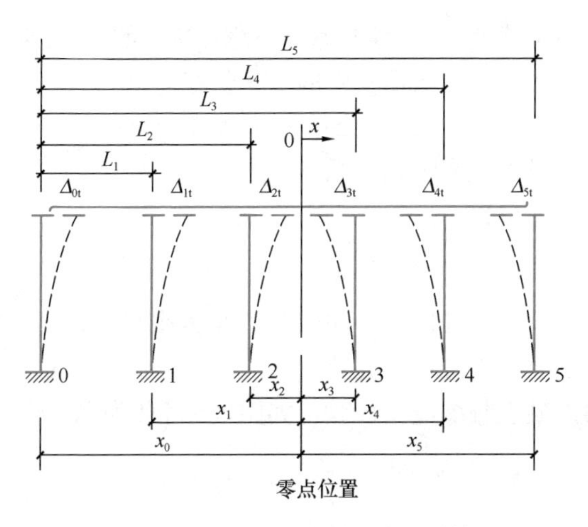

图 8.2.6-1　柔性墩零点位置计算

$$x_0=\frac{\sum_{i=0}^{n}K_{zi}L_i}{\sum_{i=0}^{n}K_{zi}}$$

特别地，当多跨为等跨径（L_k）时，上式变为：

$$x_0=\frac{\sum_{i=0}^{n}K_{zi}iL_k}{\sum_{i=0}^{n}K_{zi}}=\frac{\sum_{i=0}^{n}iK_{zi}}{\sum_{i=0}^{n}K_{zi}}\cdot L_k$$

用 x_i 表示第 i 个柔性墩台距偏移值零点的距离，则各柔性墩台顶部由温度作用引起的水平位移为：

$$\Delta_{it}=\alpha t x_i$$

式中　α——桥跨结构材料的线膨胀系数；

t——温度上升（或下降）的度数；

L_i——第 i 个柔性墩台离该联柔性墩的左端距离，m；

L_k——等跨径柔性墩时，标准跨径，m。

（3）竖向活载作用下梁长度的变化

当桥跨结构跨径较大时，在竖向活载作用下梁下缘伸长而影

响柔性墩的位移 Δ_s 也予以考虑；小跨径桥梁的 Δ_s 可忽略不计。

综上所述，柔性墩顶发生的水平位移为：

$$\Delta_i=\Delta_{F_b}+\Delta_t+\Delta_s$$

2. 墩顶水平力的计算

（1）水平位移产生的水平力：

$$H_{\Delta i}=\Delta_i K_{zi}=(\Delta_{F_b}+\Delta_t+\Delta_s)\cdot K_i=H_{iF_b}+H_{it}+H_s$$

（2）竖向力 N 和墩顶弯矩 M_0 产生的水平力，此处略。

七、混凝土收缩应变计算

桥梁混凝土收缩应变计算，如图 8.2.7-1 所示。

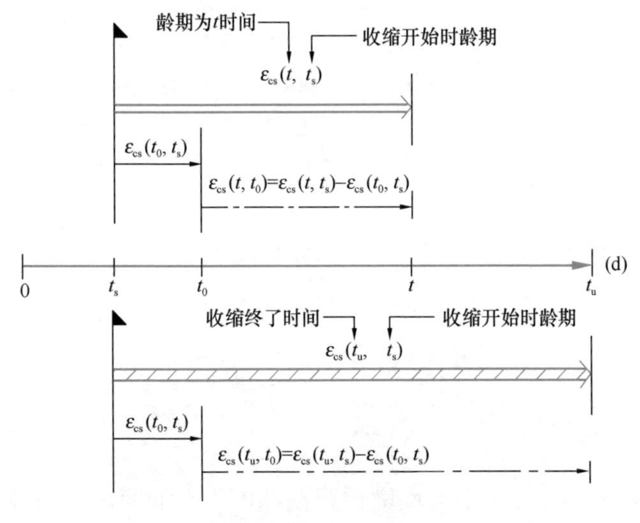

图 8.2.7-1　桥梁混凝土收缩应变计算示意图

第三节　钢筋混凝土梁桥的挠度和预拱度计算

简支梁桥（计算跨度为 l_0）在均布荷载 q 作用下，其跨中中点处挠度 $f=\dfrac{5ql_0^4}{384EI}$；在集中荷载 F 作用下，其跨中中点处挠度

$f=\dfrac{Fl_0^3}{48EI}$。

悬臂梁桥（悬臂长度为 l_0）在均布荷载 q 作用下，其悬臂端的挠度 $f=\dfrac{ql_0^4}{8EI}$；在集中荷载 F 作用下，其悬臂端的挠度 $f=\dfrac{Fl_0^3}{3EI}$。

一、T形梁桥

1. 频遇组合弯矩 M_s 的计算

$$M_s=M_{Gk}+0.7(M_{qk}+M_{Pk})+0.4M_{rk}$$

（1）简支主梁跨中中点处 M_s

$$\begin{aligned}M_s&=\frac{1}{8}g_k l_0^2+0.7\times\left(\xi_{横}\ m_{cq}\cdot\frac{1}{8}q_k l_0^2+\xi_{横}\ m_{cq}\cdot\frac{1}{4}P_k l_0\right)\\&\quad+0.4m_{cr}\cdot\frac{1}{8}q_r l_0^2\\&=\frac{1}{8}g_k l_0^2+0.7\xi_{横}\ m_{cq}\left(\frac{1}{8}q_k l_0^2+\frac{1}{4}P_k l_0\right)\\&\quad+0.4m_{cr}\cdot\frac{1}{8}q_r l_0^2\end{aligned}$$

（2）悬臂主梁根部处 M_s

$$\begin{aligned}M_s&=\frac{1}{2}g_k l_0^2+0.7\times\left(\xi_{横}\ m_{cq}\cdot\frac{1}{2}q_k l_0^2+\xi_{横}\ m_{cq}\cdot P_k l_0\right)\\&\quad+0.4m_{cr}\cdot\frac{1}{2}q_r l_0^2\\&=\frac{1}{2}g_k l_0^2+0.7\xi_{横}\ m_{cq}\left(\frac{1}{2}q_k l_0^2+P_k l_0\right)\\&\quad+0.4m_{cr}\cdot\frac{1}{2}q_r l_0^2\end{aligned}$$

式中　M_{Gk}——梁桥自重产生的弯矩标准值；

M_{qk}、M_{Pk}——车道荷载的均布荷载、集中荷载产生的弯矩标准值；

M_{rk}——人群荷载产生的弯矩标准值；

g_k ——梁桥自重线荷载标准值（kN/m）；

其他符号意义同前面。

2. 使用阶段主梁的最大挠度验算（《公桥混规》6.5.3 条）

主梁的刚度计算，按《公桥混规》规定：

6.5.2　受弯构件的刚度可按下列公式计算：

1　钢筋混凝土构件

$M_s \geqslant M_{cr}$时

$$B=\frac{B_0}{\left(\frac{M_{cr}}{M_s}\right)^2+\left[1-\left(\frac{M_{cr}}{M_s}\right)^2\right]\frac{B_0}{B_{cr}}} \tag{6.5.2-1}$$

$M_s < M_{cr}$时

$$B=B_0 \tag{6.5.2-2}$$

$$M_{cr}=\gamma f_{tk} W_0 \tag{6.5.2-3}$$

（1）简支主梁跨中中点处（不计结构自重的挠度记为：$f_s^{不计自重}$）

$$f_s^{不计自重}=0.7\times\left(\frac{\xi_{横}\ m_{cq}\cdot 5q_k l_0^4}{384B}+\frac{\xi_{横}\ m_{cq}P_k l_0^3}{48B}\right)$$

$$+0.4\times\frac{m_{cr}\cdot 5q_r l_0^4}{384B}$$

$$=0.7\times\left(\frac{5M_{qk}l_0^2}{48B}+\frac{M_{Pk}l_0^2}{12B}\right)+0.4\times\frac{5M_{rk}l_0^2}{48B}$$

$$\eta_\theta f_s^{不计自重}\leqslant\frac{1}{6\theta_0}l_0$$

（2）悬臂主梁悬臂端（不计结构自重的挠度记为：$f_s^{不计自重}$）

$$f_s^{不计自重}=0.7\times\left(\frac{\xi_{横}\ m_{cq}\cdot q_k l_0^4}{8B}+\frac{\xi_{横}\ m_{cq}\cdot P_k l_0^3}{3B}\right)$$

$$+0.4\times\frac{m_{cr}\cdot q_r l_0^4}{8B}$$

$$=0.7\times\left(\frac{M_{qk}l_0^2}{4B}+\frac{M_{Pk}l_0^2}{3B}\right)+0.4\times\frac{M_{rk}l_0^2}{4B}$$

$$\eta_\theta f_s^{不计自重}\leqslant\frac{1}{300}l_0$$

3. 预拱度验算（《公桥混规》6.5.5 条）

（1）长期挠度 f_l

简支主梁跨中中点处：

$$f_s=\frac{5M_{Gk}l_0^2}{48B}+f_s^{不计自重}$$

$$f_l=\eta_\theta f_s$$

悬臂主梁悬臂端：

$$f_s=\frac{M_{Gk}l_0^2}{4B}+f_s^{不计自重}$$

$$f_l=\eta_\theta f_s$$

（2）当 $f_l>\frac{1}{1600}l_0$ 时，应设置预拱度 $f_{预拱度}$

简支主梁跨中中点处：

$$f_s'=\frac{5M_{Gk}l_0^2}{48B}+\frac{1}{2}\times0.7\times\left(\frac{\xi_{横}\ m_{cq}\cdot5q_kl_0^4}{384B}+\frac{\xi_{横}\ m_{cq}P_kl_0^3}{48B}\right)$$

$$+\frac{1}{2}\times1.0\times\frac{m_{cr}\cdot5q_rl_0^4}{384B}$$

$$=\frac{5M_{Gk}l_0^2}{48B}+\frac{1}{2}\times0.7\times\left(\frac{5M_{qk}l_0^2}{48B}+\frac{M_{Pk}l_0^2}{12B}\right)$$

$$+\frac{1}{2}\times1.0\times\frac{5M_{rk}l_0^2}{48B}$$

悬臂主梁悬臂端：

$$f_s'=\frac{M_{Gk}l_0^2}{4B}+\frac{1}{2}\times0.7\times\left(\frac{\xi_{横}\ m_{cq}\cdot q_kl_0^4}{8B}+\frac{\xi_{横}\ m_{cq}\cdot P_kl_0^3}{3B}\right)$$

$$+\frac{1}{2}\times1.0\times\frac{m_{cr}\cdot q_kl_0^4}{8B}$$

$$=\frac{M_{Gk}l_0^2}{4B}+\frac{1}{2}\times 0.7\times\left(\frac{M_{qk}l_0^2}{4B}+\frac{M_{Pk}l_0^2}{3B}\right)+\frac{1}{2}\times 1.0\times\frac{M_{rk}l_0^2}{4B}$$

$$f_{预拱度}=\eta_\theta f'_s(方向向上)$$

二、箱形梁桥

1. 频遇组合弯矩 M_s 的计算

$$M_s=M_{Gk}+0.7(M_{qk}+M_{Pk})+0.4M_{rk}$$

（1）简支主梁跨中中点处 M_s

$$M_s=\frac{1}{8}g_k l_0^2+0.7\times\left(n\xi_{横}K\cdot\frac{1}{8}q_k l_0^2+n\xi_{横}K\cdot\frac{1}{4}P_k l_0\right)+0.4\times 2\times\frac{1}{8}q_r l_0^2$$

上式中，2 代表两侧人群荷载加载。

式中符号意义同前面。

（2）悬臂主梁根部处 M_s

$$M_s=\frac{1}{2}g_k l_0^2+0.7\times\left(n\xi_{横}K\cdot\frac{1}{2}q_k l_0^2+n\xi_{横}K\cdot P_k l_0\right)+0.4\times 2\times\frac{1}{2}q_r l_0^2$$

2. 使用阶段主梁的最大挠度验算（《公桥混规》6.5.3 条）

（1）简支主梁跨中中点处（不计结构自重的挠度记为：$f_s^{不计自重}$）

$$f_s^{不计自重}=0.7\times\left(\frac{n\xi_{横}K\cdot 5q_k l_0^4}{384B}+\frac{n\xi_{横}K\cdot P_k l_0^3}{48B}\right)+0.4\times\frac{2\times 5q_r l_0^2}{384B}$$

$$=0.7\times\left(\frac{5M_{qk}l_0^2}{48B}+\frac{M_{Pk}l_0^2}{12B}\right)+0.4\times\frac{5M_{cr}l_0^2}{48B}$$

上式中，M_{cr} 为双侧的人群荷载产生的弯矩，下同。

$$\eta_\theta f_s^{不计自重}\leqslant\frac{1}{600}l_0$$

（2）悬臂主梁悬臂端（不计结构自重的挠度记为：$f_s^{不计自重}$）

$$f_s^{不计自重}=0.7\times\left(\frac{n\xi_{横}\ K\cdot q_k l_0^4}{8B}+\frac{n\xi_{横}\ K\cdot P_k l_0^3}{3B}\right)+0.4\times\frac{2\times q_r l_0^4}{8B}$$

$$=0.7\times\left(\frac{M_{qk}l_0^2}{4B}+\frac{M_{Pk}l_0^2}{3B}\right)+0.4\times\frac{M_{cr}l_0^2}{4B}$$

$$\eta_\theta f_s^{不计自重}\leqslant\frac{1}{300}l_0$$

3. 预拱度验算（《公桥混规》6.5.5条）

（1）长期挠度 f_l

简支主梁跨中中点处：

$$f_s=\frac{5M_{Gk}l_0^2}{48B}+f_s^{不计自重}$$

$$f_l=\eta_\theta f_s$$

悬臂主梁悬臂端：

$$f_s=\frac{M_{Gk}l_0^2}{4B}+f_s^{不计自重}$$

$$f_l=\eta_\theta f_s$$

（2）当 $f_l>\frac{1}{1600}l_0$ 时，应设置预拱度 $f_{预拱度}$

简支主梁跨中中点处：

$$f'_s=\frac{5M_{Gk}l_0^2}{48B}+\frac{1}{2}\times0.7\times\left(\frac{n\xi_{横}\ K\cdot 5q_k l_0^4}{384B}+\frac{n\xi_{横}\ K\cdot P_k l_0^3}{48B}\right)$$

$$+\frac{1}{2}\times1.0\times\frac{2\times5q_r l_0^4}{384B}$$

$$=\frac{5M_{Gk}l_0^2}{48}+\frac{1}{2}\times0.7\times\left(\frac{5M_{qk}l_0^2}{48}+\frac{M_{Pk}l_0^2}{12B}\right)$$

$$+\frac{1}{2}\times1.0\times\frac{5M_{rk}l_0^2}{48B}$$

悬臂主梁悬臂端：

$$f'_s=\frac{M_{Gk}l_0^2}{4B}+\frac{1}{2}\times0.7\times\left(\frac{n\xi_{横}\ K\cdot q_k l_0^4}{8B}+\frac{n\xi_{横}\ K\cdot P_k l_0^3}{3B}\right)$$

$$+\frac{1}{2}\times 1.0\times\frac{2\times q_{r}l_{0}^{4}}{8B}$$

$$=\frac{M_{Gk}l_{0}^{2}}{4B}+\frac{1}{2}\times 0.7\times\left(\frac{M_{qk}l_{0}^{2}}{4B}+\frac{M_{Pk}l_{0}^{2}}{3B}\right)$$

$$+\frac{1}{2}\times 1.0\times\frac{M_{rk}l_{0}^{2}}{4B}$$

$$f_{预拱度}=\eta_{\theta}f'_{s}(方向向上)$$

第四节　预应力混凝土梁桥的挠度和预拱度计算

本节内容适用于预应力混凝土T形梁桥、箱形梁桥。

一、全预应力混凝土和A类预应力混凝土梁桥

1. 频遇组合弯矩 M_s 的计算

$$M_{s}=M_{Gk}+0.7(M_{qk}+M_{Pk})+0.4M_{rk}$$

简支主梁跨中中点处 M_s 的计算，悬臂主梁根部处 M_s 的计算，按本章第三节钢筋混凝土梁桥的计算方法。

2. 使用阶段主梁的最大挠度验算（《公桥混规》6.5.3条）

简支主梁跨中中点处的最大挠度、悬臂主梁悬臂端处的最大挠度，按本章第三节的计算方法，但刚度采用 $B_0=0.95E_cI_0$ 代替公式中的 B 值。

3. 预拱度验算（《公桥混规》6.5.5条、6.5.4条）

（1）长期挠度 f_l

在 M_s 作用下，简支主梁跨中中点处的挠度 f_s、悬臂主梁悬臂端处的挠度 f_s，按本章第三节的计算方法，但刚度采用 $B_0=0.95E_cI_0$ 代替公式中的 B 值。

长期挠度：$f_l=\eta_{\theta}f_s$

（2）预加力产生的长期反拱值 $f_{l,反拱}^{预加力}$（《公桥混规》6.5.4条）

$$f_{l,反拱}^{预加力}=2f_{s,反拱}^{预加力}$$

上式中，$f_{s,反拱}^{预加力}$ 是初始预加力产生的反拱值，它与简支主梁、

悬臂主梁中预应力筋线形有关。例如：

简支主梁中预应力筋为抛物线形：$f_{s,反拱}^{预加力}=\dfrac{5Pel_0^2}{48B_0}$

简支主梁中预应力筋为直线形：$f_{s,反拱}^{预加力}=\dfrac{Pel_0^2}{8B_0}$

上述式中，P 为预加力，e 为预加力距主梁中轴线的偏心距离。

（3）当 $f_{l,反拱}^{预加力}<f_l$ 时，应设置预拱度 $f_{预拱度}$

$$f_{预拱度}=f_l-f_{l,反拱}^{预加力}=\eta_\theta f_s-2f_{s,反拱}^{预加力}$$

二、B 类预应力混凝土梁桥

1. $M_s \leqslant M_{cr}$

此时，刚度采用 $B_0=0.95E_cI_0$，主梁的最大挠度和预拱度验算，与全预应力混凝土和 A 类预应力混凝土梁桥的计算方法相同。

2. $M_s > M_{cr}$

此时，按《公桥混规》6.5.2 条规定：

在 M_{cr} 作用下：$B_0=0.95E_cI_0$

在 (M_s-M_{cr}) 作用下：$B_{cr}=E_cI_{cr}$

相应的挠度计算公式较复杂，不再列出。

第九章

混凝土换算截面惯性矩的计算

第一节　钢筋混凝土换算截面惯性矩的计算

一、全截面换算截面惯性矩 I_0

1. 矩形截面的 I_0

如图 9.1.1-1 所示，钢筋的换算面积为 $\alpha_{Es}A_s$，$\alpha_{Es}=E_s/E_c$，E_s 为普通钢筋的弹性模量，E_c 为混凝土的弹性模量，将该换算面积位于钢筋的重心处。

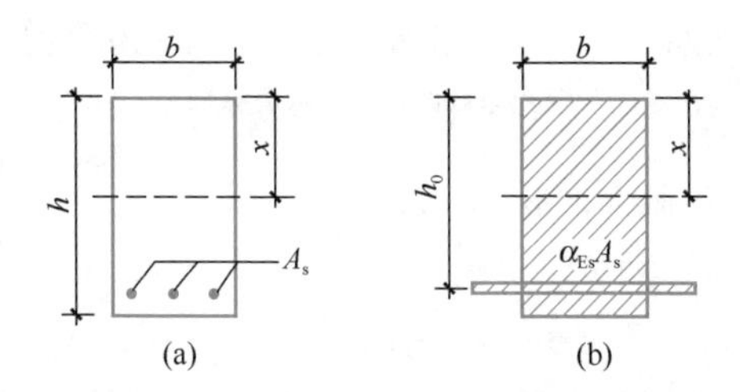

图 9.1.1-1　矩形截面全截面换算截面示意图

(a) 原截面；(b) 换算截面

全截面换算截面面积 A_0 为：

$$\begin{aligned}A_0 &= bh - A_s + \alpha_{Es}A_s \\ &= bh + (\alpha_{Es}-1)A_s\end{aligned}$$

上式中，$A_c = bh - A_s$ 为混凝土截面面积。

全截面的换算截面的形心位置，即中和轴的位置 x（亦称截面重心位置），由材料力学可知，为：

$$x = \frac{\frac{1}{2}bh^2 + (\alpha_{Es}-1)A_s h_0}{A_0}$$

全截面的换算截面对中和轴的惯性矩 I_0 为：

$$I_0 = \frac{1}{12}bh^3 + bh\left(\frac{h}{2}-x\right)^2 + (\alpha_{Es}-1)A_s(h_0-x)^2$$

2. T 形截面的 I_0

如图 9.1.1-2 所示，钢筋的换算面积为 $\alpha_{Es}A_s$，将换算面积位于钢筋的重心处。

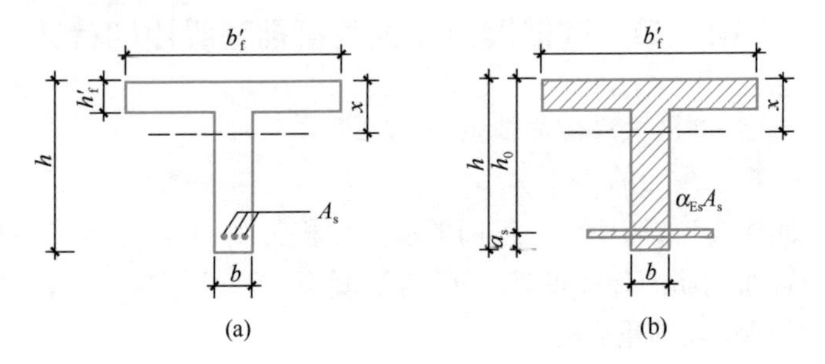

图 9.1.1-2　T 形截面全截面换算截面示意图

(a) 原截面；(b) 换算截面

全截面换算截面面积 A_0 为：

$$A_0 = bh + (b'_f - b)h'_f - A_s + \alpha_{Es}A_s$$
$$= bh + (b'_f - b)h'_f + (\alpha_{Es} - 1)A_s$$

全截面的换算截面的重心位置，即中和轴的位置 x 为：

$$x = \frac{\frac{1}{2}bh^2 + \frac{1}{2}(b'_f - b)(h'_f)^2 + (\alpha_{Es} - 1)A_s h_0}{A_0}$$

全截面的换算截面对中和轴的惯性矩 I_0 为：

$$I_0 = \frac{1}{12}bh^3 + bh\left(\frac{1}{2}h - x\right)^2 + \frac{1}{12}(b'_f - b)(h'_f)^3$$
$$+ (b'_f - b)h'_f\left(\frac{h'_f}{2} - x\right)^2 + (\alpha_{Es} - 1)A_s(h_0 - x)^2$$

二、开裂截面换算截面惯性矩 I_{cr}

1. 矩形截面的 I_{cr}

如图 9.1.2-1 所示，钢筋的换算面积为 $\alpha_{Es}A_s$，将该换算面积位于钢筋的重心处。

开裂截面换算截面面积 A_0 为：

$$A_0 = bx + \alpha_{Es}A_s$$

开裂截面换算截面的重心，即中和轴的位置（亦称受压区高度）x 为：

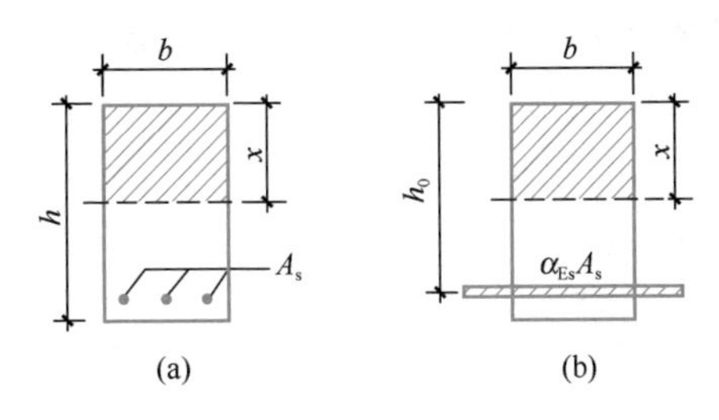

图 9.1.2-1 开裂状态下矩形截面换算截面示意图

（a）原截面；（b）换算截面

$$x=\frac{\frac{1}{2}bx^2+\alpha_{Es}A_sh_0}{A_0}$$

由上式，可求出 x 值为：

$$x=\frac{\alpha_{Es}A_s}{b}\left[\sqrt{1+\frac{2bh_0}{\alpha_{Es}A_s}}-1\right]$$

开裂截面的换算截面对中和轴的惯性矩 I_{cr} 为：

$$I_{cr}=\frac{1}{3}bx^3+\alpha_{Es}A_s(h_0-x)^2$$

2. T 形截面的 I_{cr}

如图 9.1.2-2 所示。

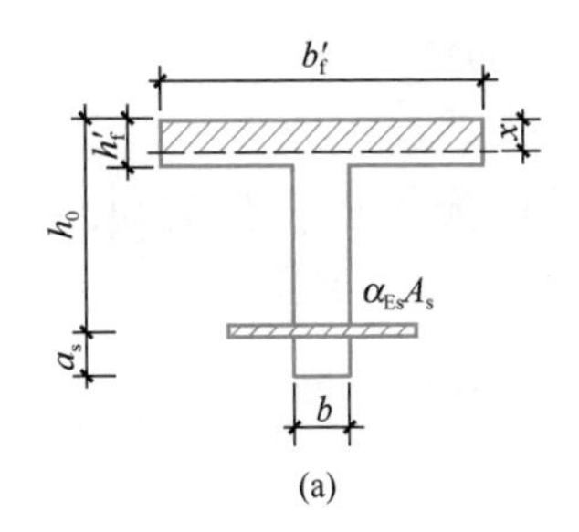

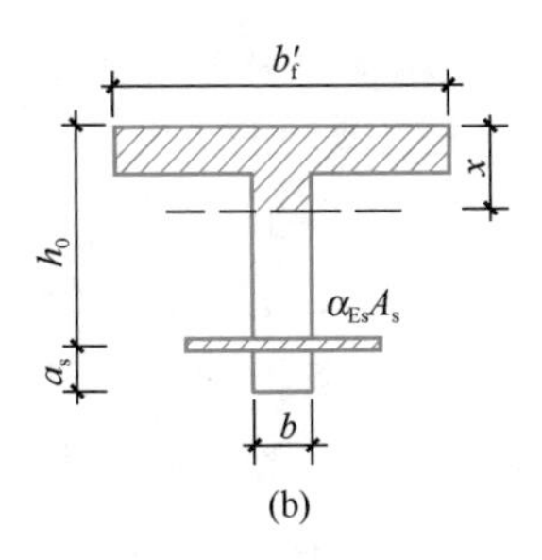

图 9.1.2-2 开裂状态下 T 形截面换算截面

（a）第一类 T 形截面；（b）第二类 T 形截面

当受压区高度 $x\leqslant h'_f$ 时，为第一类 T 形截面，可按宽度为 b'_f 的矩形截面计算 A_0、x 和 I_{cr}，其相应参数也改变。

当受压区高度 $x > h'_f$ 时，为第二类 T 形截面，则：

开裂截面换算截面面积 A_0 为：

$$A_0 = bx + (b'_f - b)h'_f + \alpha_{Es}A_s$$

受压区高度 x 为：

$$x = \frac{\frac{1}{2}bx^2 + \frac{1}{2}(b'_f - b)(h'_f)^2 + \alpha_{Es}A_s h_0}{A_0}$$

由上式，可求出 x 为：

$$x = \sqrt{A^2 + B} - A$$

$$A = \frac{\alpha_{Es}A_s + (b'_f - b)h'_f}{b},\ B = \frac{2\alpha_{Es}A_s h_0 + (b'_f - b)(h'_f)^2}{b}$$

开裂截面的换算截面对中和轴的惯性矩 I_{cr} 为：

$$I_{cr} = \frac{b'_f x^3}{3} - \frac{(b'_f - b)(x - h'_f)^3}{3} + \alpha_{Es}A_s(h_0 - x)^2$$

注意：当取 $b'_f = b$ 时，上式 I_{cr} 计算公式与前述矩形截面 I_{cr} 计算公式相同。

第二节　预应力混凝土换算截面惯性矩的计算

一、先张法预应力混凝土换算截面惯性矩 I_0

1. 矩形截面的 I_0

如图 9.2.1-1 所示，普通钢筋的换算面积分别为：$\alpha_{Es}A'_s$、$\alpha_{Es}A_s$，$\alpha_{Es} = E_s/E_c$；预应力筋的换算面积分别为：$\alpha_{Ep}A'_p$、$\alpha_{Ep}A_p$，$\alpha_{Ep} = E_p/E_s$，E_p 为预应力筋的弹性模量。

全截面的换算截面面积 A_0 为：

$$A_0 = bh + (\alpha_{Es} - 1)A'_s + (\alpha_{Es} - 1)A_s + (\alpha_{Ep} - 1)A'_p + (\alpha_{Ep} - 1)A_p$$

全截面的换算截面的中和轴位置 x 为：

$$x = \frac{\sum A_i h_i}{A_0}$$

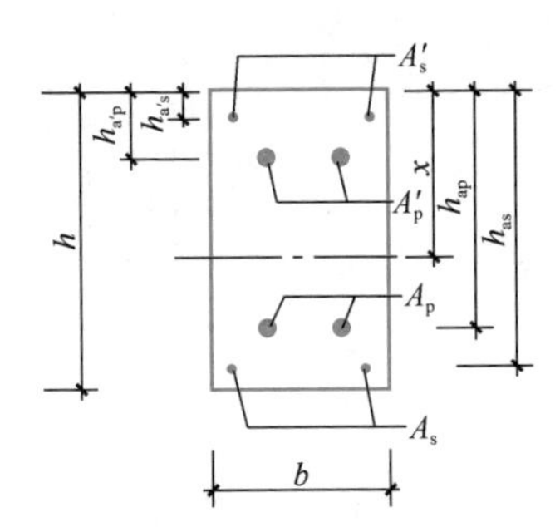

图 9.2.1-1　先张法矩形截面全截面换算示意图

$$\sum A_i h_i = \frac{1}{2}bh^2 + (\alpha_{Es} - 1)A'_s h_{a's} + (\alpha_{Es} - 1)A_s h_{as} + (\alpha_{Ep} - 1)A'_p h_{a'p} + (\alpha_{Ep} - 1)A_p h_{ap}$$

全截面的换算截面对中和轴的惯性矩 I_0 为：

$$I_0 = \frac{1}{12}bh^3 + (\alpha_{Es} - 1)A'_s(x - h_{a's})^2 + (\alpha_{Es} - 1)A_s(h_{as} - x)^2 + (\alpha_{Ep} - 1)A'_p(x - h_{a'p})^2 + (\alpha_{Ep} - 1)A_p(h_{ap} - x)^2$$

2. T形截面的 I_0

按上述矩形截面的 I_0 计算过程，同理，可求出T形截面的 I_0，此处略。

二、后张法预应力混凝土换算截面惯性矩 I_0

1. 矩形截面

如图 9.2.2-1 所示，普通钢筋的换算面积分别为：$\alpha_{Es}A'_s$、$\alpha_{Es}A_s$，$\alpha_{Es} = E_s/E_c$，预留洞口截面面积分别为：A_{d1}（受压预应筋洞口之和）、A_{d2}（受拉预应筋洞口之和）；预应力筋的换算面积分别为：$\alpha_{Ep}A'_p$、$\alpha_{Ep}A_p$，$\alpha_{Ep} = E_p/E_c$。

全截面的换算截面的净截面面积 A_n 为：

$$A_n = bh - A_{d1} - A_{d2} + (\alpha_{Es} - 1)A'_s + (\alpha_{Es} - 1)A_s$$

全截面的换算截面的截面面积 A_0 为：

$$A_0 = A_n + \alpha_{Ep}A'_p + \alpha_{Ep}A_p$$

全截面的换算截面 A_0 的中和轴位置 x 为：

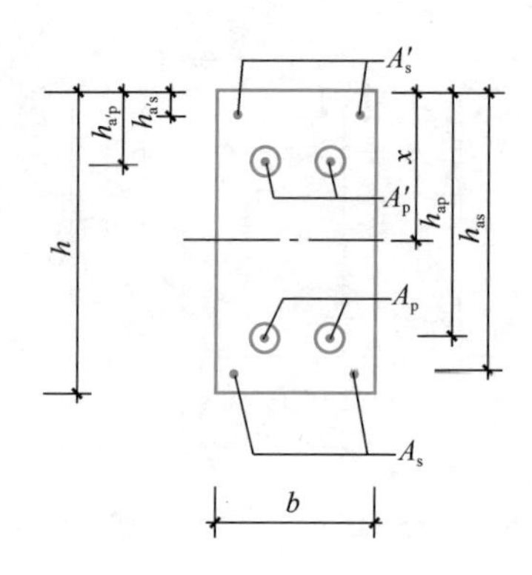

图 9.2.2-1　后张法矩形截面全截面换算示意图

$$x = \frac{\sum A_i h_i}{A_0}$$

$$\sum A_i h_i = \frac{1}{2} bh^2 - A_{d1} h_{a'p} - A_{d2} h_{ap} + (\alpha_{Es} - 1) A'_s h_{a's}$$

$$+ (\alpha_{Es} - 1) A_s h_{as} + \alpha_{Ep} A'_p h_{ap} + \alpha_{Es} A_p h_{ap}$$

全截面的换算截面 A_0 对中和轴的惯性矩 I_0 为：

$$I_0 = \frac{1}{12} bh^3 - A_{d1} (x - h_{a'p})^2 - A_{d2} (h_{ap} - x)^2$$

$$+ (\alpha_{Es} - 1) A'_s (x - h_{a's})^2 + (\alpha_{Es} - 1) A_s (h_{as} - x)^2$$

$$+ \alpha_{Ep} A'_p (x - h_{a'p})^2 + \alpha_{Ep} A_p (h_{ap} - x)^2$$

2. T 形截面

如图 9.2.2-2 所示，仅配置普通受拉钢筋 A_s、受拉预力筋 A_p；预留洞口截面面积之和为 A_d；普通钢筋的换算面积为 $\alpha_{Es} A_s$，$\alpha_{Es} = E_s / E_c$；预应力筋的换算面积为 $\alpha_{Ep} A_p$，$\alpha_{Ep} = E_p / E_c$。

全截面的换算截面的净截面面积 A_n 为：

$$A_n = bh + (b'_f - b) h'_f - A_d + (\alpha_{Es} - 1) A_s$$

换算截面面积 A_0 为：

$$A_0 = A_n + \alpha_{Ep} A_p$$

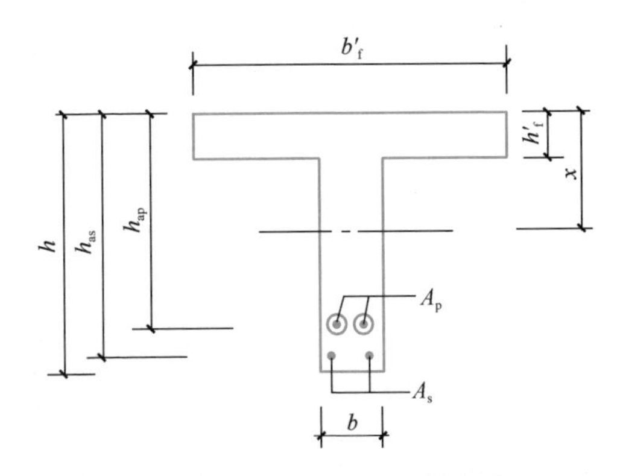

图 9.2.2-2　后张法 T 形截面全截面换算示意图

全截面的换算截面 A_0 的中和轴位置 x 为：

$$x=\frac{\Sigma A_i h_i}{A_0}$$

$$=\frac{\frac{1}{2}bh^2+\frac{1}{2}(b'_f-b)(h'_f)^2-A_d h_{ap}+(\alpha_{Es}-1)A_s h_{as}+\alpha_{Ep}A_p h_{ap}}{A_0}$$

全截面的换算截面 A_0 对中和轴的惯性矩 I_0 为：

$$I_0=\frac{1}{12}bh^3+bh\left(\frac{h}{2}-x\right)^2+\frac{1}{12}(b'_f-b)(h'_f)^2$$

$$+(b'_f-b)h'_f\left(x-\frac{h'_f}{2}\right)^2-A_d(h_{ap}-x)^2$$

$$+(\alpha_{Es}-1)A_s(h_{as}-x)^2+\alpha_{Ep}A_p(h_{ap}-x)^2$$

三、预应力混凝土换算截面惯性矩 I_{cr}

桥梁预应力混凝土开裂截面的换算截面惯性矩 I_{cr} 的计算，按《公路钢筋混凝土及预应力混凝土桥涵设计规范》JTG 3362—2018 中附录 J 的规定。

附　录

钢结构柱的几何高度 H

一、单层房屋等截面柱

1. 柱顶与实腹梁刚接

柱的 H 可取柱脚底面至柱顶梁柱轴线的交点处的高度，如附图 1.1-1(a)、(b)、(c)、(d) 所示。

等截面梁柱：柱轴线为柱截面的形心轴线；梁轴线为梁截面的形心轴线。

变截面梁柱：柱轴线可取通过柱下端（即小端）中心的竖直线；斜梁轴线可取通过梁段最小端的中心与斜梁上表面平行的轴线。

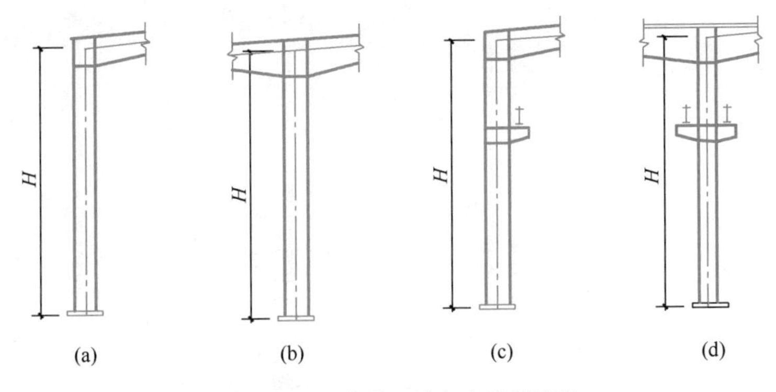

附图 1.1-1 等截面柱与实腹梁刚接

2. 柱顶与实腹梁铰接

柱的 H 可取柱脚底面至柱顶面的高度，如附图 1.1-2(a)、

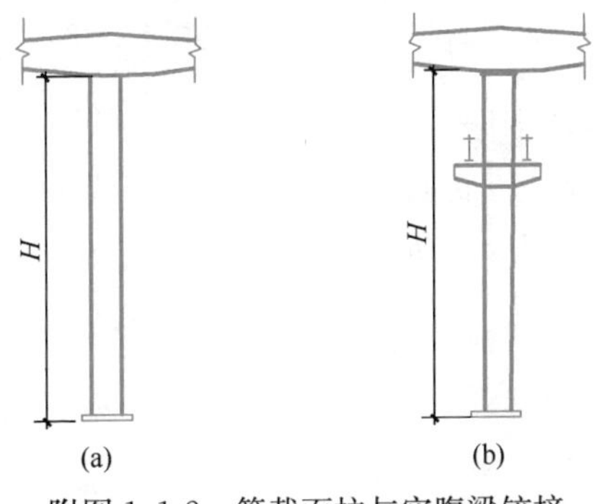

附图 1.1-2 等截面柱与实腹梁铰接

(b) 所示。

3. 柱顶与屋架铰接

柱的 H 可取柱脚底面至柱顶面的高度，如附图 1.1-3(a)、(b)、(c)、(d)、(e) 所示。

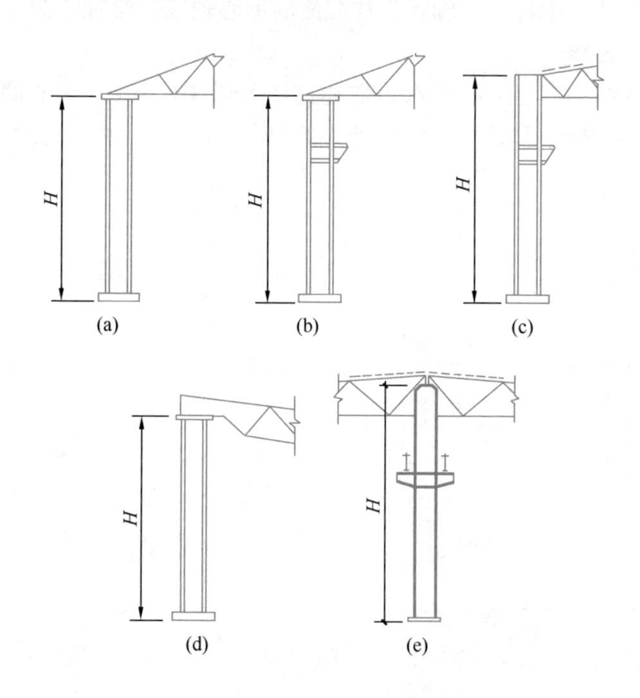

附图 1.1-3　等截面柱与屋架铰接

4. 柱顶与屋架刚接

柱的 H 可取柱脚底面至屋架下弦重心线之间的高度，如附图 1.1-4(a)、(b)、(c) 所示。

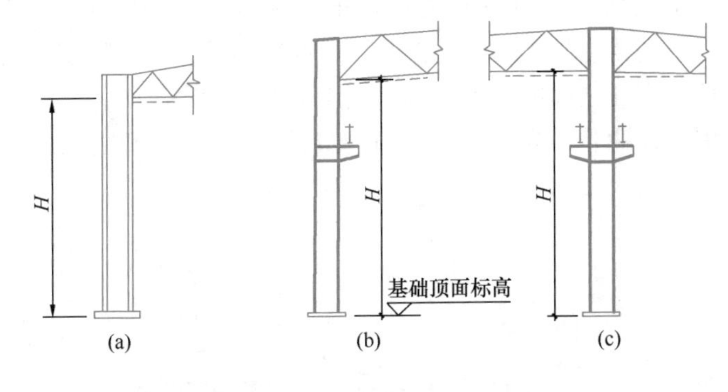

附图 1.1-4　等截面柱与屋架刚接

5. 带牛腿柱考虑上下段轴压力时柱顶与屋架（或实腹梁）刚接《钢结构设计标准》8.3.2 条规定：

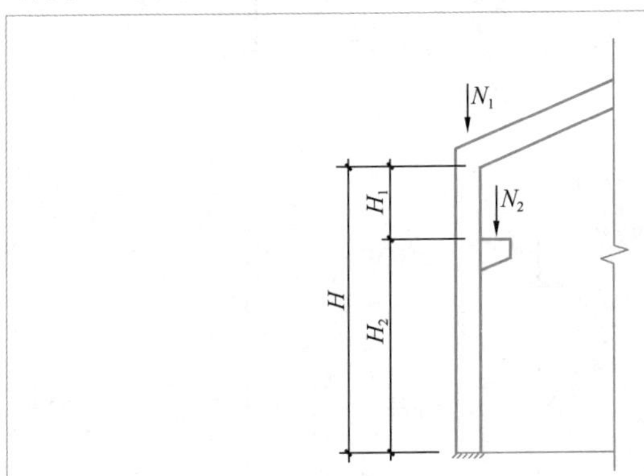

图 8.3.2　单层厂房框架示意

式中　H_1、H——分别为柱在牛腿表面以上的高度和柱总高度。

柱总高度 H 自柱脚底面起算。

二、下端刚性固定于基础上的单层厂房单阶柱

上段柱的几何高度 H_1：当柱与屋架铰接时，取肩梁顶面至柱顶面高度，如附图 1.2-1(a) 所示。当柱与屋架刚接时，取肩

梁顶面至屋架下弦杆件重心线间的柱高度，如附图 1.2-1(b)、(c) 所示。当柱与实腹梁刚接时，可取肩梁顶面至实腹钢梁梁底面与柱相交处之间的高度，如附图 1.2-1(d) 所示。

下段柱的几何高度 H_2；取柱脚底面至肩梁顶面之间的柱高度，如附图 1.2-1(a)、(b)、(c)、(d) 所示。

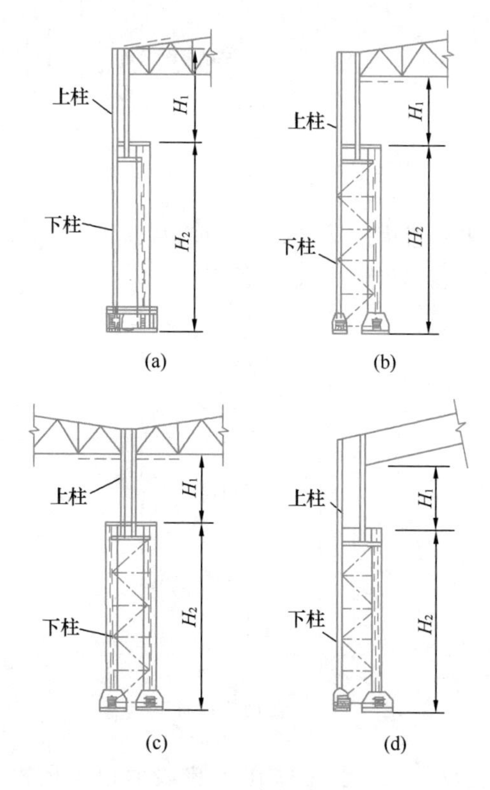

附图 1.2-1　单阶柱

三、下端刚性固定于基础上的单层厂房双阶柱

上段柱的几何高度 H_1，按前述单阶柱的规定确定。

中段柱的几何高度 H_2，取下段柱肩梁顶面至中段柱肩梁顶面的柱高度，如附图 1.3-1(a)、(b) 所示。

下段柱的几何高度 H_3，取柱脚底面至下段柱肩梁顶面的柱高度，如附图 1.3-1(a)、(b) 所示。

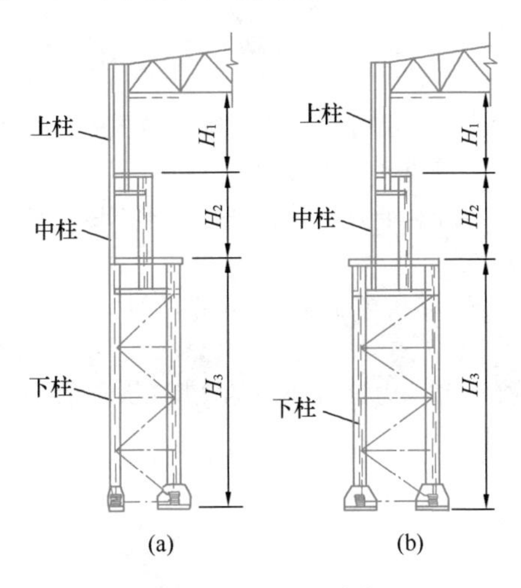

附图 1.3-1　双阶柱

参 考 文 献

[1] 《建筑结构静力计算手册》编写组. 建筑结构静力计算手册(第二版)[M]. 北京：中国建筑工业出版社，1998.

[2] 姚谏主编. 建筑结构静力计算实用手册(第二版)[M]. 北京：中国建筑工业出版社，2014.

[3] 龙驭球等主编. 结构力学Ⅰ(第3版)[M]. 北京：高等教育出版社，2012.

[4] 朱慈勉等主编. 结构力学(上册)(第3版)[M]. 北京：高等教育出版社，2016.